U0694339

专业学位研究生教育
核心课程规划教材

系统工程

胡祥培 苏 秦 主 编
于 明 吴 锋 副主编

重庆大学出版社

内 容 提 要

本书为"MEM核心课程规划教材",是全国工程管理专业学位研究生教育指导委员会规划教材之一。本书根据《工程管理硕士(MEM)研究生核心课程指南》编写,系统全面地介绍了系统工程的基本理论与方法,主要包括绪论、系统工程相关理论、系统工程方法论、系统工程模型与模型化、系统评价方法、决策分析方法、系统工程案例等内容。

本书将理论与实践相结合,突出方法的应用,力求知识完整系统、说明简明扼要、案例典型实用。本书即可作为高等学校"MEM核心课程规划教材",也可作为高等学校管理科学与工程类专业的学生教材,还可作为系统工程技术和管理人员的参考用书。

图书在版编目(CIP)数据

系统工程／胡祥培,苏秦主编. -- 重庆：重庆大
学出版社,2024.4
全国工程管理专业学位研究生教育核心课程规划教材
ISBN 978-7-5689-4412-0

Ⅰ. ①系⋯ Ⅱ. ①胡⋯ ②苏⋯ Ⅲ. ①系统工程—研
究生—-教材 Ⅳ. ①N945

中国国家版本馆 CIP 数据核字(2024)第 068356 号

系统工程
XITONG GONGCHENG

主 编 胡祥培 苏 秦
副主编 于 明 吴 锋
责任编辑:龙沛瑶 版式设计:龙沛瑶
责任校对:刘志刚 责任印制:张 策

*

重庆大学出版社出版发行
出版人:陈晓阳
社址:重庆市沙坪坝区大学城西路 21 号
邮编:401331
电话:(023) 88617190 88617185(中小学)
传真:(023) 88617186 88617166
网址:http://www.cqup.com.cn
邮箱:fxk@ cqup.com.cn (营销中心)
全国新华书店经销
重庆升光电力印务有限公司印刷

*

开本:787mm×1092mm 1/16 印张:14 字数:352 千
2024 年 4 月第 1 版 2024 年 4 月第 1 次印刷
印数:1—3 000
ISBN 978-7-5689-4412-0 定价:45.00 元

前言

PREFACE

系统工程用定量和定性相结合的系统思想和方法处理大型复杂系统问题，无
的设计或组织建立，还是系统的经营管理，都可以统一地看成一类工程实践，统称
程。作为一门快速发展的新兴学科，其应用领域十分广泛，特别是在大型工程管
挥显著成效。

系统工程思想长久以来广泛地存在于人类活动中。从古至今，人类很多作
是基于系统工程思想来完成的。其中，最为经典并且最早的系统工程范例就是位于中国四
川成都的"都江堰渠首工程"。它既是我们祖先的伟大创造，又是中华文明强调整体特征的
范例。虽然"都江堰渠首工程"距今已有两千多年，但用今天的系统工程思维再来解读这一
伟大案例，仍然能够震撼我们的心灵。尽管"系统"的思想古而有之，且在 19 世纪初就已经
在个别文献中被赋予类似于今天所理解的含义，但现代意义上的系统工程却是 20 世纪 60
年代初形成的一门新兴学科。在系统工程领域，被称为杰出应用典范的是一项航天计
划——阿波罗登月计划(Apollo Program)，这是用系统工程处理复杂大系统的一个最早成功
的例子。NASA 为了保证这样一个复杂的、工程质量要求高的工程能够顺利实施，在组织机
构管理、登月飞行方案制订和选择，以及航天系统分析和评价等方面利用系统工程的方法和
基本原理进行管理和控制。现代系统工程在中国的发展始于 20 世纪 50 年代，随着一大批
爱国科学家从美国回到中国，他们把先进的系统工程方法论也带回了中国，结合中国社会主
义建设的工程实践，系统工程方法在中国开出了灿烂之花。1978 年，钱学森、许国志以及王
寿云联名在《文汇报》上发表了《组织管理的技术——系统工程》一文，在全国掀起了学习研
究并推广应用系统工程的热潮。载人航天是当今世界高新技术中最具挑战性的领域之一，
是难度高、规模大、系统复杂、可靠性和安全性要求极强的工程，同时也是规模宏大、高度集
成的系统工程。2003 年 10 月 15 日，中国实施首次载人航天，神舟五号载人飞船把我国首
位宇航员成功送入浩瀚的太空并安全返回，使中国成为世界上第三个独立掌握载人航天技
术的国家。在这项工程中，全国 110 多个科研院所，3 000 多个协作配套单位和十几万名工
作人员承担了研制建设任务。神舟五号、神州六号载人飞船的成功发射升空和平安顺利着
陆，标志着我国在大规模复杂系统的设计、优化、管理等方面取得了重大的突破。经过几十

年的研究与应用,系统工程的思想和方法已经融入我国自然科学、社会科学、工程技术、经营管理以及其他领域广大工作者的知识结构中。系统工程的应用领域不断扩大,从组织管理领域、技术工程领域向社会经济领域、自然和社会结合的领域扩展渗透,系统的发展从硬系统工程到软系统工程,从微观分析到宏观战略,从简单系统到大系统、巨系统直到开放的复杂巨系统,在建模、分析、算法、优化、决策、评价、复杂性、智能化等理论方法方面卓有建树。

本书作为高等学校"MEM 核心课程规划教材",将系统介绍系统工程的基本理论与方法,主要包括绪论、系统工程相关理论、系统工程方法论、系统工程模型与模型化、系统评价方法、决策分析方法、系统工程案例等。

本书的编写工作分工如下:大连理工大学都牧、胡祥培编写第 1 章;大连理工大学夏昊翔、荣莉莉编写第 2 章;西安交通大学苏秦、王灿友编写第 3 章;国防科技大学郭波、雷洪涛编写第 4 章;清华大学于明编写第 5 章;西北工业大学车阿大、刘丽华、张延禄编写第 6 章;西安交通大学吴锋编写第 7 和第 9 章;中国商用飞机有限责任公司钱仲焱、查振羽编写第 8 章。此外,大连理工大学胡硕磊、北京航空航天大学张源凯为本书完成了文字编辑校对和部分图表的绘制工作。全书由胡祥培、苏秦任主编,于明、吴锋任副主编。

本书编写过程中参阅了国内外许多专家学者的论文、著作和教材,并已在正文中予以标注。在此,编者谨向相关参考文献的作者表示衷心感谢!

衷心感谢全国工程管理专业学位研究生教学指导委员会的指导和帮助!衷心感谢"工程管理硕士(MEM)研究生核心课程指南"课题组各位专家付出的辛劳!衷心感谢重庆大学出版社的领导和编辑老师付出的辛劳!

由于编者水平有限,不当之处敬请读者批评指正。

编 者

2023 年 12 月

目录

C O N T E N T S

第1章

绪　　论

教学内容：介绍时代背景及相关特征，包括全球化和新产业高速涌现带来的挑战、技术与管理深度融合、科学发展与创新、企业面临的系统问题及社会经济组织活动工程化和项目化；现代工程的系统观，包括工程系统与系统论、工程的系统性、工程的新系统观；系统工程的概念以及钱学森系统工程的思想与方法。

教学重点：时代背景及高速发展带来的挑战；工程的系统性和系统观；系统工程基本概念、研究对象和系统工程内容；系统工程在中国的研究与实践。

教学难点：复杂多变的世界及大型复杂工程诱发的问题和系统工程在解决此类问题的作用。

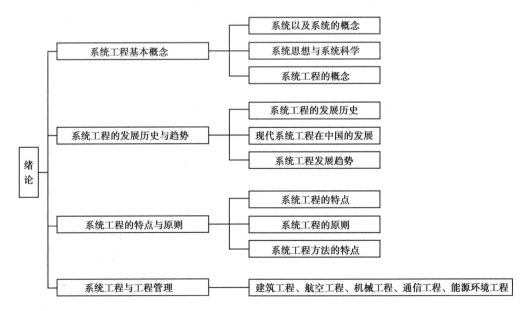

系统工程思想长久以来广泛地存在于人类活动中。从古至今，人类历史上很多伟大的工程都呈现了系统工程思想。战国时期，由秦国李冰父子主持设计完成的"都江堰渠首工程"是人类有记载的最早且最经典的系统工程范例。虽然它距今已有两千多年，但以今天的系统工程思维再来解读这一伟大案例，仍能震撼人心，这既是我们祖先的伟大创造，又是中华文明强调整体特征的范例。

"都江堰渠首工程"位于四川成都平原西部的岷江上。巴蜀地区人口众多、土地肥沃，素有"天下粮仓"之称。因其战略地位特殊，常璩在《华阳国志·蜀志》中写道"得蜀则得楚，楚亡则天下并矣"。但是长久以来，岷江水患问题长期困扰四川盆地西部地区。在都江堰建成之前，每当岷江洪水泛滥，成都平原就是一片汪洋，而一遇旱灾，成都平原又是赤地千里，颗粒无收。因此，在治理岷江时，既要满足灌溉需求，又要满足防洪需求，还要新开运河连接平原地区物产丰富的各县，形成水上交通网络。

"都江堰渠首工程"的整体规划是将岷江水流分成两支，并把其中一支引入成都平原，既可以分洪减灾，又可以引水灌田、变害为利。当水流量较大时，引流约占水流总量的四成；当水流量较小时，引流约占水流总量的六成。图1-1是都江堰渠首工程示意图。

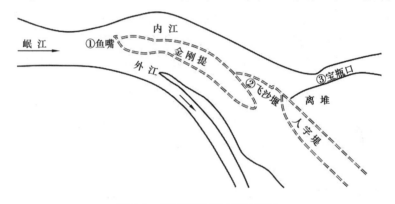

图 1-1　都江堰渠首工程示意图

"都江堰渠首工程"包括"鱼嘴"岷江分水工程、"飞沙堰"分洪排沙工程、"宝瓶口"引水工程三大主体工程和120个附属渠堰工程。这些分水、排沙、引水工程之间的联系处理得恰到好处，形成了一个有机整体，共同配合实现了防洪、排沙、灌溉、漂木、行舟等多种功能。渠道上设置了水尺，根据测得的水位，进行多级分水，合理控制分水流量，使得汹涌激流的岷江化害为利，灌溉了成都平原上14个县的数百万亩农田。工程完工后，又建立了一套岁修养护制度，每年按规定淘沙修堤。

古老的"都江堰渠首工程"的规划设计和岁修养护，处处呈现系统思维。它既满足了灌溉成都平原的需要，又巧妙地利用地形地物和多级分水机制，满足了防洪需求，历经两千余年仍造福于后代。"都江堰渠首工程"是我国古代一项大型系统工程，是人类历史上水利工程的奇迹和典范。

以上，我们基于都江堰渠首工程的案例，阐述了系统工程思想和方法在大型复杂工程管理中的作用。那么，什么是系统工程？它是如何产生和发展的？它具体有哪些特点和方法，以及为什么要在工程管理过程中运用系统工程的思想和方法？我们将在这一章进行阐述。

都江堰渠首工程的详细介绍

1.1　系统工程基本概念

1.1.1　系统以及系统的概念

系统是系统工程研究的对象。早在古希腊时期，一些哲学家就已经使用了系统这一概念。"Syn-histanai"一词原意是指事物中共性部分和每一事物应占据的位置，也就是部分组成的整体的意思。系统的拉丁语 Systema 是表示群、集合等意义的抽象名词，其英文 System 在中文里则对应了多种解释，如体系、制度、机构等。很多对象都可以被看作系统，是事物存在的认识方式之一。例如，研究交通运输问题时，由铁路、公路、水路、航空、管道等各种运输方式组成的有机整体就可以称为交通运输系统；研究物流管理问题时，由仓储、配送、供应商、客户等各部分组成的有机整体就可以称为物流管理系统；研究信息管理问题时，人、计算机硬件设备、计算机软件、计算机网络等各部分组成的有机整体就可以称为信息管理系统；在研究经济社会问题时，企业、政府、市场、家庭、学校等各部分组成的有机整体就可以称为经济社会系统。而对于引例中的"都江堰渠首工程"来说，都江堰渠首地区的岷江水网、河岸河滩、沿岸居民等各部分组成的有机整体也可以看作系统，因此我们可以将其称为都江堰渠首工程系统。

系统的概念则来源于人类的长期实践。早在 1886 年，恩格斯就曾在《路德维希·费尔巴哈和德国古典哲学的终结》一文中指出："一个伟大的基本思想，即认为世界不是既成事物的集合体，而是过程的集合体。"他所说的"过程"是指系统中各个部分、要素相互作用及整体、系统的发展变化，"集合"则指出了系统的哲学概念。马克思著作中也多次表述了系统的概念和思想。然而，直到 20 世纪 40 年代以后，系统这一概念的含义才随着应用的发展逐步被具体化。

钱学森院士在回顾我国研制"两弹一星"的工作经历时说："我们把极其复杂的研制对象称为'系统'，即由相互作用和相互依赖的若干组成部分结合成的具有特定功能的有机整体，而且这个'系统'本身又是它所从属的一个更大系统的组成部分。"系统的定义依照学科的不同、待解决问题的不同及使用方法的不同而有所区别，国内外关于系统的定义已达 40 多种，代表性的表述有：

①美国的《韦氏(Webster)大辞典》中，"系统"被解释为"有组织的或被组织化的整体；结合着的整体所形成的各种概念和原理的综合；由有规则的相互作用、相互依赖的形式组成的诸要素集合"。

②日本的日本工业标准(JIS，Japanese Industrial Standards)中，"系统"被定义为"许多组

成要素保持有机的秩序向同一目的行动的集合体"。

③中国的《中国大百科全书·自动控制与系统工程卷》中,"系统"是指"由相互制约、相互作用的一些部分组成的具有某种功能的有机整体"。

从以上的定义中可以看出,系统的概念和任何其他认识范畴一样,描述的是一种理想的客体,而这一客体在形式上表现为诸要素的集合。而撇开系统的具体形态和性质可以发现,一切系统均具有以下共同点:一是系统由多个要素(或元素)构成,构成系统的要素可以是单个事物,也可以是一群事物的集合体。二是系统的内部与外部要有一定的秩序,即它的各个要素之间要具有不同于各个组成要素的结构和功能,如果只是一些元素的简单堆积或重叠,则认为它们不能构成系统。

从以上要点出发,我国系统科学界对系统一词较为通用的定义为:系统是由一些元素(要素)通过相互作用、相互关联、相互制约而组成的具有一定功能的整体。

1.1.2 系统思想与系统科学

朴素的系统概念自古有之,源远流长。古代中国和古希腊的朴素唯物主义思想家都认为"自然界是一个统一体(系统)"。系统思想的起源可以追溯到古希腊时代,早在公元前6世纪,西方辩证法奠基人赫拉克利特(Heraclitus)就提出"世界是包含一切的整体"。公元前5世纪,原子论的创始人德谟克利特(Demokritos)写了《宇宙大系统》一书,他从系统的角度来研究宇宙。柏拉图的学生亚里士多德后来进一步提出了"整体不同于它各部分的总和",成为系统科学历史上的一个重要问题。在古代中国,系统的观点是非常普遍的。例如,《黄帝内经》的《素问·六微旨大论》中讲道:"故器者生化之宇,器散则分之,生化息矣。"《易经》简述了中国古代的系统模式的动态架构,墨家则论及了系统思想的方法论,道家阐述了对系统生成的看法,老子强调了自然界的统一性。而在应用方面,战国时期的都江堰工程、北宋年间的丁渭工程,都是古代朴素系统思想用在工程管理方面的杰出典范。古代朴素的系统思想虽然强调对自然界整体性与统一性的认识,但是缺乏对其各个部分细节的认识,换言之,这一阶段的系统思想还处于"只见森林不见树木"的阶段。

19世纪上半叶,辩证唯物主义的诞生,奠定了系统理论的基础。近代研究自然界的独特方法得以发展,包括实验、解剖和观察等,它们把自然界的细节从自然联系中抽出来分别研究。在对自然界分门别类的研究中发展起来以分析为主的研究方法,虽然对科学发展有过巨大贡献,但是久而久之这种方法被移植到哲学中,形成了把整体分割成一块块相互不联系、孤立、静止的组成部分的观点,即形而上学的思维方式,阻碍了对系统整体的了解。自然科学三大发现(细胞学说、生物进化论、能量守恒与转化定律)促进了人类对自然过程相互联系的认识。

马克思和恩格斯说:"我们以近乎系统的形式描述出一幅自然联系的清晰图画""世界是由无数相互联系、依赖、制约、作用的事物和过程形成的统一整体。"这种普遍联系及其整体性思想就是现代的系统思想,为系统理论的创立奠定了基础。20世纪40年代贝塔郎菲(L. von Bertalanffy)提出了"一般系统论(General System Theory)"的概念,标志着系统理论的创立。

我国系统科学的发展得益于钱学森院士的贡献。早年在美国从事弹道控制研究期间,钱学森院士就认识到自动控制技术的重要性。1954年,他在维纳(N. Wiener)《控制论》的基础上,撰写了享誉国际学术界的《工程控制论》一书,其核心内容就是对系统的调节与控制。可以说,这是钱学森系统思想的萌芽。1955 年回国以后,钱学森院士以"系统学讨论班"(综合集成研讨厅)的方式开始创建系统学的工作。1986 年到 1992 年的 7 年时间里,他参加了讨论班的所有学术活动,开创了系统科学这一大学科门类,并产生了深远的影响。在讨论班上,钱学森院士首先提出了系统的新分类,明确界定了系统学是研究系统结构与功能(系统演化、协同与控制)一般规律的科学,形成了以简单系统、简单巨系统、一般的复杂巨系统、特殊的复杂巨系统(社会系统)为主线的系统学基本框架,构成了系统学的主要内容,奠定了系统学的科学基础,指明了系统学的研究方向。钱学森院士不仅提出了复杂巨系统的概念,同时还提出了处理这类系统的方法和方法论,即不仅提出了系统论方法,还提出了实现系统论方法的方法体系和实践方式。

总而言之,系统科学研究的是系统的内部结构、各分系统之间相互联系和协调互动的发展关系以及系统和其外部环境之间的相互影响,它强调的是系统各部分之间的有机联系和协调发展。

1.1.3 系统工程的概念

用定量和定性相结合的系统思想和方法处理大型复杂系统问题,无论是系统的设计或组织建立,还是系统的经营管理,都可以统一地看成是一类工程实践,统称为系统工程。作为一门正处于发展阶段的新兴学科,系统工程应用领域十分广泛。由于系统工程与其他学科的相互渗透、相互影响,不同专业领域的学者对其理解不尽相同,要给出一个统一的定义比较困难。国内外学术界和工程界对系统工程的不同定义可以为我们认识这门学科的性质提供参考。

1967 年美国著名学者切斯纳(H. Chestnut)在其所著的《系统工程学的方法》中指出:"系统工程学是为了研究由多数子系统构成的整体系统所具有的多种不同目标的相互协调,以期系统功能的最优化,最大限度地发挥系统组成部分的能力而发展起来的一门科学。"

日本工业标准(JIS,Japanese Industrial Standards)界定:"系统工程是为了更好地达到系统目标,而对系统的构成要素、组织结构、信息流动和控制机制等进行分析与设计的技术。"

1979 年我国著名学者钱学森等在《组织管理的技术——系统工程》一文中指出:"系统工程是组织管理系统的规划、研究、设计、制造、试验和使用的科学方法,是一种对所有系统具有普遍意义的科学方法。""系统工程是一门组织管理的技术。"

我国著名管理学家汪应洛在其所著的《系统工程》中将其定义为:"系统工程是从总体出发,合理开发、运行和革新一个大规模复杂系统所需思想、理论、方法论与技术的总称,属于一门综合性的工程技术。它是按照问题导向的原则,根据总体协调的需要,把自然科学、社会科学、数学、管理学、工程技术等领域的相关思想、理论、方法等有机地综合起来,应用定量分析和定性分析相结合的基本方法,采用现代信息技术等技术手段,对系统的功能配置、构成要素、组织结构、环境影响、信息交换、反馈控制、行为特点等进行系统分析,终于达到了使系统合理开发、科学管理、持续改进、协调发展的目的。"

综上所述,系统工程的概念具有以下特征:

①系统工程的研究对象是具有普遍意义的系统,特别是大系统。

②系统工程是一种方法论,是一种组织管理技术。

③系统工程是涉及许多学科的边缘学科与交叉学科。

④系统工程是研究系统所需的一系列思想、理论、程序、技术、方法的总称。

⑤系统工程在很大程度上依赖于电子计算机。

⑥系统工程强调定量分析与定性分析的有机结合。

⑦系统工程是研究具有系统意义的问题。

⑧系统工程着重研究系统的构成要素、组织结构、信息交换与反馈机制。

⑨系统工程所追求的是系统总体最优以及实现目标的具体方法和途径的最优。

本章引例中的都江堰渠首工程包括了鱼嘴分水堤、飞沙堰溢洪道、宝瓶口引水口这三大主体工程以及多个小工程,同时还包括岁修等后续保障项目,这些工程之间通过合理布局、协同作业,共同实现了分水、泄洪、排沙和引水等核心功能。

1.2　系统工程的发展历史与趋势

任何一门新兴学科的发展都离不开社会的需要,系统工程也一样,它的产生与发展离不开经济的发展、社会的进步甚至现代战争的需要。现代科学技术的高度发展、新的发现和发明的大量涌现,使人们有可能对自然界和人类社会中许多错综复杂、相互交织的事物及其内在联系加以认识,这种认识的不断升华便形成了现代意义上的系统思想。

表1-1描述了系统工程产生与发展的历程,列举了系统工程从准备、创立到发展的阶段、年代(份)、重大工程实践或事件及重要理论与方法贡献等。此外,我们将详细介绍系统工程的发展历史、现代系统工程在中国的发展以及系统工程未来的发展趋势。

表 1-1　系统工程的产生与发展历程

阶段	年代(份)	重大工程实践或事件	重要理论与方法贡献
I	1930 年	美国发展与研究广播电视系统	正式提出系统方法(Systems Approach)的概念
	1940 年	美国实施彩电开发计划	采用系统方法,并取得巨大成功
		美国贝尔(Bell)电话公司开发微波通信系统	正式使用系统工程(Systems Engineering)一词
II	第二次世界大战期间	英、美等国的反空袭等军事行动	产生军事运筹学(Military Operational Research),也即军事系统工程
	20 世纪 40 年代	美国研制原子弹的"曼哈顿计划"	运用系统工程,并推动了其发展
	1945 年	美国空军建立研发与开发(R&D)机构,即兰德(RAND)公司的前身	提出系统分析(Systems Analysis)的概念,强调了其重要性

续表

阶段	年代（份）	重大工程实践或事件	重要理论与方法贡献
Ⅲ	20 世纪 40 年代后期到 50 年代初期	运筹学的广泛运用与发展、控制论的创立与应用、电子计算机的出现，为系统工程奠定了重要的学科基础	
Ⅳ	1957 年	古德（H. H. Goode）和马克尔（R. E. Machol）出版第一部名为《系统工程》的著作	系统工程学科形成的标志
	1958 年	美国研制北极星导弹潜艇	提出 PERT（计划评审技术），这是较早的系统工程技术
	1965 年	马克尔（R. E. Machol）编著《系统工程手册》	表明系统工程的实用化和规范化
		美国自动控制学家查德（L. A. Zadeh）提出"模糊集合"的概念	为现代系统工程奠定了重要的数学基础
	1961—1972 年	美国实施"阿波罗"计划	使用多种系统工程方法并获得巨大成功，极大地提高了系统工程地位
Ⅴ	1972 年	国际应用系统分析研究所（IIASA）在维也纳成立	系统工程的应用重点从工程领域进入到社会经济领域，并发展到一个重要的新阶段
	20 世纪 70 年代	系统工程的广泛应用在国际上达到高潮	
Ⅵ	20 世纪 80 年代	系统工程在国际上稳定发展，在中国的研究与应用达到高潮	
Ⅶ	20 世纪 90 年代	系统工程在国内外呈现出社会化、特色化、专业化、集成化、精细化和实用化等特点	
Ⅷ	21 世纪	系统的系统、体系工程	

1.2.1 系统工程的发展历史

虽然"系统"的思想古而有之，并在 19 世纪初就已经有个别文献将其赋予类似于今天的含义，但现代意义上的系统工程是 20 世纪 60 年代初形成的一门新兴学科。

从科学的角度来看，具有现代含义的系统概念最早引入者是被称为"管理之父"的美国人泰勒（F. W. Taylor）。1911 年，他在《科学管理原理》一书中提出了现代的系统概念，即工业管理系统。他从合理安排工序、研究和分析工人的动作以提高工作效率入手，研究管理活动的行为与时间的关系，探索管理科学的基本规律。

第二次世界大战时，丹麦哥本哈根电话公司的爱尔朗（A. K. Erlang）和美国贝尔电话公司的莫利纳（E. C. Molina）在电话自动交换机的开发中都使用了系统思考的方法，并运用了排队理论。20 世纪 40 年代初,美国无线电公司在彩色电视的开发中也用到系统探索法。

在第二次世界大战期间,为了研究武器的有效运用而产生了运筹学(Operational Research)这一称谓,相关研究开始应用于大规模系统。1940 年,英国成立了世界上第一个运筹学研究小组,研究雷达配置和高炮效率、飞机出击时间和队形编列的效能以及有效的后勤保障等问题,广泛地采用了数学规划、排队论、博弈论等方法,后来美国和加拿大等国也相继成立运筹学研究组织。战后,相关理论与方法迅速被推广到一般经营管理领域,使管理科学与最优化技术产生联系,并在实践中迅速发展和完善。1945 年,美国军事部门设立了兰德公司,作为政府和军方的重要智囊机构,兰德公司开发了许多先进实用的系统分析方法,用以分析大型复杂系统,解决了许多实际问题。运筹学与系统分析方法是系统工程的重要基础理论和方法工具。

美国密歇根大学的古德(H. H. Goode)和马克尔(R. E. MaChol)合作,于 1957 年出版了第一部完整的系统工程教科书《系统工程》。此后,人们把这类综合技术体系称为系统工程(Systems Engineering),并作为专门的术语沿用至今。1965 年,马克尔又出版了《系统工程手册》一书。这两本书以丰富的军事素材论述了系统工程的原理和方法。1962 年,霍尔(A. D. Hall)出版了《系统工程方法论》一书,其内容涉及系统环境、系统要素、系统理论、系统技术、系统数学等方面。1969 年,霍尔提出著名的霍尔三维结构。这一期间,许多运筹学的成果开始被大量地应用于民用系统中,成为经营管理的手段和工具,同时运筹学自身也在不断发展。

受到计算手段和方法论的限制,系统工程这一新兴学科在很长一段时间内并未得到人们的普遍重视。计算机的出现(1946 年)和普及(20 世纪 60 年代末)以及现代控制理论的发展,为系统工程提供了强有力的运算工具和信息处理手段,同时也促进了运筹学和大系统理论的发展及广泛应用,成为实施系统工程的重要物质基础。

系统工程教育始于 20 世纪 50 年代。当时一些国家已开始在高等院校开设有关专业课,成立系统工程系或者在公司企业内部办培训班来培养人才。到 20 世纪 60 年代以后,许多国家已开始大量培养系统工程师、系统分析师和系统科学家。

在现代系统工程领域,被称为杰出应用典范的是一项航天计划——阿波罗登月计划(Apollo Program),这是用系统工程处理复杂大系统的一个最早成功的例子。美国航空航天局(NASA)为了保证这样一个复杂的、对工程质量要求高的工程能够顺利实施,在组织机构管理、登月飞行方案制订和选择以及航天系统分析和评价等方面都采用系统工程的方法和基本原理进行管理和控制。

20 世纪 70 年代前后是系统工程迅猛发展的重要时期,系统工程的理论与方法日趋成熟,其应用领域也不断扩大,主要进展包括三个方面:一是以自然科学和数学的最新成果为依托,出现了一系列基础科学层次的系统理论,为系统工程提供了理论基础;二是围绕解决环境、能源、人口、粮食、社会等全球性危机开展了一系列重大交叉课题研究,将系统研究与人类社会各个方面紧密联系起来;三是在贝塔朗菲、哈肯、钱学森、维纳、普里高津等一批学者的努力下,系统科学体系的建立有了重大进展,系统科学开始从分立状态向整合方向发展。

尤其是 20 世纪 70 年代以后,除了诸如物理系统和工程系统等这类可以用明确的数学模型描述的系统(称为硬系统或良结构系统)之外,人们开始逐步关注社会、政治、经济、生态等领域的系统问题。这些系统机理不明,很难用清晰的数学模型描述,同时呈现出很高的综合性,被称为软系统,如社会系统和生物系统,相应的研究发展称为软系统工程方法论。1972年,在一些国家科学院的倡议下,国际应用系统分析研究所在维也纳成立,它是一个用系统工程方法研究复杂的社会、经济、生态等问题的国际性研究机构。20世纪80年代,英国系统科学家切克兰德(P. B. Chucklander)提出了一套以学习、调查过程为主的软系统工程方法论。常用软系统工程方法有德尔菲法、智暴、想定情景法、生活质量法、层次分析法等。此外,模糊子集合理论、对策论、系统动力学和聚类分析、相关分析等数理统计方法以及心理学和社会学中的不少方法,都可借鉴使用。

在西方学者研究探索软系统的同一时期,东方的学者们也在各自探索着适用自己实际的系统方法论,统称为"东方系统方法论"。1987年,日本著名的系统和控制论专家椹木义一与其学生中山宏隆和中森义辉合作提出了Shinayakana系统方法论,体现了既软又硬的处理方法,并把它们用于日本的环境问题研究。1990年,钱学森、于景元、戴汝为等在总结国内外系统理论发展并结合中国自身实践经验的基础上,提出了"开放复杂巨系统"的概念,在方法技术层面,钱学森提出了"从定性到定量的综合集成方法""从定性到定量综合集成研讨厅体系""大成智慧学与大成智慧工程"以及总体设计部思想,创立了系统工程中国学派。1992年,王浣尘提出了"难度自增繁殖系统"概念及相应的"旋进原则方法论"。1994年,顾基发在访问赫尔大学系统研究中心期间,向英国学者介绍了联合开发东方系统方法论的思想,同时依托该中心基于欧美各种系统方法论的研究基础,结合国内实际工作案例和经验和西方系统方法论的核心思想及构建过程,与朱志昌共同提出了"物理—事理—人理系统方法论",这是东西方系统方法论集成和融合合作的成果。

20世纪70年代末,有关复杂性科学方面的研究开始兴起。1984年,国外一些思想比较活跃的科学家,在三位诺贝尔奖得主——物理学家盖尔曼(M. Gell-Mann)、安德逊(P. Anderson)、经济学家阿罗(K. J. Arrow)等的支持下,和一些从事物流、经济、理论生物、人类学、心理学、计算机等领域研究的学者到美国有影响力的圣达菲研究所进行复杂性研究,试图通过学科交叉和学科间的融合来寻求解决复杂性问题的途径,并将研究复杂系统的学科称为复杂性科学。

20世纪90年代以后,非线性系统理论迅速发展,针对复杂系统的研究在理论和实践上都取得了长足的进展。在圣达菲研究所成立十周年之际,霍兰(J. Holland)正式提出复杂适应系统(Complex Adaptive System, CAS)理论,这个理论对于人们认识、理解、管理复杂系统提供了新思路。另外,我国的系统科学先驱钱学森先生在20世纪80年代也意识到这一前沿学科的重要性,创立了"以开放的复杂巨系统理论为学术旗帜开创了中国复杂性研究之先河"的钱学森学派(将在1.2.2小节中详细介绍)。复杂系统至今仍然是国内外学者的研究热点,受到众多科学领域的关注,而复杂系统工程也是当前系统工程的一个重要研究方向。

1990年,系统工程国际委员会(INCOSE)成立,是一个非营利性的会员组织,致力于发展系统工程和提高系统工程师的专业地位,不断吸引企业代表和学校研究者加入系统工程的研究。该组织出版了《INCOSE系统工程手册》,目前已更新到第四版。系统工程领域的另外一个代表性研究机构,就是美国国家航空航天局(NASA)。该机构根据阿波罗登月计划,不断更新其系统工程手册,目前《NASA系统工程手册》也是系统工程标准领域重要的代表。

进入 21 世纪以来,随着社会的不断发展,新的任务不断出现,复杂系统以及复杂系统工程也无法满足需求,"系统的系统"(System of Systems),即"体系",这一概念在系统工程领域萌生,并受到广泛关注。互联网、智能交通、智慧城市等现代复杂系统都是体系的现实体现。区别于一般的系统和复杂系统,体系是一个规模较大、结构松散的组织,每一个系统都可以独立运作且不存在明确边界,体系目标是动态的、不确定的。上述特性使得传统系统工程理论方法无法解决体系的管理问题,在这一背景下,体系工程应运而生,成为当前系统工程研究的热点,在国防军事、交通运输、商业、行政组织体系建设、资源配置以及运营调度等方面具有大量的研究成果和广泛的应用前景。

从总体上讲,20 世纪 40 年代是现代系统工程的起点;20 世纪 50 年代,系统工程方法全面形成;20 世纪 60 年代之后,系统工程方法取得突破,但在用硬系统工程方法处理人类事务中的系统问题时走了弯路;20 世纪 70 年代之后,系统工程应用范围不断扩大,系统工程方法从可处理更加复杂的系统问题发展到复杂系统工程,特别是复杂巨系统工程,如社会经济系统工程;20 世纪 70 年代中后期发展起来的软系统思想是系统工程从面向工程系统到面向无结构问题转变的典型标志;进入 20 世纪 90 年代,科学与技术的进步使人类面临更复杂的系统工程,计算机部分替代人脑的工作,"人—机"结合的系统研究快速发展;21 世纪以后,随着互联网、物联网、大数据和人工智能等技术的发展和普及,使得人们可以研究多个系统组成的体系,体系工程理论与方法也得到发展,变成系统工程前沿研究方向。如今,随着系统工程向各领域充分渗透,许多管理方法都不再冠以系统工程之名。这不是对系统工程的否定,而是表明了系统思想已成为广泛领域的共同基础,成为面向不同领域的学术界和工业界的普遍共识。

1.2.2 现代系统工程在中国的发展

20 世纪 50 年代,随着一大批爱国科学家从美国回到中国,把先进的系统工程方法论也带回了中国,结合中国社会主义建设的工程实践,系统工程方法在中国开出了灿烂的理论之花。现代系统工程在中国的发展历程大致可以分为以下三个阶段:

第一阶段始于 20 世纪 50 年代中期,以运筹学的研究与应用为主。当时刚从美国回来的钱学森、许国志等学者大力提倡运筹学,著名数学家华罗庚致力于发展优选法与统筹法,均取得了良好的效果。20 世纪 60 年代,随着我国导弹、航天事业的发展,以计划协调、组织、管理为特色的系统工程技术得到了迅速的发展。到了 20 世纪 70 年代中期,我国在运筹学的各个主要学术分支都已建立了一定的基础。

第二阶段始于 1978 年,钱学森、许国志以及王寿云联名在《文汇报》上发表了《组织管理的技术——系统工程》一文,在全国掀起了学习和研究并推广应用系统工程的热潮。在最优化方法、图论、排队论、对策论、可靠性分析等一批系统工程方法得到普及应用并取得显著效果的同时,投入产出分析、工程经济、预测技术、价值工程等许多方法和技术也得到普及和发展。同时,国内高校也积极开展系统工程领域的人才培养工作,大连理工大学(1978年)、天津大学(1978 年)、西安交通大学(1979 年)、东南大学(1979 年)、上海交通大学(1981 年)等多所高校在这一时期先后成立了系统工程研究所,培养了一大批系统工程人才,这对于国内系统工程的发展起到了重要推动作用。1980 年,中国系统工程学会正式成立。20 世纪 70 年代末和 80 年代初,中国学者在系统科学领域创立了一批分支学科,其中邓聚龙创立的灰色系统理论、吴学谋提出的泛系统理论和蔡文创立的物元分析,在国内外系统学界产生了较大影响。

第三阶段始于1986年,随着全国软科学研究工作座谈会的召开,系统工程的研究和应用进一步扩大至科技、经济及社会等各个领域。钱学森在这次座谈会上指出,软科学是新兴的科学技术,实际上是系统科学的应用。近年来,为了适应决策科学化的需求,一批软科学机构应运而生,在经济及科技体制改革、宏观经济管理、人口、环境、能源、工业、农业、交通运输、金融等诸多领域都发挥了重要作用,产生了一大批具有影响力的成果。例如,宋健院士将系统工程运用到人口研究中,建立了"人口控制论"这门自然科学和社会科学相结合的新学科,是交叉应用领域最重要的成果之一,也是最早获国家级科技一等奖的软科学类研究,对中国人口政策的制定起到了重大影响作用。

1986年以来,以钱学森为代表的一批科学家开启了开放的复杂巨系统方法论的研究。1989年,他们创造性地提出针对开放的复杂巨系统的"从定性到定量的综合集成方法",也就是综合集成技术、综合集成工程。将专家体系、统计数据和信息资料、计算机技术三者有机结合起来,形成一个以人为主的高度智能化的人机结合系统,通过人机结合的方式和人机优势互补,综合集成各种知识,实现从定性到定量的综合集成方法。考虑到现实中大量存在的非结构化、病态结构化的问题,顾基发等提出了一种"物理—事理—人理"的系统方法论,以解决这类问题。"物理—事理—人理"方法论的基本核心是:在处理复杂问题时既要考虑对象的物的方面(物理),又要考虑如何将这些物处理得更好的事的方面(事理),还要考虑实施决策、管理和具体处理有关问题的人的方面(人理),达到懂物理、明事理、通人理的目的。国际系统工程界对我国系统工程工作者的研究成果给予了很高的评价。

在规模宏大、高度集成的系统工程中,载人航天是当今世界上最具有挑战性的领域之一,它的实施难度高、规模大、系统复杂,同时又对可靠性和安全性要求极强。2003年10月15日,中国实施首次载人航天,神舟五号载人飞船把我国首位宇航员成功送入浩瀚的太空并安全送回,使中国成为世界上第三个独立掌握载人航天技术的国家。该项目中,全国110多个科研院所、3 000多个协作配套单位和十几万工作人员共同承担了研制建设任务。神舟五号、神舟六号载人飞船的成功发射升空和平安顺利着陆,标志着我国在大规模复杂系统的设计、优化、管理等方面取得了重大的突破。

经过20多年的研究与应用,系统工程的思想和方法逐渐融入我国自然科学、社会科学、工程技术、经营管理以及其他领域广大工作者的知识结构中。从社会大众到政府部门,从学术刊物到文学作品,都在使用信息、系统、系统工程、系统思想、自组织之类的术语,系统科学与系统工程的作用已为越来越多的人所认同。此外,系统工程的应用领域也在不断扩大,从组织管理领域、技术工程领域向社会经济领域、自然和社会结合的领域扩展渗透,系统的发展从硬系统工程到软系统工程,从微观分析到宏观战略,从简单系统到大系统、巨系统直到开放的复杂巨系统。系统工程在建模、分析、算法、优化、决策、评价、复杂性、智能化等理论方法上已经有不少的建树和应用。

但是,作为一门应用型学科,系统工程还很年轻,它的历史只有几十年。迄今为止,不同领域对于系统工程学科的认知和理解依然是仁者见仁、智者见智。中国系统工程的发展必须立足自身,兼收并蓄,这是我国学者的普遍共识。立足自身就是立足国情、立足自身文化,兼收并蓄就是研究和吸收现代管理系统科学发展的新趋势、新理论、新方法,集成创新、为我所用。著名学者成思危先生认为,中国系统工程发展的趋向应该是将我国古代系统思想与现代科学结合起来,进一步发展系统工程的方法与技术,以便有效地解决复杂系统分析和综合问题。

1.2.3　系统工程的发展趋势

系统工程在理论和实际应用中取得了很大的成就,受到了高度重视。目前系统工程的发展趋势主要在以下几个方面。

1)日益向多学科渗透、交叉发展

随着自然科学与社会科学的相互渗透和深入,为使科学技术、经济、社会协调发展,需要综合运用社会学、经济学、系统科学、数学、计算机科学与各门技术。由于社会经济系统的规模日益庞大,影响决策的因素越来越复杂,在决策过程中有许多不确定因素需要考虑。因此,现代决策理论中不仅要应用数学方法,还要应用心理学和行为科学,更需要广泛应用计算机这个现代化工具,形成决策支持系统和以计算机为核心的决策专家系统。现代管理科学的发展对现代计算机科学和通信技术的需求,加速了各种管理信息系统和远距离通信网络系统的形成。

2)作为软科学日益受到人们的重视

从20世纪70年代起,人们在重视硬技术的同时也开始注重软技术,并探讨人在系统中的作用,对系统的研究也从硬件(Hardware)扩展到软件(Software),后来又提出了"斡件(Orgware)",即协调硬件与软件的技术,近年来又有人提出要研究"人件(Humanware)",即探讨人类活动系统。系统工程的研究对象往往可以分为"硬系统"和"软系统"两类。所谓"硬系统",一般是偏工程、物理型的,它们的机理比较清楚,因而比较容易使用数学模型来描述,有较多的定量方法可以计算出系统的最优解。这种"硬系统"虽然结构良好,但常常由于计算复杂、计算费用昂贵,有时不得不采取一些软方法处理,如"人—机"对话方法、启发式方法等,通过引入人的经验判断使复杂问题简化。所谓"软系统",一般是偏社会、经济的系统,它们的机理比较模糊,完全用数学模型来描述比较困难,需要用定量与定性相结合的方法来处理。其中一个主要特点就是在系统中加入了人的因素,汲取人的智慧与直觉。当然,为了求解方便,"软系统"也可以用近似的"硬系统"来代替。这种"软系统"的"硬化"处理,首先是要把某些定性的问题定量化,然后采取定量为主、定性为辅的方法来处理。

3)系统工程理论和方法不断发展与完善

近年来,模糊决策理论、多目标决策和风险决策的理论和方法、智能化决策支持系统、系统动力学、层次分析法、情景分析法、冲突分析、柔性系统分析、计算机决策系统、计算机决策专家系统等方法层出不穷,展示了系统工程广阔的前景。钱学森提出"开放的复杂巨系统"的概念,对系统科学的发展是一个重大突破,也是一项开创性贡献。在这一科学概念的基础上,他又详细论述了解决开放巨系统的方法论,即从定性到定量的综合集成方法。它实际上是一个将专家群体的经验、智慧、数据、信息和计算机有机结合的过程。从定性到定量往往是螺旋式循环进行的,通过综合集成,可以激发出新的思想和智慧的火花,使认识逐步接近实际。

4）大数据技术对系统工程的新影响

近年来,大数据等新一代信息技术对系统工程的研究与实践影响深刻而广泛,带来系统工程方法论及方法的新变化。在系统工程中,总的问题发展趋势是数据越来越多、问题结构化程度越来越低、环境影响及要素关系越来越复杂。由于大数据具有大量(Volume)、高速(Velocity)、多样化(Variety)、真实性(Veracity)、有潜在价值(Value)的特征,更加全面、直观、理性地分析、预测、评估和管理复杂系统问题成为可能。大数据对系统工程的影响将会是基础性和输入性的。在思维方式方面,大数据给系统工程带来的变革主要在于:第一,大数据条件下追求的不是随机样本,而是全体数据;第二,简单因果关系被复杂相关关系所取代;第三,现代数据管理系统及大数据分析处理流程和方法,特别是大数据处理的基础性方法,显得越来越重要;第四,大数据应用中的隐私与安全问题会日益突出。在方法论方面,大数据给系统工程带来的变革主要在于:在原有一般社会调查与统计分析、预测分析、优化分析、仿真建模和仿真分析、系统评价等系统分析方法的基础上,网络建模分析(含社会网络计算)、大数据建模分析(含数据挖掘)、物联网环境下的数据驱动在线优化与动态决策等基于大数据的新的系统分析方法应运而生。可以说,大数据为复杂科学的技术实现提供了平台和路径,大数据分析有望成为复杂系统规律挖掘与行为预测的有效方法,因此数据驱动的复杂系统研究前景广阔。

总而言之,系统工程的意义和作用已在阿波罗登月计划、“长江三峡工程”等世纪伟业中得到了全面的展示。当今世界各国都在研究、推广应用这门新兴的组织管理技术,并不断充实它的理论和方法。可以预计,在不久的将来,系统工程将成为一门更加成熟、完善的科学。

1.3 系统工程的特点与原则

1.3.1 系统工程的特点

系统工程与其他工程学,如机械工程、电子工程、水利工程等的某些性质不尽相同。各门工程学都有特定的工程特质对象,而系统工程的对象,则不限定于某种特定的工程特质对象(即任何一种物质系统都可以成为它的研究对象)。同时,它还可以包括自然系统、社会经济系统、经营管理系统、军事指挥系统等。由于系统工程处理的对象主要是信息,并着重为决策服务,国内外很多学者认为系统工程是一门软科学。

系统工程在自然科学与社会科学之间架设了一座沟通的桥梁。现代数学方法和计算机技术等,通过系统工程为社会科学研究增加了极为有用的量化方法、模型方法、模拟方法和优化方法。系统工程也为从事自然科学的工程技术人员和从事社会科学的研究人员相互合作开辟了一条道路。

钱学森提出了一套清晰的现代科学技术的体系结构,认为从应用实践到基础理论,再到现代科学技术可以分为几个层次(图1-2):第一是工程技术,第二是技术科学,第三是基础科学,最后通过进一步综合、提炼达到高度概括的马克思主义哲学。在此基础之上,他又进一步提出了一个系统科学的体系结构。他认为,系统科学是由系统工程这个工程技术、系统工程理论方法(如运筹学、大系统理论)等一系列科学技术组成的新兴科学。

图 1-2　现代科学技术的体系结构

当前,人们比较一致的看法和共同的认识是,系统工程学是以大规模复杂系统问题为研究对象,在运筹学、系统理论、管理科学等学科的基础上逐步发展和成熟起来的一门交叉学科。系统工程的理论基础是由一般系统论及其发展、大系统理论、经济控制论、运筹学、管理科学等学科相互渗透、交叉发展而形成的。

1.3.2　系统工程的原则

系统工程作为一门方法性学科,特别强调研究处理问题的原则和概念,认为这是第一位的,而一些数学方法与工具只是为这些原则、概念而服务的。系统工程强调的主要原则如下:

1)目的性原则

系统工程是人类社会的实践活动,必定有其自身的目的。只有目的正确,有科学根据,符合客观实际,才能建立和运转具有预期效果的系统。所以,系统工程特别强调目的性,自始至终需要有明确的目的。虽然实施的方案和途径是多种多样的,但是必须达到统一目的,这就是所谓的"异因同果"。反之,如果目的不正确,方法手段措施越好,离原目的的距离就越远。以往的方法性学科,比较多的是研究探讨怎样实现目的,很少研究如何明确目的,而系统工程首先要求明确目的,这是系统工程学科在方法论上有所突破的地方。

2)整体性原则

系统工程要求人们处理问题首先要着眼于系统整体,不要见木不见林,而要先见林,后见木。现代社会和科学的发展使得系统性的问题越来越多,人们深感只重局部而忽视全局的观点有很大缺陷,要求建立从全局、整体着眼的思考方式。更重要的是系统各部分组成整体之后,产生了(涌现出)总体功能,即系统的功能。系统的功能要超越各部分功能的综合,这不仅是量变,而且是质变,系统工程首先看重的就是这种整体功能。处理问题总是先看整体,后看部分;先看全局,再看局部;从宏观到微观,并把部分与局部放在整体与全局之中来考察,这便是整体性原则。

3）综合性原则

这个原则有两方面的含义:其一,系统的属性和目的是多方面的,相互关联的,带有综合特点的。例如,发展生产需要兼顾经济效益、社会效益和生态效益,但是高产量、高质量是和低消耗、低成本、低污染相矛盾的,每一项措施所引起的结果和影响力都是多方面的,都具有综合性。其二,解决同一个问题可以有不同方案,有不同的方法和途径,而各种方法和技术如果能加以综合,取长补短,会产生意想不到的效果。例如,在阿波罗登月计划中的关键部分——登月舱所采用的单项技术都是成熟的,但将它们巧妙地集成起来,就产生了新的综合成果,起到了显著的作用。所以有人说,集成也是一种创造。系统工程强调综合性原则,就是说上述两方面都要加以考虑。

4）动态性原则

系统工程强调在运动和变化过程中来把握事物,关注系统的过程,而不是仅仅关注系统的某一状态。系统的平衡有时是静态的,而更多的时候是动态的,平衡的破坏和不断地转化时有发生。系统工程十分重视系统中的物质流、能量流和信息流的运动。任何一个系统都有从孕育、产生、发展、衰退、消亡的生命周期,都需要用动态的观点加以研究。

5）协调与优化原则

在客观世界中,系统是复杂多变的,组成系统的部分为数众多且互相制约。因此,如何使它们相互配合协作,使整个系统协调运行,是系统工程在处理复杂系统时需要考虑的。此外,在建立或改造一个系统、运转一个系统时,总希望它在给定的条件下达到最佳效果,这就是系统工程强调系统的优化。因为目标是多元的,优劣标准也是多样化的,所以优化也是要统筹兼顾的。有时候受到人的认知和环境的限制,系统无法达到理想的最优效果,人们就比较现实地去追求满意结果。

6）适应性原则

由于系统是在外界环境中存在和发展的,因此它必须适应环境。系统工程不仅重视系统内部要素之间的关系,而且要考虑系统与环境的关系。现实中的系统都是开放的,与环境之间有物质、能量和信息的交换,当外界环境发生变化时,系统必须相应地调整自己以适应这种变化,否则系统就会丧失生存的条件。尤其是现代社会经济技术变化都很快,系统必须主动适应这种变化,这就是系统工程所要强调的适应性原则。先进的系统有自动调节自身组织、活动的功能,这就是系统的自组织性,在设计与建立高水平的复杂系统时,应考虑使系统具有自组织性,以满足环境适应性原则。

以上列举了系统工程的六项原则,当然还有其他原则,例如有序性原则、层次性原则等,这些都是从实践中总结出来的宝贵经验。

1.4　系统工程与工程管理

工程管理是新兴的工程技术与管理学科交叉的复合性学科。目前,我国现阶段的工程管理人才培养和学科建设主要集中在建设工程管理(如房地产、工程造价、工程建设管理、国际工程管理等)。但工程管理不仅仅是建设工程管理,还应该包括各行各业各类工程的管理(如航空工程、机械工程、通信工程、能源环境工程等领域的工程管理,它们往往属于大型复杂工程）。在管理这些大型复杂工程的过程中,系统工程思想是一种非常重要的思维方式,可以提供一套解决复杂问题的思路和方法。实际上,当前的大型复杂工程都是需要基于系统工程的思想和方法来完成的。

载人航天工程是具有代表性的大型复杂工程。如前所述,神舟五号载人飞船凝结了100多个科研院所、3 000多个协作配套单位和十几万工作人员的智慧结晶。而2021年6月17日神舟十二号成功出征星辰,执行我国载人航天工程立项以来第19次飞行任务,这也是我国空间站阶段的首次载人飞行任务。按照空间站建造任务规划,两年内将实施11次飞行任务,包括3次空间站舱段发射,4次货运飞船以及4次载人飞船发射,于2022年完成空间站在轨建造,建成国家太空实验室。因此,神舟十二号不仅本身是一项大型复杂系统工程,同时还是我国空间站项目的主要组成部分,承上启下,十分关键,是"系统的系统",管理这类复杂系统离不开系统工程。

在民用领域中,高速铁路的建设也是一类非常典型的大型复杂工程。它包括立项决策、勘察设计、工程实施、竣工验收四个阶段,每一个阶段都涉及人、财、物、地等多个方面,需要进行集中调配和配置。以"京沪高铁"为例,作为世界范围内一次建成线路最长、标准最高的高速铁路,其工程难度之大,史无前例。为了克服这一难题,全体科研人员和建设者进行了近20年的科技攻关与自主创新,通过综合工程建造、高速动车组制造、列车运行控制、检测验证、建设管理五个方面的技术创新,破解了超越世界长距离高速铁路持续运行速度的重大难题,建立并完善具有自主知识产权、富有国际竞争力的时速350千米及以上中国高速铁路技术体系,取得了举世瞩目的成就。

除传统的工程领域外,工程管理的方法和系统工程的思想在新兴技术领域中的应用也十分普遍。例如,在信息领域,我国2020年使用的"国务院通行大数据行程卡"防控新冠疫情就是非常典型的案例。该项目由工业和信息化部牵头,组织中国信息通信研究院以及中国移动、联通和电信三家基础电信企业,基于用户的智能终端信号历史数据,实现一键查询14天内国内城市(驻留超过4小时)以及境外到访地行程。该项目的实现,在技术上要求通信信号全覆盖、在工程上需要各省平台的集成和智能终端的普及,而在管理上则需要一个能够保障全民积极参与的制度。这一模式,即使其他西方国家在技术上可以实现,但是在集成多方资源的工程方面和在引导群众申领和使用"国务院通信大数据行程卡"的管理制度方面都无法实现,因此无法复制我国的成功经验。从更高层次上说,"国务院通行大数据行程卡"是我国注重集体利益的优秀文化传承,也是我国社会主义制度优越性的集中体现。

此外,在能源环境领域,实现"碳达峰"和"碳中和"的目标也是一项复杂的大型系统工程。我国"十四五"规划和2035年远景目标纲要提出,落实2030年应对气候变化国家自主贡献目标,制订2030年前碳排放达峰行动方案。针对这一国家重大战略目标,国家能源咨询专家委员会副主任、国家气候变化专家委员会名誉主任杜祥琬院士指出,需要从以下九个方面做出努力:"一是'能源减碳'与'蓝天保卫战'协同推进;二是把节能提效作为降低碳排放的重要举措;三是电力行业减排,建设一套以非化石能源电力为主的电力系统;四是交通行业减排,逐步建成美丽中国脱碳的交通能源体系;五是工业减排,做好产业结构调整,通过技术进步,减少工业碳排放;六是建筑节能,包括建造和运行;七是循环经济,各种废弃再生资源的利用有利于工业(如冶金业)减碳;八是发展碳汇,同时鼓励CCUS(Carbon Capture, Utilization and Storage,碳捕集、利用和封存技术)等碳移除和碳利用技术;九是将碳交易、气候投融资、能源转型基金、'碳中和'促进法作为引导碳减排的政策工具。"可见,环境的治理是一项复杂的系统工程,需要长期的艰苦努力,同时还需标本兼治、综合施策、远近结合、协调推进,把调整优化结构、强化创新驱动与保护环境生态有机结合起来,通过政府努力、企业自律、公众行动,共同完成治理任务,实现目标。

综上所述,任何一个大型项目的管理工作都需要多个部门和学科的专业人员相互合作,涉及能源、环境、生态、城市建设等部门以及社会、经济和政治等多个领域,同时还需要考虑在时间维度上的可持续性发展。因此,掌握和使用系统工程相关理论方法对于工程管理至关重要。重大工程项目的顺利实施需要既精通工程技术,又具备管理才能,还能将人财物力资源进行优化配置的系统工程人才,这也是在工程管理专业学位中设置"系统工程"这门课程的初衷和目的。

1.5 本书知识结构

本书以系统工程方法论在工程管理中的应用为主线,全面系统地介绍了系统工程基本知识、理论和方法,并总结了一些典型的应用案例。全书共分为9章,主要逻辑关系如图1-3所示:第1章为绪论,介绍了系统以及系统工程的基本概念和发展历程;第2章为系统工程相关理论,介绍经典与现代系统理论及系统理论的新进展;第3章为系统工程方法论,介绍了两类经典的系统工程方法论、系统分析原理及创新思维与辅助工具、创新方法论新进展;第4章为系统工程模型与模型化,介绍了系统模型化的基本概念、分类、建模步骤以及典型建模方法;第5章是系统评价方法,介绍了经典的系统评价理论与方法;第6章为决策分析方法,介绍了管理决策的基本模式、常见管理决策类型以及经典的管理决策分析方法;第7章为钱学森系统工程思想与我国工程管理教育;第8章和第9章为系统工程案例,以中国商飞公司商用飞机系统工程的探索与实践、神华集团上湾煤矿采掘的工程管理实践为例,对本书中系统工程理论与方法在工程管理中的应用进行介绍。

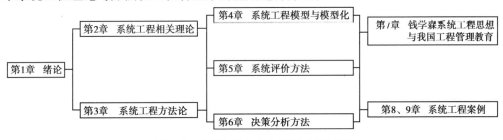

图 1-3 本书知识结构与章节之间关系

【本章小结】

本章先从我国古代大型工程"都江堰渠首水利工程"出发,引出系统工程的概念,介绍了什么是系统、系统思想的发展和系统科学的内涵以及什么是系统工程。然后,本章对系统工程的发展历史,特别是我国系统工程的发展历史进行阐述,并指出系统工程的未来发展和研究趋势。接着在此基础之上,总结了系统工程学科交叉融合的特点、实施系统工程过程中所要遵循的一般原则以及系统工程方法的特点。最后,结合工程管理专业的发展现状,论述了运用系统的思维和方法解决工程管理问题的必要性和重要性。

实际上,现代社会要求管理者需要掌握系统工程方法论,懂得用系统的观点分析问题,并掌握系统工程分析解决问题的基本概念、基本原理和基本方法,初步具备运用系统建模、系统分析、系统预测、系统评价、系统决策等系统工程方法来分析和解决实际问题的能力。

【习题与思考题】

1. 简述系统的基本概念。
2. 系统都有哪些基本属性? 请举例解释说明。
3. 试从不同角度对系统进行分类。
4. 如何分析系统结构与功能的关系?
5. 什么是系统工程? 它与传统的工程技术有什么区别?
6. 系统工程的理论体系结构和研究对象是什么?
7. 系统工程与系统科学的联系和区别是什么?
8. 结合工程管理实际案例,探讨工程管理中如何用系统工程思想和方法解决实际问题。

第2章

系统工程相关理论

教学内容：介绍经典与现代系统理论及系统理论的新进展,包括控制论、信息论、一般系统论、耗散结构理论、协同学、突变论、混沌理论等;系统理论的新发展,包括复杂适应系统理论、复杂网络理论等。

教学重点：控制、信息与开放系统的基本概念、系统自组织理念、复杂适应系统的基本性质与机制、复杂网络的基本概念。

教学难点：混沌理论基本概念、复杂适应系统的基本性质与机制。

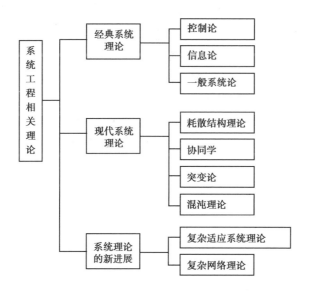

1986 年美国挑战者号航天飞机的爆炸事故是人类探索太空历史上的一场灾难。1986 年1月28日,美国在佛罗里达州肯尼迪航天中心发射挑战者号航天飞机。航天飞机升空 73 秒后,在 14.6 千米的高度上解体,机上 7 名宇航员全部罹难。

　　事故发生后的调查显示航天飞机失事的技术原因是右侧固体火箭推进器尾部密封接缝的 O 形环失效，导致加压的热气和火焰喷出，高温灼烧造成航天飞机结构失效。这一问题根源在于航天飞机在设计上的缺陷。O 形环在设计上只考虑了隔绝来自燃料舱的高温气体，并未考虑发射时的低温环境的影响。挑战者号航天飞机发射时正值隆冬，发射前推进器尾部接缝处温度远低于 O 形环的设计极限温度。但这一信息并未传达给决策层。在实际的发射中，点火后不到 3 秒右侧推进器即出现了裂缝，并最终导致航天飞机在高空中解体。

　　除上述技术问题以外，挑战者号的发射决策也存在严重缺陷。美国国家航空航天局（NASA）的管理层事前已经知道承包商设计的固体火箭助推器存在潜在缺陷，但未能提出改进意见。部分工程师事先指出了低温天气下发射的隐患，但并没有引起足够的重视，最终导致了事故的发生。

　　前面简述的挑战者号航天飞机爆炸事故需要从系统工程角度加以分析。一方面，就航天飞机本身而言，这是一个高度复杂的系统。结构上高度复杂的系统往往存在牵一发而动全身的现象。在这个实例中，一个小小的 O 形橡胶环在低温环境下的故障最终导致了整架航天飞机的坠毁。这是一个系统在构造上的微小变化导致系统整体运行态势发生突变的实例。从中应该思考系统的部分与整体的关系，局部的故障在什么情况不会对系统整体产生显著影响，而在什么情况下部分会显著影响整体，还应该思考系统和所处环境的关系。挑战者号在设计上只考虑了航天飞机在正常气温下发射的情况，而缺乏对低温条件下的系统可靠性的考虑。可以看到，对系统及其运行规律的深入认识对于更好地解决诸如航天飞机设计、建造和运作这样的复杂工程问题具有重要的意义。另一方面，针对挑战者号航天飞机发射的管理决策问题也是一个系统工程问题。NASA 的错误决策是挑战者号的坠毁事故发生的关键因素。航天飞机的实际发射也是一项系统工程，决策者需要根据方方面面的因素进行是否发射、何时发射、如何发射等问题的决策。从另一个角度看，这样的决策过程实际是决策者根据所获得的信息对航天飞机的发射活动加以控制的过程。相关人员和机构之间的信息传输以及信息有效利用的问题也是导致错误决策的关键因素。系统问题和控制问题、信息问题是彼此紧密关联、不可分割的。

　　从以上对挑战者号爆炸事故的简单分析可以看到，现实的工程问题往往需要从系统工程的角度分析，往往需要把工程对象作为一个系统，并结合该系统所对应的信息与控制问题加以综合考察。正因如此，针对系统、信息、控制等相关问题的科学理论对于系统工程的发展具有重要意义。本章将简要介绍 20 世纪以来人们围绕这些核心概念与问题所取得的主要理论成果。这些理论工作的部分成果已在实际问题中得到了实质性应用，部分主要还是从科学理论的角度加以讨论的。但这些工作共同构成了系统工程的科学理论基础。以下将首先讨论控制论、信息论和一般系统论为代表的经典系统理论；进而围绕系统自组织问题以及系统动态结构形态变迁问题分别对耗散结构理论、协同学理论以及突变论和混沌理论进行简要介绍；最后对 20 世纪 80—90 年代以来发展起来的复杂适应系统和复杂网络研究方向的基本知识加以介绍。

2.1 经典系统理论

2.1.1 控制论

控制论(Cybernetics)是美国数学家罗伯特·维纳(Norbert Wiener)于1948年创立的。控制论的研究对象是各种各样的系统,包括生物体、生物群、机器装置类的工程对象、人类社会、经济实体等。控制论的研究目的是探讨这些系统的调节与控制的规律,对系统施加控制,使得系统行为按人们预期的目标发展。

第二次世界大战期间,维纳参加了火炮自动控制的研究工作,他把火炮自动打飞机的动作过程与人狩猎的行为作了类比,从中提出了反馈的概念。他认为稳定活动的方法之一,是把活动的结果所决定的一个量,作为信息的新调节部分,反馈回控制仪器中。1943年,维纳等人共同发表了《行为、目的和目的论》一文,指出"一切有目的的行为都可以看作需要负反馈的行为",标志着控制论开始萌芽。1945年,维纳把反馈概念推广到一切控制系统,把反馈理解为从受控对象的输出中提取一部分信息作为下一步输入,从而对再输出发生影响的过程。1943年和1946年,维纳和冯·诺伊曼在普林斯顿和纽约召开的两次学术讨论会对控制论的产生起了重要的推动作用。维纳对会议形成的一些概念和思想加以总结,在1948年写成《控制论》一书,引进了系统、目的、反馈、信息、功能模拟、黑箱方法等一系列独特的概念,讨论了如何实现对系统的控制问题。《控制论》的出版,成为控制论诞生的标志。

经典控制论主要研究单输入和单输出的线性控制系统的一般规律,它建立了系统、信息、调节、控制、反馈、稳定性等控制论的基本概念和分析方法,研究的重点是反馈控制。

反馈控制(feedback control)是指将系统的实际输出和期望输出进行比较,并把差异值从输出端反向传送到输入端,形成信息反馈通道。控制系统根据反馈信号决定控制指令,去改变对象的运行状况,逐步缩小并最后消除误差,达到控制目标。如果反馈信息(系统实际输出)使得系统输出的误差逐渐减少,则称为负反馈;反之,称为正反馈。

实际上,正如控制论的创始人维纳所指出的,反馈是自然界和一切生物系统中普遍存在的属性。例如,生命机体适应环境的能力主要靠反馈控制,通过反馈控制不断缩小与环境要求的"差距"来适应环境。市场对于物价与其价值的偏差不断进行纠正,使得物价基本上在其价值的上下进行波动。社会系统的民主、法制建设都需要有充分、快速、准确的信息反馈通道,调查、信访、民意测验都是获取反馈信息的手段。实际上,一切系统自学习的主要机制是反馈,通过反馈修正错误,积累经验,求得进步。

现代控制论是对经典控制论的进一步发展,它主要以状态空间法为基础,研究多输入多输出(MIMO)系统的建模、分析和综合,主要对系统的能控性、能观测性及稳定性等品质进行分析,必要时对系统的状态空间模型变换、状态结构分解进行分析,从而使系统品质达到最佳或者对系统进行最优控制。现代控制理论主要包括五个分支:线性系统理论、建模和系统辨识、最优滤波理论、最优控制、自适应控制。

在经典控制论和现代控制论的基础上,控制理论进一步向智能控制发展,探究具有更强适应性和智能行为能力的广义控制器或智能体的控制机制与规律。随着学科研究不断深入,智能控制已成为控制理论的主要发展趋势。

控制论对系统工程有三点重要贡献。第一,给出一种新的研究方法,使对复杂系统的研究成为可能。第二,控制论给出一套统一的描述系统的概念,因而可以建立各门学科之间的准确关系。通过它们所具有的共同语言,把一门学科上的发现和成果用到另一门学科上,使它们相互促进。在系统描述上,控制理论使用输入、状态、输出这些概念来描述系统结构、行为和功能的方法不仅可以用来描述工程系统,同样可以用来描述生物系统、经济系统、社会系统等。第三,控制理论中的反馈控制理论、能控性、能观性理论、可靠性理论、大系统、巨系统理论等揭示了系统结构方面的性质;控制理论中的稳定性理论、最优控制理论、对策论、滤波和随机控制理论、鲁棒性理论、自适应、自组织、自学习理论、人工智能和模式识别理论等主要揭示了系统行为和功能方面性质。

控制论建立在反馈控制的概念基础之上。图 2-1 对反馈控制的基本机制进行说明,以助于理解控制论的核心理念。

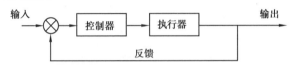

图 2-1　反馈控制基本机制示意图

图 2-1 所示的基本反馈过程在现实中极为普遍。例如,在日常生活中,在北方冬天出门人们通常会穿着厚重的外套以抵御寒冷的气温;而当他们进入开启空调的房间后,厚重外套带来的不适体感信息会传导到大脑(即"反馈"),从而促使人们做出调节脱掉外套(根据反馈而加以调节与控制)。这一过程即是一个简单的反馈控制或反馈调节过程。这样的反馈控制机制在技术产品设计和工程管理中更是无处不在,从伺服电机的工作到工程进度管理的实际执行,背后都可看到反馈控制的身影。由于反馈控制机制的普遍性,维纳把这一机制作为维持系统有效运转的核心机制,并在这一概念基础上建立控制论。

2.1.2　信息论

信息是客观存在的,人类社会的生存和发展离不开信息的获取、传递、处理、再生、控制和利用。信息论是一门把信息作为研究对象,以揭示信息的本质特征和规律为基础,应用概率论、随机过程和数理统计等方法来研究信息的存储、传输、处理、控制和利用的一般规律的学科。

信息论的奠基人是美国数学家香农(C. E. Shannon)。1941—1944 年香农把发射信息和接收信息作为一个整体的通信过程来研究,提出了通信系统的一般模型和信息熵的概念,同时建立了信息量的统计公式,揭示了通信系统传递的对象就是信息,并指出通信系统的核心问题是在噪声下如何有效且可靠地传送信息以及实现这一目标的主要方法是信道编码。这一成果于 1948 年以《通信的数学理论》为题发表,成为信息论诞生的标志,1949 年香农又发表了《噪声中通信》一文,这两篇论文奠定了现代信息论的理论基础。

研究通信系统的目的就是要找到信息传输过程的共同规律,以提高信息传输的可靠性、有效性、保密性和认证性,使信息传输系统达到最优化。从一般意义上讲,通信过程主要包括信息从信源(产生消息和消息序列的来源)发出,经过相应的加工处理后,借助信道(沟通信源与信宿的通路或通道)来进行传递。为了精确度量通信过程中信息所含信息量的大小,香农提出将信息与"不确定性"联系起来。如果能够度量一个事情的不确定性,那么也就能够度量某一信息的信息量,这就是香农"信息熵"的概念,香农的信息熵本质上是对"不确定现象"的数学化度量。香农信息熵的公式与物理学中熵的计算公式仅相差一个负号,因此,维纳说:"信息量实质上就是负熵。"香农引进的"信息熵"的概念,在数学上量化了通信过程中"信息漏失"的统计本质,具有划时代的意义。

除了定量衡量通信过程中信息所包含的信息量,如何使信息在信道中有效地进行传递也是信息论中一个至关重要的问题。香农提出在噪声下实现信息有效可靠传递的主要方法是"信道编码",指对信息进行必要的加工或处理,统称为变换,以提高信息传输的有效性,包括在发端,将信源的输出进行适当的变换;在收端,为了还原信息,相应地要进行反变换。信息的变换和反变换通常包括能量变换、编码与译码、调制和解调等过程。通信系统的基本模型如图2-2所示。

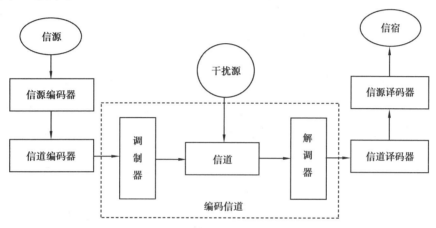

图 2-2 通信系统的基本模型

虽然信息论主要是从通信实践中总结出来的,但由于它的许多规律的概括性和综合性,其研究对象已远远超过通信科学技术的范围,并在其他许多学科领域得到应用,因此可以根据研究范围的不同,把信息论分成三种不同类型:①狭义信息论。狭义信息论是研究通信和控制系统中信息传递的共同规律以及如何提高各信息传输系统有效性和可靠性的一门通信理论。②一般信息论。一般信息论主要研究通信问题,还包括噪声理论、信号滤波与预测、调制与信息处理等问题。③广义信息论。广义信息论不仅包括狭义信息论和一般信息论的问题,还包括所有与信息有关的领域,如数学、文字学、语言学、心理学、神经生理学以及语义学等方面的问题。

信息论运用了科学抽象和类比的方法,将消息、信号、情报等不同领域中的具体概念进行类比,抽象出了信息概念和信息论模型;另外,针对信息的随机性特点,信息论运用了统计数学(概率论与随机过程)解决了信息量问题,壮大了语义信息、有效信息、主观信息、相对信息、模糊信息等方面的内容,并扩展了信息概念。现如今,人们不断地将香农信息论的基本原理和方法应用于通信之外的领域,并获得了成功,特别是在生物医学、信号处理、模式识别、自然语言处理、气象学、水力学、经济学等方面。信息产业成为当今社会中发展最快、潜力最大、效率最高、影响最广泛的重要支柱产业之一。信息论及其相关技术也在不断创新发展,为我们的生产生活带来诸多便捷。

2.1.3 一般系统论

一般系统论的创始人是奥地利理论生物学家贝塔朗菲（L. von. Bertalanffy），他在论述这门学科性质时指出：一般系统论是一门新学科，属于逻辑和数学的领域，它的任务是确立适用于各种系统的一般原则，既不能局限在"技术"范围内，也不能被当作一种数学理论来对待，因为有许多系统问题不能用现代数学求出解答，所以要从系统观点来认识和分析客观事物。一般系统理论用相互关联的综合性思维来取代分析事物的分散思维，突破了以往分析方法的局限性。运用一般系统论，可以帮助人们摒弃那种用简单方法来解决复杂系统问题的习惯，如实地把对象作为一个有机整体加以考察，从整体与部分相互依赖、相互制约的关系，揭示系统的特征和运动规律。贝塔朗菲在提出一般系统论时，曾明确地把马克思和恩格斯的辩证法列为一般系统论的思想来源之一。

一般系统论要研究各种系统的一般方面、一致性和同型性，要阐述适用于一般系统或其子系统的模型、原理和规律，它的核心理论包括机体系统理论、开放系统理论和动态系统理论。

1）机体系统理论

机体系统理论的提出是与20世纪初在生物学领域中发生的活力论与机械论的斗争紧密联系在一起的。机械论者认为弄清生命现象就必须研究生命现象赖以发生的机械、物理、化学过程，活力论者认为生命现象不能归结为机械、物理、化学过程。

首先，在贝塔朗菲看来，机械论和活力论都没有揭示解决生命本质问题的正确方向，他提出的机体系统理论试图以整体性、动态结构、能动性和组织等级观点解释生命的本质。在他看来，生物体是一种开放系统，生命的本质不仅是生物体各组成成分的相互作用，还有与环境的相互作用。从作为一个有机整体的生物体中分割出来的部分离开整体不能存在，分离部分的行为不同于整体的行为。其次，生物体结构是一种动态结构，与静态结构（如机器结构、晶体结构）有着本质区别：后者由不变的组成部分构成，前者由于代谢作用，机体的组成要素每时每刻都在发生变化，因此生物体与其说是存在的，不如说是发生的，生物体中每一层次的存在总是以次级层次的生长、衰老和死亡为前提。动态结构有自调节性，而静态结构只有被动的更换性。再次，生物体不是一个被动系统，它是一个能动系统；生物体具有应激性，但其主要特征在于能动性，如心跳、呼吸等生理机能不是对外界刺激的反应，而是维持生存的内在要求的实现。最后，生命问题本质上是组织问题，而生物组织有等级性。所以生命现象必须在生物体组织的所有层次上，即物理化学层次、基因层次、细胞层次、多细胞组织层次、器官层次、个体层次和由许多个体组成的群体层次上加以研究。

机体系统理论的提出是贝塔朗菲在创立一般系统论过程中迈出的第一个重要步骤。进一步的研究使他认识到，那些不能用机械论解释、又被活力论神秘化了的问题，如整体性、目的性、秩序等，都是"基本的系统问题"，是系统的一般属性；只要建立起关于系统的一般理论，就可以对这些问题做出统一的科学解释。

2）开放系统理论

传统热力学所研究的是与环境相隔离的系统，即封闭系统。但严格地说，它忽略了环境对系统的作用。在现实性上，系统与环境之间存在着错综复杂的相互作用，存在着物质、能量与信息的流通。例如,每个活的机体本质上是一个开放系统,它们在连续不断地吸入和排出过程中保持它们的生命。活的机体不能处于化学和热力学的平衡态,而是处于所谓稳态之中。显然,研究开放系统要比研究封闭系统复杂和重要得多。

对于活系统,开放性是其生存发展的必要条件,只有对环境充分开放才能更好地运行演化。但并非任何开放都是有利于系统的,对环境开放意味着系统要承受环境的压力和限制;在有益的东西输入系统的同时,消极甚至有害的东西也难免混入系统。封闭性指阻碍系统与环境相互作用的特性,无疑有消极的一面。但封闭性并非纯消极因素,它有保护系统免受外界侵害的积极作用,也是系统生存延续的必要条件。系统性是开放性与封闭性的辩证统一。

贝塔朗菲已在实验和理论上研究了开放系统理论,试图科学地解释一系列新观点,如稳态、等终极性、秩序在开放系统中的可能增加等。他认为,开放系统理论是物理学、动力学和热力学理论的一个重要的扩展,"一为等级组织,另一为开放系统特性,这两者是有生命界的基本原理",也是走向研究一般系统的一个重要步骤。

3)动态系统理论

系统根据它的状态与时间的关系可分为静态系统和动态系统。在静态系统中,决定状态特征的状态变化与时间变化无关。但在动态系统中,系统的状态变化是时间的函数。就静态系统和动态系统的关系而言,前者只是后者的一种近似,从本质上看,现实的具体系统都是动态系统,所以把动态系统看作系统的一般模式是正确的,而对动态系统进行一些简化操作就可推出静态系统。

一般系统论把系统看作不变性和可变性的统一。凡现实中存在的系统,均有其稳定的质,即自身同一性。当它处于不同的空间和时间时,由于这种同一性,我们能够识别系统是它自己。拉波波特和拉兹洛详细讨论过这种特性,称之为系统的自我保持特性。拉兹洛认为,能够自我保持是从次有机组织到有机组织再到超有机组织的系统普遍具有的特性。拉波波特指出,系统的不变性不是绝对的,而是变化中的不变性。一方面,处于多变环境中的系统能够保持自身基本结构和特性不变;另一方面,在内部组分不断更替的条件下,系统能够保持基本的结构和特性不变,因而能被我们识别。

但一切系统都处于永恒的变化之中,可变性也是系统的固有属性。系统的自我保持只能是在不断变化中的自我保持。因为当外部环境或内部组分、关系发生变化后,系统只有做出相应的变化,才能保持自己。拉兹洛特别强调系统的自我创造和自我进化,认为在次有机、有机和超有机的层次上都可发现它。系统的存续和演化、自我保持和自我创造,是相互矛盾的倾向,有利于生存延续的因素一般都不利于进化创造,反之亦然。但这两种倾向又是互为条件、相互促进的。系统首先要能够生存延续,才谈得上进化创新,一个无法保持自己的系统也无进化创新可言。反过来,系统只有通过改进自己、发展自己,才能更好地保存自己。

一般系统论的研究领域十分广阔,几乎包括一切与系统有关的学科和理论,它给各门学科带来新的动力和新的研究方法,沟通了自然科学与社会科学、技术科学与人文科学之间的联系,促进了现代化科学技术发展的整体化趋势,使许多学科面貌焕然一新。一般系统论为系统工程的发展,为人类走向系统时代奠定了理论基础。

2.2 现代系统理论

上一节介绍的控制论、信息论和一般系统论等理论刻画了系统的核心特征：多个元素通过各种相互作用结合在一起，形成有序结构。这带来了进一步的问题：系统的有序结构是怎么产生的？从 20 世纪中叶开始，以比利时科学家伊里亚·普里高津（I. Prigogine）为代表的众多科学家对系统结构，特别是系统结构动态演化的规律开展了大量研究。这些研究很大程度上深化了人们对系统本质规律的认识。本节对这方面的主要理论工作进行简要介绍。

2.2.1 耗散结构理论

热力学第二定律告诉我们，孤立系统都会自发地朝着熵增加的方向发展，即从有序到无序。这与系统思想中的有序性理念是相反的。系统的有序结构是如何生成并维持的？这成为困扰科学界的一个重大问题。系统有序结构的生成问题也可称之为"组织"问题。组织生成的一种形式是"他组织"，即通过外部力量的作用促使系统的组织形成和维持。这种他组织是组织科学和管理学等学科所关注的焦点课题。除了他组织，人们发现自然界中还大量存在"自组织"现象，即系统在一定条件下自发形成有序结构即"组织"，典型的例子如生物体通过新陈代谢维持自身秩序的过程。对这样的"自组织"的研究是 20 世纪中叶以来科学探索的焦点课题之一，也对系统理论的发展起了十分重要的作用。

伊里亚·普里高津等人所创立的"耗散结构"（Dissipative Structure）理论是影响最大的系统自组织理论之一。普里高津本人也因为对这一理论的开创性工作获得了 1977 年的诺贝尔化学奖。普里高津指出，在远离热力学平衡态的系统区域，与外界存在物质和能量交换的开放系统有可能从外界获取"负熵"来对抗系统内部的熵增，从而有可能自发产生并维持有序结构。这样通过自组织产生的有序结果被称为耗散结构。这里耗散指的是系统需要通过与外界交换物质和能量来产生"负熵流"，从而维持自身的有序结构。

这样的耗散结构的出现需要满足多个基本条件。

第一，产生耗散结构的系统必须是开放系统。换言之，与外界不存在物质和能量交换的系统不可能形成耗散结构。因为根据热力学第二定律，孤立系统会自发地往熵增加的方向发展，系统最后陷于热力学平衡态。系统的开放性是耗散结构形成的必要条件。

第二，系统必须"远离平衡态"。这里的远离平衡态是相对于热力学平衡态而言的。处于热力学平衡态的系统，系统内部不存在物理量的宏观流动如热流、粒子流等。很多的现实开放系统，由于系统与外部的物质与能量交换的持续存在，其状态并不一定最终稳定于热力学平衡态。例如，一个电路系统，只要两端电压差存在，电路中始终存在电流。这就不是一种平衡态。显然，只有当系统处于非平衡态，才有可能自发形成有序结构。但是，20 世纪上半叶的物理学家已发现，在接近平衡态，系统具有跟平衡态系统具有相似的热力学特性。而当一个系统远离平衡态时，它的热力学性质跟平衡态系统和接近平衡态系统具有显著区别，耗散结构有可能在远离平衡态的系统中自发创生。

第三，系统内部存在非线性的相互作用。热力学系统都包含大量的内部成员，当成员之间的相互作用都是线性作用时，这样的系统不会形成耗散结构。而当系统组分之间的相互作用为非线性相互作用时，则有可能使得系统距平衡态的偏差进一步扩大，从而系统状态向非平衡的方向发展。非线性相互作用是耗散结构形成的另一重要条件。在热力学系统中，可测的宏观量是大量成员的统计平均效应的反映。例如，大量气体分子运动速率的统计平均效应就反映为气体的温度。系统在每一时刻的实际测度并不精确地处于平均值，而是多多少少地存在偏差，这种偏差被称为"涨落"。在热力学平衡态附近时，这种涨落对宏观系统的状态不会产生大的影响。而对于远离平衡态的系统，这种涨落有可能通过非线性的相互作用而被放大，导致系统的演化脱离热力学平衡态的轨道，而形成耗散结构。即对于远离热力学平衡态的系统，当描述系统动态特性的非线性动力学方程的控制参数越过特定临界值时，热力学分支将失去稳定性，而产生新的稳定的耗散结构分支，从而使得系统从热力学平衡状态转向有序的耗散结构状态。

第四，耗散结构是通过突变过程形成的。微小涨落在非线性相互作用下反复放大，导致系统从热力学分支向耗散结构分支转换。这种转换是通过"突变"来实现的，即当控制参数处于临界点附近时，参数的微小改变会导致系统状态的巨大改变。在普里高津的理论中，耗散结构的形成是以临界点附近的突变方式来实现的。

耗散结构理论所刻画的系统自组织的产生机制如图 2-3 所示。

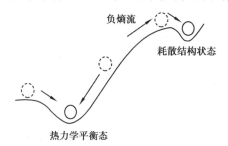

图中显示，系统通常会在热力学第二定律的作用下向热力学平衡态过渡，如同图中小球自发滑向"谷底"；而当系统远离热力学平衡态，系统可能在持续的负熵流的作用下，步入通过"新陈代谢"自发维持有序结构的"耗散结构"状态，如同图中小球在"外力"的推动下进入"山脊"上的狭窄"凹槽"。

图 2-3　耗散结构形成的简化示意

总的说来，耗散结构理论描绘了复杂系统自组织的一种图景。由大量组分（成员）组成的开放系统在远离平衡态时，在随机涨落的触发下，系统可以自发地从无序向有序发展，形成耗散结构。从系统科学和系统工程的视角看，耗散结构理论深化了人们对系统结构形成的认识。特别是，这一理论着重探讨了复杂系统的演化，所使用的"负熵流""非线性""非平衡""突变""涨落"等概念极大地扩展了人们理解系统及系统自组织的认知空间。

2.2.2　协同学

协同学（Synergetics）是德国物理学家赫尔曼·哈肯（Hermann Haken）所创立的另一产生很大影响的系统自组织理论。与耗散结构理论一样，协同学所研究的是在远离热力学平衡态的情况下，开放系统的有序结构是如何通过自组织的方式产生的。但与耗散结构强调通过随机涨落而诱发系统状态突变不同，协同学更加强调在外参量驱动下，组成系统的子系统之间通过相互配合发生协同作用而出现自组织，从而在宏观上展现有序结构和系统整体功能。

哈肯认为，从自然界到人类社会，很多表面上看起来各不相同的系统，却有着深刻的内在相似性。这些系统由彼此相互作用的众多成员和子系统所组成，这些子系统彼此相互配合产生协同作用，导致系统整体的自组织，从而导致宏观层面特定结构和功能的涌现。正因如此,哈肯把他的理论称为"协同学",强调子系统之间的配合和协调是自组织产生的根源。1969年,哈肯正式提出"协同学"这名称。1972年第一届协同学国际会议召开。1977年哈肯出版《协同学引论》一书,标志着协同学的诞生。

协同学试图探索跨越系统具体形态(是自然系统还是社会系统)和尺度(是微观还是宏观)的普适性的自组织原理。正因如此,哈肯本人把协同学定位为"关于结构的科学"。协同学最核心的概念是"序参量"(Order Parameter),可以用一组状态参量来刻画一个协同系统。这些状态参量随着事件变化的快慢程度是各不相同的。其中,在系统发生结构变化的临界点附近,变化慢的状态参量的数量通常会很少,有时甚至只有一个。这些变化慢的参量在系统演化的临界点附近就完全决定了系统的宏观行为,称这些慢参量为"序参量"。例如,在激光系统中,一个明显的序参量是光场强度。协同学的核心思想是:快参量服从慢参量(序参量)、序参量决定系统宏观特性。这一原理被称为"伺服原理"(Slaving Principle),也有人称为"支配原理"。

序参量同时表征了系统的有序程度。在系统处于无序状态时,序参量通常取值为零。而序参量取值的增加对应着系统有序性的增加,也即系统自由度的降低。这样,系统从无序到有序的演化对应着序参量的变化过程。这一变化过程可以通过一个或一组非线性的微分动力方程加以刻画,称为序参量的演化方程。该方程是协同学的基本方程,是协同学分析系统有序结构形成的关键。序参量的演化在系统处于不同的环境条件下是不同的,外界条件发生变化,序参量也会发生变化。当外界条件(通过控制参量刻画)处于某个特定点或特定区域时,系统由稳定变得不稳定;与之对应,序参量的变化在这个临界点或临界区域会特别显著,经历非平衡相变过程,系统的宏观有序结构伴随着序参量的这一突变过程而涌现。这样,从序参量的演化方程出发,协同学刻画了系统结构演化和自组织的一般过程,即"旧结构—不稳定结构形态—新结构"。协同学揭示的系统自组织机制如图2-4所示。

无序状态　　　　协同产生局部有序状态　　　　全局有序状态

图2-4　用池塘内游泳的人群说明基于协同学的自组织机制

在初期,池塘内游泳的人群处于无序状态,人们各自占据随意位置、朝向任意方向游泳(左图)。在这种情况下,人们倾向自发协调,通常会产生一些局部有序状态,小规模群体按照统一的方向形成有序游泳队列(中图)。这种局部有序结构可能引发更大规模的有序结构,最终影响人群整体产生宏观有序结果。这样的有序结构的形成过程反映了协同学的自组织机制。

在根本上,协同学试图将无生命自然界、有生命自然界以及人类社会统一起来,发现各类具体形态各异的系统共有的演化规律。协同学,连同其他自组织理论(如前面简单介绍的耗散结构理论),对开放系统在远离热力学平衡态的条件下呈现从无序到有序演化的条件和机理形成了深刻的洞察。这一理论所揭示的结构形成的一般原理,对自然科学和社会科学的许多领域中的复杂系统演化和结构形成问题具有良好启示;协同学的理论与方法,更是为这些问题的分析和求解提供了重要的工具。正因如此,协同学在众多学科领域得到了广泛的应用,例如物理学领域中湍流机制、化学领域化学振荡以及经济和社会领域中多种系统的协同效应等问题的分析都有协同学理论的用武之地。

2.2.3　突变论

在前面两小节所介绍的"耗散结构"和"协同学"理论中,复杂系统的自组织跟临界性紧密相关。系统有序结构通常是在系统控制参量于某一临界点或临界区域时,通过系统结构形态的突变而出现的。从中可以看到,突变在系统有序和无序的转换中起着十分重要的作用,值得加以深入探索。

现代突变论(Catastrophe Theory)是由 20 世纪 70 年代法国数学家雷内·托姆(René Thom)系统阐述的。他于 20 世纪 60 年代在研究生物学上胚胎成长过程的结构演变的动力学形态过程中提出突变论,并于 1972 年出版《结构稳定与形态发生》一书,对突变论加以系统阐述。之后,塞曼(Christopher Zeeman)等学者对这一理论加以进一步发展,并在物理、生物、社会等多学科中加以应用,产生了很大影响。

在数学上,突变论是动态系统的分岔理论(Bifurcation Theory)和微分流形拓扑学中奇点理论(Singularity Theory)的一个分支,是探索非线性系统不连续的灾变和跃迁的理论模型。简单而言,突变论研究动力学系统在不同稳定组态之间跃迁的模式和规律。现实世界中各类系统的运动状态,都可以分为定态和暂态。所谓定态,是指系统能够自发维持的状态或者状态集,而暂态则指的是系统能够到达但如果没有外力则不能维持的状态或状态集。进一步,定态可以分为稳定定态和不稳定定态。不严格地说,所谓稳定定态是指在受到微小扰动的情况下,系统能维持在既有状态不发生大的偏差的系统定态;而不稳定定态则是系统在微小的扰动作用下无法维持自身稳定性而对原来的定态发生巨大偏移的定态。系统在两个稳定定态之间的转化,通常是以突变的方式发生的。可以以桥梁的结构垮塌为例加以说明。正常工作的桥梁处于一种稳定态,正常负荷不会引发桥梁稳定状态的显著改变,且负荷(可看作一种扰动)消失后桥梁会恢复到原先的平衡态。但当通过桥梁的负荷过大(严重超载)时,桥梁会出现结构失稳,导致垮塌。这实际是从一种稳定的平衡态到另一种稳定平衡态的转换。在这一过程中可以看到在转换前后的两种稳定态之间,即导致垮塌的负荷到达临界点附近,存在一个不稳定的过渡态。在这一过渡态,系统是极不稳定的,因此桥梁从正常运作到垮塌的变化经历了一个突变过程,即突变发生于两个稳定定态之间转化的不稳定的过渡态。

突变论引入"势"和"势函数"(Potential Function)来研究系统整体形态的跃迁。这里,"势"是指系统由一种状态向另一种状态转化的倾向性。势函数则是系统的势随着系统控制变量的变化而变化的关系。突变论所研究的系统是由光滑势函数导出的动力学系统,即讨论看上去连续的系统在特定参数条件下的不连续的运动形态("结构")的发生过程。突变论对这种条件下的突变发生的条件和机制进行了数学上的刻画。其中,托姆本人的奠基性工作探究了初等突变的 7 种基本类型。在导致突变的控制参量的数目不超过 4 个时,各种形式的突变都可以归结为 7 种类型,即折叠突变、尖点突变、燕尾突变、蝴蝶突变、双曲脐形突变、椭圆脐形突变以及抛物脐形突变。当控制参数维度小于 5 时,存在 11 种突变类型;而当参数维度高于 5 时,托姆指出可能存在无限种突变类型。

一方面,从系统角度看,突变论为理解系统结构跃迁的内在机制提供了基础性的数学分析工具,同后面将要介绍的混沌理论共同展示了非线性系统动力学结构形态的内生复杂性。

另一方面,突变论对于可以通过势函数加以刻画的动力系统的自组织机制提供了一定的理论依据,同前面介绍的耗散结构与协同学等理论互为补充,深化了人们对非线性系统自组织的内在规律的认识。在实践层面,突变论又有助于人们深入理解很多物理、化学、生物、社会、管理系统的动态行为的内在不连续性(突变性),并在分析设计中加以考虑。以工程设计为例,存在设计的复杂性和可靠性的内在矛盾。高度优化的设计往往同对扰动以及内部缺陷的敏感性相关联,从而可能导致小缺陷带来的系统整体结构的灾变式破坏。这要求在实际的系统工程工作中,协调好结构优化与系统可靠性的合理平衡。

2.2.4　混沌理论

混沌理论是 20 世纪非线性科学的另一项重要理论成果,它刻画了一大类非线性动力系统的内在的类似随机性的行为特性。在人们传统的认知中,一个确定性的系统,即描述系统动态行为的微分方程或差分方程中不包含随机变量的系统,其行为在理论上是可预测的。只要了解系统行为的初始状态,理论上就可以由此推演出系统之后一切时刻的状态;即使不能获得准确的解析解,也应该可以通过诸如计算机仿真之类的方法获得近似的估计。由于在现实中对系统初始状态的观测不可避免地存在误差,因此上述设想背后的隐含假设是:只要对系统初始状态进行观测的误差足够小,这一误差就不会对较长期预测的结果产生十分显著的影响。然而,20 世纪以来,人们逐步发现很多确定性的动力系统具有对初始误差的敏感依赖性。基于这些发现,20 世纪中后期以来人们提出"混沌"(Chaos)这一概念来说明确定性系统所展现出来的类似随机性的行为。混沌现象对传统科学所秉承的简单决定论信念提出了巨大挑战,大大深化了人们对非线性系统内在复杂性的认识。

"三体系统"是进入严肃科学视野的第一个混沌系统。众所周知,二体问题,即通过万有引力彼此相互作用的两个天体的运动轨迹问题,早在牛顿时代已被彻底解决。人们最初很自然地设想,如果再增加一个天体,讨论三个天体彼此通过万有引力而相互作用而运动,这个运动轨迹的求解看上去并不是十分困难。然而,时至今日三体问题依然悬而未决。不但如此,即使把问题简化为限制性三体问题的情景,依然难以求出精确的解析解。在三个天体中,假如其中一个天体的质量与另两个天体的质量相比小到可以忽略不计,再来计算小天体在两个大天体的重力场中的运动,这一问题就是限制性三体问题。19 世纪末,著名数学家亨利·彭加莱(Henri Poincaré)针对三体问题开展研究,创立了微分方程定性理论。在其研究中,实际已经发现:即使针对限制性三体问题,小天体的轨道也会异常复杂。在给定初始条件下,事实上无法预测轨道的最终形态。庞加莱所发现的天体轨道的不可预测性,实际就是今天所称的"混沌"现象,但当时并没有引起科学界的充分重视。

直到 1961 年麻省理工学院的气象学家爱德华·洛伦兹(Edward Lorenz)在对大气运动进行仿真研究时再次发现一些微分动力系统的不可预测性,混沌现象才真正引发主流科学界的关注。其仿真出现了一个令人吃惊的现象,所构建的完全没有随机因素的大气动力模型,在初始条件"一模一样"的两次运行中却生成了两条截然不同的天气变化轨迹。经过仔细核对,他最终发现问题出在两次运行的输入数据在小数点第四位存在一个舍入误差。出现这一误差的原因是第二次运行的输入使用的是第一次运行中打印出来的数据。在传统的科学理念下,这样的微小的舍入误差并不会对结果产生很大影响。然而,在洛伦兹的模型中,初始条件的微小改变对天气系统的运行轨迹可能产生极大影响。1963 年,洛伦兹把他之前的模型进一步简化为只包含三个变量的微分方程组,并以"确定性的非周期流"为题发表论文,对混沌现象开展系统研究(参见图 2-5 洛伦兹模型及运行轨道实例)。在洛伦兹的工作之后,人们逐步意识到,混沌并非少量系统的特例,而是十分普遍地存在于自然界和人类社会,如流体的湍流、天气变化、脉搏的跳动和股票市场的波动以及城市交通流。

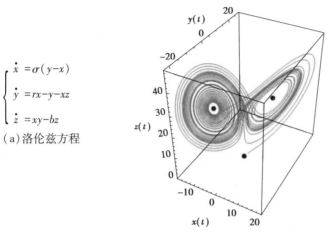

$$\begin{cases} \dot{x} = \sigma(y - x) \\ \dot{y} = rx - y - xz \\ \dot{z} = xy - bz \end{cases}$$

(a)洛伦兹方程

(b)在很多参数条件下洛伦兹方程的解(运行轨道)呈现不与自身相交的连续曲线,呈现类似于张开翅膀的蝴蝶的形态

图 2-5　洛伦兹模型及运行轨道实例

混沌的核心特征是系统运行轨道对初始条件的敏感依赖性。即初始条件的微小变化会导致系统长期运行结果的显著变化。于是,虽然描述系统的模型中没有任何随机因素,系统依然会出现貌似随机的行为,即"确定性的非周期流"。由于对初始条件的敏感依赖性,系统的长期行为具有不可预测性。洛伦兹本人曾用"蝴蝶效应"来形象地解释他的研究发现:亚马逊雨林一只蝴蝶扇动翅膀,可能引发几个星期后加勒比海上空的一场飓风。

混沌理论与突变论等其他理论一起共同揭示了很多非线性动力系统存在传统的科学还没有充分认识的特性。看似平凡的系统随着参数的变化可能出现突发性的结构跃迁,特别是可能从"正常"的平衡态或者周期运动状态突变为不由内生不确定性的混沌态。针对混沌的研究还引发了人们进一步的思考,在平凡的有序状态(平衡态和周期态)与混沌态之间是否存在某种系统动态结构。一方面是具有自发的有序性,另一方面又有一定类似于混沌的特性,可能促发系统的进化。耗散结构理论、协同学等理论所刻画的系统自组织恰恰可能正是处于这样的"混沌边缘"的状态下发生的。这一认识为 20 世纪 80 年代以后复杂适应系统研究的兴起奠定了概念基础。

总的说来,20 世纪中后期以来科学界围绕耗散结构、协同学、突变论、混沌理论以及其他多种理论(如超循环论和分形理论等)所开展的一系列研究大大拓展了人们对非线性系统本质的认识。当系统要素之间存在非线性相互作用时,系统出现极为丰富的可能的动力学结构形态。特别是,随着耗散结构、涨落、协同、序参量、突变、混沌等一系列概念的引入,人们对系统整体不能简单地理解为部分的线性加和形成了更为深入的认识。这些理论成为现代系统理论的重要组成部分,并对系统工程的方法和实践产生重大影响。

2.3　系统理论的新进展

前面介绍的一系列理论对系统的构成、运行及其演化进行了深入的刻画。进入 20 世纪

80年代以后,针对系统的科学研究进一步深化,突出表现为复杂适应系统(Complex Adaptive Systems)以及复杂网络(Complex Networks)研究的兴起。本节简要介绍这两方面的新进展。

2.3.1 复杂适应系统理论

"复杂适应系统"是20世纪80年代以来逐步兴起的复杂系统研究流派。美国圣塔菲研究所(Santa Fe Institute)在这一学术流派的早期发展中起了十分关键的作用,特别是该研究所的核心人物,如诺贝尔物理学奖得主默里·盖尔曼(Murray Gell-Mann)、菲利普·安德森(Philip Warren Anderson)等人的大力倡导,对复杂适应系统理念被主流科学界所认可起到了十分重要的推动作用。圣塔菲的另一位早期灵魂人物、遗传算法的提出者约翰·霍兰(John Holland)则在20世纪90年代对复杂适应系统进行了系统的理论阐述。进入21世纪以来,复杂适应系统的理念和方法逐步深入人心,成为复杂系统研究的主流方法。这一理论对于推动人们对自然界和人类社会中各类复杂系统的认识起了十分重要的作用。

复杂适应系统是指由众多成员——霍兰称之为"主体"(Agent)——组成的系统,其宏观特性由内部成员之间的非线性相互作用而涌现产生。复杂适应系统理论力图从这一理念出发来解释各类现实复杂系统的结构与演化。之前的自组织理论,如前面简述的耗散结构理论与协同学理论,主要是从宏观视角分析系统结构演化和自组织发生的动态机理。例如,耗散结构理论强调系统自组织的发生机制是微小的随机涨落在非线性相互作用下的放大,导致系统从热力学分支向耗散结构分支的转换。但这样的转换究竟是如何发生的?从系统成员之间的具体相互作用机制入手加以考察是一条值得深入探究的研究路线。这恰是复杂适应系统学术流派的基本思路。复杂适应系统理论从组成系统的基本要素——"主体"——入手,按照"自底向上"的模式来理解复杂系统,构建系统内部主体之间,以及主体与系统外部环境之间的局部相互作用模型,并通过对这样的局部模型的分析与计算机仿真来探索整个系统的宏观行为。复杂适应系统理论强调主体的"适应性",即主体能够在与其他主体以及环境的相互作用中依据一定的准则调整自身的行为规则,以更好地在环境中生存。具有内在适应性的主体之间的相互作用是系统整体属性"涌现"(Emergence)与演化的动力源泉,即"适应性造就复杂性"。

从适应性主体的理念出发,霍兰对复杂适应系统的基本机制进行了理论概括,提出复杂适应系统的四个基本特性和三种核心机制。复杂适应系统的四个基本特性简述如下:

1)聚集(Aggregation)

聚集是复杂系统的一个基本特征,指的是一定数量(往往是大量)主体相互作用,构成一个更大规模的整体,形成系统的层次结构,在整体层面呈现涌现性质。主体在聚集的群体中表现出不同于个体单独存在时的特征。

2)非线性(Nonlinearity)

所谓非线性,是指在复杂适应系统中主体和主体之间,以及主体和环境之间的相互作用通常是动态的、非线性的。这种非线性使得系统的聚集行为并不是成员的简单加和,而往往更为动态更为复杂,会产生整体大于部分之和的效果。非线性的相互作用也是系统整体出现有序结构的根源。

3）流（Flow）

由于主体之间的相互作用，在复杂适应系统中普遍存在物质、能量、信息的流动。对此，霍兰用"流"来概括。这样的"流"是主体之间局部相互作用产生全局性影响的关键，系统整体特性的涌现通常与"流"的出现紧密相关。例如，城市交通系统的正常运转取决于道路系统中的交通流。而反过来，某一交通路口出现拥堵可能会引起相邻路口的拥堵，继而引发更大范围乃至城市大面积的交通堵塞；这一过程实际是拥堵状态在交通系统中的扩散过程，也可以理解为另一种"流"——"拥堵流"的形成。

4）多样性（Diversity）

多样性是复杂适应系统的另一核心特征。通过主体之间的非线性相互作用以及主体的适应性演化，主体和主体之间将日益呈现差异性，系统的不同成员将出现不同的属性和行为，系统在整体上呈现多样性。与系统多样性相对应，系统通常呈现从无序到有序的演化特征。

与以上四种基本性质紧密相关，以下三种核心机制在复杂适应系统的演化中起十分重要的作用：

（1）标注（Tagging）

标签机制是复杂适应系统中聚集形成的核心机制。在不同的系统中，主体具有不同的标注行为，但整体而言，标注行为促使主体能够彼此识别，产生选择性的相互作用，从而促进聚集体的形成和系统秩序的涌现。可以用白蚁筑巢的行为为例加以说明。白蚁的筑巢活动可以理解为一项没有设计蓝图的建筑工程，在这一"工程"作业中，白蚁和白蚁之间通过释放外激素这一标注行为相互协作。一只白蚁在某一处搬运泥土，就会在该处释放外激素，吸引更多的其他白蚁到达该处，从而促进该地点的"建筑"工作。白蚁群体正是通过这种集体标注机制实现劳动力的动态调配和整体工作的完成。

（2）内部模型（Internal Model）

霍兰所说的内部模型是指主体与其他主体及与环境交互的内在工作机制。这样的内部模型是系统内部非线性相互作用的具体工作机制，系统的整体演化和整体属性的涌现在根本上源于不同主体通过不同的内部模型相互作用。

（3）积木机制（Building Blocks）

复杂适应系统是在主体之间的非线性相互作用的基础上形成的。内部模型是主体之间交互的基本工作机制；在此基础上，通过适应性的过程，多个内部模型组合而产生一些主导性的模式，即霍兰所说的"积木块"；系统宏观属性在这些"积木块"的基础上涌现。可以以霍兰本人提出的遗传算法（Genetic Algorithm）为例说明复杂适应系统的模式或积木机制。遗传算法是模拟自然界中生物基因进化的机制来解决各类复杂问题的进化算法。在遗传算法所刻画的基因演化过程中，"生物体"通过其基因的交换和突变来演化，而"自然"以适者生存的机制来渐进地优化种群的基因组成。在这一过程中，一些被反复证实有效的基因片段的组合模式将在进化中被保留下来并得到强化。这些基因片段的组合模式就是遗传算法中的"积木块"。算法最终所留存下来的优化的基因是由这些"积木块"所组合而成的，这样的积木机制在大量现实复杂适应系统的形成和演化中起决定性的作用。

以上四个特性和三种机制在一般性层面上对复杂适应系统的运作和演化机理进行了理

论概括,为复杂适应系统的具体研究构造了基础性的概念架构。在这一框架基础上,过去几十年来,人们对自然界和人类社会中的各种各样的复杂适应系统开展了大量研究,形成了许多理论、方法和工具成果。

2.3.2 复杂网络理论

在自然界或人类社会中,我们随处都能找到复杂的系统,例如一个细胞、一个动物群体、一个生态系统、一个城市的交通系统、通信系统、一个国家或地区的金融系统等。这些系统的典型特征是系统要素类型众多、数量繁多,且系统要素之间的相互关系复杂多变。研究这类复杂系统的一个有效方法是:将复杂系统的要素抽象成节点(node)或顶点(vertex),将要素之间的复杂关系抽象连接(link)或连边(edge),从而整个复杂系统就可以抽象成为一个网络。这种方法所构造的网络称为复杂网络,它可以看作由一些具有独立特征但又与其他个体相互作用的节点及其之间关系组成的集合。

1)复杂网络简介

研究复杂系统所采用的复杂网络方法的思想起源于数学中的图论和拓扑学,例如哥尼斯堡七桥问题、多面体的欧拉定理、四色问题等。作为研究复杂系统的一门新兴方法,复杂网络成为研究自然和社会中复杂系统的定性和定量规律的一门广泛交叉的科学,得到了全球研究学者的广泛关注和重视。

由于任何复杂系统都可以抽象成由相互作用的个体组成的网络,因此,复杂网络已应用至诸多研究方向或领域中,其中颇具代表性且受到广泛研究的网络有互联网、铁路网、航空网、电力网、生物网络、人际关系网络和各种合作关系网络等。

2)复杂网络的基本模型

早期人们使用晶格或"规则网络"描述系统成员与成员之间的稳定的关系结构。20世纪60年代以来,学者对网络的结构进行了更为深入的探讨,"ER随机网络""小世界网络"以及"无标度网络"模型的提出引发了网络科学与网络系统工程的兴起。这三类网络成为当前复杂网络研究的基础。

(1)ER随机网络

ER随机网络模型在20世纪60年代由匈牙利数学家Erdos与Renyi提出。在给定概率p的情况下,随机网络中的任意两节点之间都以概率p的可能产生连接。随机网络以美国的高速公路为代表,包含一些节点和随机布置的连接。在这种类型的网络中,节点连接的分布遵循钟形曲线分布,其中大部分节点拥有的连接数目都差不多。

(2)小世界网络

随着大量数据的产生和计算机的广泛应用,人们发现现实世界里真实的网络既不是绝对规则连接的网络,也不是完全随机连接的网络,而是介于这两者之间的一种网络,这一类网络被称为"小世界网络"。1998年Watts与Strogatz提出了小世界网络的一个经典模型。社会关系网络、学术领域中的科学引文网络、语言网络等都是小世界网络模型在现实中比较典型的例子。

(3)无标度网络

在无标度网络中,网络通过增添新节点连续扩张,同时新节点择优连接到具有大量连接的节点上,网络节点度服从幂律分布。最初的无标度网络模型是由 Barabasi 与 Albert 提出的模型(简称"BA 模型"),该模型假设形成初期网络中已有少量的节点,以后每过一段时间新增一个节点,该节点与其他节点连接的概率和被连节点的节点度成正比。美国航空网就是典型的无标度网络,其中大部分的节点只有少数连接,而少数节点则拥有大量的连接。除此之外,实证研究发现大量复杂系统,诸如互联网、细胞代谢系统等都是无标度网络。

前面所述的三种网络的基本形态如图 2-6 所示。

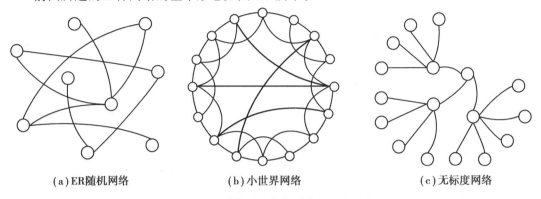

(a)ER随机网络　　　　　(b)小世界网络　　　　　(c)无标度网络

图 2-6　三种典型的复杂网络的基本形态

3)复杂网络与复杂系统

系统可以分为简单系统和复杂系统。复杂系统是相对于简单系统而言的,简单系统个体之间的相互作用比较弱,如封闭的气体或遥远的星系,所以能够应用简单的统计平均方法来研究它们的行为;复杂系统的个体之间存在强烈的耦合,并且一般具有一定的智能性,如生态系统中的动物、公司里的职员。这些个体都可以根据自身所处的部分环境和掌握的部分信息来进行智能的判断或决策。

在自然界和人类社会中,复杂系统是随处可见的。如果将这些系统内部的各个元素作为节点,元素之间的关系视为连接,那么这些系统就构成了一个网络,例如神经系统可以看作大量神经细胞通过神经纤维相互连接形成的网络,计算机网络可以看作计算机通过通信介质如光缆、双绞线、同轴电缆等相互连接形成的网络,类似的还有电力网络、社会关系网络、交通网络等。分析网络的结构和功能有助于理解复杂系统的相关规律,并运用复杂网络上的控制理论以调控复杂系统的稳定性,这对真实世界中复杂系统的设计有重要的理论意义和应用价值。

一方面,在系统工程领域中,复杂网络理论的一个典型应用就是研究网络中的传播行为。例如,计算机病毒在计算机网络上的蔓延、传染病在人群中的流行、谣言在社会中的扩散等,实际上它们都是一种服从某种规律的网络上的传播行为。传统的网络传播模型大都是基于规则网络的,复杂网络研究的深入使我们重新审视这一问题。

另一方面,网络上的相继故障现象与网络上的传播行为有很多相似之处。在很多实际的网络中,一个或少数几个节点或边发生的故障会通过节点之间的耦合关系引起其他节点发生故障,从而产生连锁反应,最终导致相当一部分节点甚至整个网络的崩溃,这种现象就称为相继故障。例如,在电力网络中,一旦某处发生故障,就很有可能引发大规模的相继故障,造成大面积的停电事故。电力、供水、天然气、交通等基础设施系统的完备性和可靠性是各项事业发展的基础,最大限度减少这些网络上发生相继故障的概率是至关重要的。因此学者们利用复杂网络的理论和方法,对电力系统、交通系统等基础设施系统进行了拓扑描述和功能刻画,从而对基础设施系统获得了更深刻的理解、认识。在此基础上,从结构和功能层面分析了各类基础设施系统的脆弱性,发现已有基础设施系统存在的不足,从而提出改进的建议或应对突发事件干扰破坏的策略。

总之,作为一种能够对复杂系统展开研究的有力工具,复杂网络极大地促进了复杂系统相关研究的发展,已经成为当今复杂系统或复杂性科学研究中最受关注和最具挑战性的科学前沿课题之一,并且在诸多领域中正在发挥着越来越重要的作用。

【本章小结】

本章对系统工程学科形成重要支撑作用的系统理论的发展脉络进行了简要梳理。首先,讨论相对较为早期的系统工程相关理论,即"一般系统论""控制论"和"信息论"。它们通常被称为"老三论"。老三论的创立为系统工程的发展奠定了十分重要的思想基础。其次,本章从系统结构变迁和系统演化的视角对20世纪中叶以来发展起来的一些理论模型进行了一定探讨。其中,"耗散结构理论"和"协同学"作为两个主要的系统自组织理论,对复杂系统从无序到有序的自发演化的内在机理进行了深入的探讨。突变论是围绕系统结构稳定性和系统形态发生与演化的所建立的数学理论。混沌理论则显示了在一定条件下确定性的系统可能产生类似随机的行为。这些理论极大地深化了人们对现实系统的复杂性的认识。近期发展起来的复杂适应系统与复杂网络理论则代表了系统理论发展的新方向。复杂网络是刻画系统结构和系统动态行为的有力工具,而复杂适应系统则以微观宏观结合的方式提供了研究各类复杂系统的新的理论与方法。

随着大数据的兴起,系统理论和数据分析的结合成为近年来系统理论与系统分析方法的重要发展方向。特别是综合数据分析的复杂适应系统和复杂网络系统研究方兴未艾,系统理论呈现良好的进一步发展的前景。

本章所介绍的系统理论对于系统工程的发展起了很好的观念引领和方法支撑作用,极大地推动了系统工程的发展,这些理论也对系统工程也有直接的实践意义。控制论、信息论与一般系统论等经典系统理论阐述了系统构造与运行的两组基本概念,即层级与涌现以及信息与控制。现实的系统具有层级化构造的特征,高层级的系统整体往往呈现低层级要素所不具备的涌现特性;要素与要素之间及系统与所处环境之间的信息与控制是维持系统有序运转的核心工作机制,这对于实际工作中对要加以工程实施的系统的分析与设计具有重要意义。

耗散结构理论与协同学等理论对系统有序性和自组织的机制进行了深刻的揭示。对于系统工程的实践而言,这些理论有助于系统工程研究与实践人员在实际系统开发时按照自组织的思路构建自发维持有序结构的系统,避免系统失效。以协同学为例,协同学理论表明序参量对于系统从无序到有序突变的决定性意义,这就要求在系统工程开发与设计中着重决定系统有序性的关键要素(序参量),这也内在契合"抓住事物的主要矛盾"这一哲学方法论原则。最近几十年来关于复杂适应系统与网络系统的研究进一步推动了复杂系统工程的发展,促使人们按照动态系统演化与自组织的模式来建造与改造现实系统。

总体而言,本章所介绍的系统理论在思想和理论上为系统工程奠定了基础,这些理论的发展也对系统工程方法与技术的发展起到了持续的推动作用。在相关系统理论所阐发的思想与理念的基础上,本书后续将进一步介绍系统工程的方法论以及系统建模与分析的具体方法。

【习题与思考题】

1. 请结合现实系统,分析该系统中存在的信息及控制环节,并讨论它们的作用。

2. 简述通信系统的基本模块及其作用,简述信息熵的概念。为什么说信息论方法是解决系统科学问题的一类有效工具?

3. 简述一般系统论的基本观点。该理论包含哪几种核心理论?

4. 控制论、信息论和系统论三者之间是什么关系?

5. 请从耗散结构和协同学的角度理解什么是系统自组织?

6. 简述混沌和突变的含义。

7. 简述复杂适应系统的四个基本属性和三种核心机制。

8. 小世界网络和无标度网络分别具有什么特征?现实生活中还有哪些复杂系统可以用复杂网络模型来描述,请举例说明。

第 3 章

系统工程方法论

教学内容:介绍两类经典系统工程方法论:霍尔方法论和切克兰德方法论;介绍系统分析原理,涵盖系统分析内涵、过程及原则;介绍系统工程方法论进展。

教学重点:系统工程方法论、系统分析原理与工作程序。

教学难点:系统工程方法论的应用。

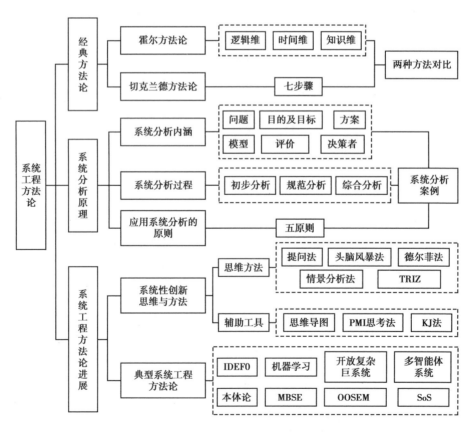

企业咨询案例①

　　某咨询顾问被邀请"参与"一个建筑服务行业合作伙伴的运作,这些合作伙伴来自不同专业领域,如热力系统、通风系统、电梯和扶梯系统、配电系统等。但是,该公司业务成绩一般,收入平平。公司总经理专门聘请该咨询顾问帮助找出并解决公司存在的问题。

　　咨询顾问与公司所有员工并无交集。他认为,在正式接触该组织之前,需要了解公司更多的事情,而不是立刻做出任何形式的干预。他首先在不接触的情况下,用严格"软方法"来探究公司内部的运行状态。他得到了该公司市场资料,并且专门要求每个员工针对他提出的相关问题写出简单的应答。每位员工被要求完成"我们应当如何……"形式的问题。比如,针对市场营销和宣传部门员工,咨询顾问收集到的部分观察结果见表3-1。

表3-1　探索问题空间—寻找问题症状

"我们应当如何……"形式的问题	顾问的观察结果
应当将工程设计活动以专业化形式展示给组织成员	企业缺乏凝聚力,内部之间缺乏有效的沟通交流
我们应当达到管理层之间高效的交流	管理层内部缺乏有效沟通
我们应当在实践中最有效地利用员工多样性与个性,以便能够在当前经济大潮中达到绩效最大化	个体之间缺乏凝聚力和协调性,因此可能不利于整体的商业绩效
我们应当将经验市场化	对市场化的了解有限
我们应当达成共同目标	缺乏深度联合
我们应当在此艰难时刻保持生存	探寻发出这句疑问的导火索

　　使用代词"我们"使每个合伙人回答问题时感受的背景为"我们整个团体",而非"我个人"。在准备过程中,咨询顾问应用严格软方法,将问题的响应看作实践活动中面临问题的症状。尽管对企业信息了解不多,但应用严格软方法得出的结果是充分的,能够为咨询顾问提供某种信心,使他能够充分了解在企业实践中问题究竟出现在什么地方?

　　接下来,咨询顾问面临的问题更为棘手。因为他要亲自动手进行干预。选择向公司展示如何对他们实施"干预",会使得他们感到不再需要任何外部援助。咨询顾问面临的问题在于:如何选择并向公司介绍干预过程所使用的系统工程方法,并且让他们自己主动选择实施方法。并且,使用的系统分析方法或工具能够保证公司以此构建出该实践问题的意向结构。

　　此外,在最后阶段,咨询顾问应该帮助并引导公司开始进行策略规划的开发,以完成一整套解决问题的方案。咨询顾问需要达到一个最终目标:让公司员工相互协同,作为一个整体来全面思考并解决该问题。

---

① 戴瑞克·希金斯. 系统工程:21世纪的系统方法论[M]. 北京:电子工业出版社,2017.

系统工程方法在自然科学、工程技术、社会科学领域得到越来越广泛的运用,充分展示了它无限广阔的发展前景。但是,针对不同的研究问题类型,应用的系统工程方法不同,并且,在应用系统工程方法论时,需要遵循一定的工作程序、逻辑步骤和基本方法。本章将介绍系统工程方法论相关基础理论,它是系统工程思考与处理问题的一般方法与总体框架。

3.1 经典方法论

系统工程的研究对象最初是与实物有关的系统,后来逐渐涉及一些非实物的系统。由于两种系统的主要研究对象、处理方法存在差异,因此,为区分比较,人们将处理与实物有关的系统的方法论称为硬系统方法论,而把处理实物层次以上的人类活动系统,或者两类系统交织在一起的系统的方法论称为软系统方法论。霍尔方法论与切克兰德方法论分别为两类系统的代表方法论。

3.1.1 霍尔方法论

霍尔方法论,又称霍尔三维结构或霍尔系统工程,是美国系统工程专家霍尔(A. D. Hall)等人在大量工程实践的基础上,于 1969 年提出的一种方法论。该方法论集中体现了系统工程方法的系统化、综合化、最优化、程序化和标准化等特点,是系统工程方法论的重要基础内容。霍尔方法论的内容如图 3-1 所示。

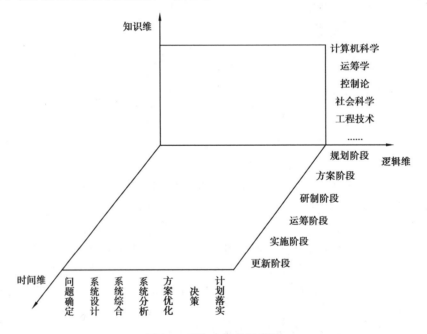

图 3-1　霍尔方法论示意图

1)逻辑维

逻辑维强调处理并解决某项系统问题的逻辑过程、步骤。使用系统思想方法来分析并解决问题时,在逻辑维度上一般经历下列七个步骤:

①问题确定。针对现状,明确所要解决的问题。此外,要根据解决的问题,全面收集相关的问题历史、现状、发展趋势,并提出确切要求。

②系统设计。根据确定的问题,提出所要达成的目标,并制定出相应的评价指标体系来评价目标是否达成。

③系统综合。设计完成目标的系统方案,并对每种方案进行政策、活动、控制措施等方面的必要的说明。

④系统分析。针对提出的每种方案,建立相应的分析模型,并初步分析各系统方案的性能、特点及其对目标任务的完成程度。

⑤方案优化。围绕评价目标指标体系,对各个系统分析模型给出的结果加以分析并评价,尽可能实现目标最优或次优结果。

⑥决策。在分析、优化与评价的基础上,决策者做出裁决,确定最佳实施方案。

⑦计划落实。针对决策方案,执行并不断地修改、完善上述步骤。

2)时间维

时间维表示系统工程的工作阶段,涵盖从规划到更新的整个过程,可分为六个阶段:

①规划阶段。对即将开展的研究进行调查,明确研究目标,并在此基础上制定规划。

②方案阶段。根据上述阶段的方针与目标,提出具体的计划方案。

③研制阶段。以计划为行动指南,将人、财、物等形成一个有机的整体,确保各个部门、各个环节的生产计划能够围绕总目标进行运转。

④运筹阶段。统筹上述阶段的各类人、财、物资源,提出详细而具体的组合计划。

⑤实施阶段。把系统"安装"好,制订出具体的运行计划,并使系统按预定目标运行服务。

⑥更新阶段。完成系统的评价,并根据结果改进或取消旧系统,建立新系统。

其中,规划、方案和研制阶段共同构成系统的开发阶段。

3)知识维

知识维内容表现为从事系统工程工作所需要的各种专业知识(如计算机科学、运筹学、控制论、社会科学、工程技术等),也可反映在专门的应用领域(如企业管理系统工程、工程系统工程、社会经济系统工程等)。

霍尔方法论强调明确目标,核心内容是最优化。它通过将现实问题归纳成工程系统问题,应用定量分析手段,寻求最佳的解决方案。该方法论具有研究方法整体性(三维)、技术应用综合性(知识维)、组织管理科学性(时间维和逻辑维)、系统工程工作问题导向性(逻辑维)等突出特点。

3.1.2 切克兰德方法论

在系统工程的发展初期,人们遇到的大多数工程技术问题的一般结构比较清晰,系统目标与约束条件明确具体,一般可称为"硬"问题或"良结构化"问题。而随着应用领域的不断扩大,系统工程越来越多地应用于社会经济发展及组织管理问题,涉及的人、信息、社会等因素相当复杂,使得系统工程的研究对象系统"软化",导致许多系统因素难以量化。与硬系统方法论需要解决"问题怎么做"不同,此系统首要解决的是"做什么"的非结构化问题。为有效处理这类问题,20 世纪 70 年代以来,许多学者在霍尔方法论的基础上,进一步提出了各种软系统工程方法论。其中,以 P. 切克兰德(Peter Checkland)教授为代表的英国兰卡斯特大学(Lancaster University)系统工程小组提出的方法论最具代表性。

切克兰德方法论模型如图 3-2 所示。

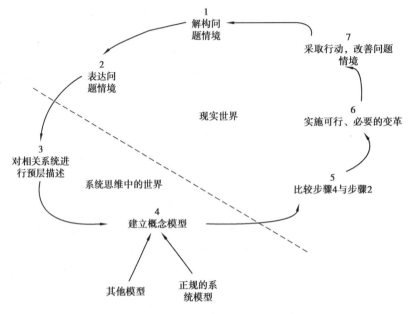

图 3-2　切克兰德方法论概要过程①

1)解构问题情境

问题情境,是指系统存在问题,但还无法明确处理问题所面临的处境条件。该阶段收集与问题有关的信息,表达问题现状,寻找构成或影响因素及其关系,以明确系统问题的结构、现存过程及其相互之间的不适应之处。

2)表达问题情境

根据上述问题情境的结果,用自然语言或各种图像来生动表达现实问题(并不需要系统语言)。由于立足点不同,这种表达方式可能多种多样,越是丰富多样,越能充分了解问题的真实情境。该过程需要尝试建立问题处境条件的图像,作为确定系统中大量可能目标前提。

3)对相关系统进行预层描述

该阶段是该方法较具特色的阶段,目的是需要为每个系统开发一个原始定义,描述系统的六个关键特性:

①系统"客户"(Customer):系统工程存在的利益相关者;

②系统"执行者"(Actor):实施变革的人;

③系统"变革过程"(Transformation Process):系统将输出过程所做的事情;

---

① 戴瑞克·希金斯. 系统工程:21 世纪的系统方法论[M]. 北京:电子工业出版社,2017.

④世界观(Weltranschauung)：系统运行环境具有的价值观、伦理道德观；

⑤系统"拥有者"(Owner)：有权改变系统变革进程的人；

⑥系统"环境约束"(Environmental Constraints)：系统外部的环境要素。

利用上述六个方面的关键特性，可以将系统的活动要素、有关人员、组织身份及其影响确定下来。这六个关键特性的英文首字母缩写为 CATWOE，该阶段也称为对相关系统进行根定义。

4）建立概念模型

概念模型是以预层描述为基础而建立的系统活动的描述，它不涉及实际系统的构成，只是对系统做概念上的说明。这种模型可以使用自然语言描述，也可使用一些直观的、使人一目了然的图形工具来表示。

5）将现实场景与概念模型相比较

一般来说，围绕现实情景建立的概念模型不止一个。需要将不同的概念模型进行比较，找出各模型的优缺点，取长补短，从而得到更切合实际的模型。

6）实施可行、必要的变革

该阶段要制订出行动方案，既是可行的，提出的方案能够保证既定目标的实现，也是令人满意的，即能够带来有益的变革。

7）采取行动，改善问题情景

将制订的行动方案付诸实施。并且，在此过程中，可能得到新的情景，需要继续建立或改造新的系统。

切克兰德方法论初始是按照上述步骤顺序进行的。后来经过许多实践发现，有时候可能从任何一个阶段开始，而且会在中途有所反复。甚至，可能在变革之后，结果仍不能令人满意，需要反思继续进行上述步骤。总而言之，该方法论强调不断反馈与学习。

值得注意的是，研究者在对相关系统进行预层描述时，需要把任何有目的的活动都表达为一种"输入—转换—输出"的逻辑形式，它同时也是对基于某一价值导向的目的行为的抽象描述，由上述 6 个元素构成一个"CATWOE"的元素集合。在预层描述过程中，对转换过程的有效性还需依赖 3 个评价标准，即"3E"评估理论：系统是否产出了期望的结果(Efficacy)；系统在成果产出中是否过度使用资源(Efficiency)；产出是否对系统的外延和系统外部环境产生影响(Effectiveness)。

3.1.3　两种方法对比

霍尔方法论与切克兰德方法论均为系统工程方法论，并且均以研究问题为起点，具有相应的逻辑过程。但是，两种方法论存在不同点：

①霍尔方法论主要以"工程系统"为研究对象，而切克兰德方法更适合处理社会和经济管理等软系统问题。

②霍尔方法论的核心内容是最优化分析，而切克兰德方法论的核心内容是比较学习。

③霍尔方法论的分析方法以定量分析方法为主，而切克兰德方法论更多采用定性或定量和定性分析相结合的方法。

3.2 系统分析原理

3.2.1 系统分析内涵

系统分析(Systems Analysis)一词是由美国兰德公司于第二次世界大战后首次提出的,最早应用于武器技术装备研究,后来逐步转向国防装备体制与经济研究领域。1972 年,美国、日本、欧洲部分国家等共同成立了国际应用系统分析研究所(International Institute for Applied Systems Analysis,IIASA),进一步将系统分析的应用扩大到社会、经济、生态等领域。

从狭义上理解,系统分析的重要基础是霍尔方法论的逻辑维涵盖的内容,并与切克兰德方法论有相通之处;从广义上理解,很多人将系统分析认为是系统工程的同义语,认为系统分析就是系统工程。

1) 系统分析要素

系统分析有六个基本要素[①]:

①问题。一方面,问题代表研究对象,需要系统分析人员和决策者共同探讨与问题有关的要素及其关联状况,恰当地定义问题;另一方面,问题表示现实状况(现实系统)与希望状况(目标系统)的偏差,为系统改进方案的探寻提供了线索。

②目的及目标。目的是系统总要求,具有总体性和唯一性的特点;目标是系统目的的具体化,具有从属性和多样性的特点。目标分析是系统分析的基本工作之一,其任务是确定和分析工程系统的目的及其目标,分析和确定为达到系统目标所必须具备的系统功能和技术条件。在目标分析过程中,目标之间可能存在冲突,需要决策者协调权衡与处理。

③方案。方案是实现目标的途径。为了实现系统目标或目的,可以制订若干备选方案。例如,企业打算改良现有产品,可以考虑自我改进技术、国外引进技术、原有产品线升级等方案。只有通过对备选方案的分析和比较,才可确定最优系统方案。

④模型。系统模型是由系统本质的主要因素及其因素之间相互关系构成的,是研究与解决问题的基本框架,是对实际系统问题的描述、模仿或抽象理解。在系统分析中,常常通过建立相应的结构模型、数学模型或仿真模型等来规范分析各种备选方案。

⑤评价。评价即评定不同方案对系统目的的达到程度,即在考虑实现方案的综合投入和方案实现后的综合产出后,按照一定的评价标准,确定各种待选方案优先顺序的过程。进行系统评价时,不仅要考虑投资、收益这样的经济指标,还必须综合评价工程系统的功能、费用、时间、可靠性、环境、社会等方面的因素。

⑥决策者。决策者作为系统问题中的利益主体和行为主体,在系统分析中自始至终具有重要作用,是一个不容忽视的重要因素。决策者与系统分析人员的协调配合是保证系统分析工作成功的关键。

2) 系统分析内涵

不同学者或机构对于系统分析内涵的理解有所差异。比如,兰德公司认为,系统分析是

---

① 汪应洛.系统工程[M].5 版.北京:机械工业出版社,2016.

对实现系统目的的可行方案的费用、有效性及风险进行有条件的比较,从而帮助决策者选择行动方案的一种方法。切克兰德认为,系统分析是系统理念在管理规划上的一种应用。它是一种科学的作业程序或方法,在考虑所有不确定因素的基础上,探寻能够实现目标的各种可行方案,而后通过对比每种方案的费用效益比,决策者决定最有利的可行方案。《美国大百科全书》指出,系统分析是一门研究相互影响的因素组成和运用情况的技术,其特点是完整地而不是零散地处理问题。它要求人们考虑各种主要的变化因素及其相互影响,采取科学的数学方法对系统进行研究与应用。

　　上述专家或机构分别从不同角度对系统分析进行了定义,为深入理解系统分析的内涵提供了一种有效的分析框架。结合上述对系统分析六个基本要素的说明,本书将系统分析内涵定义为:系统分析是一个过程,它针对某个具体的系统问题,采用科学合理的技术方法(建模、预测、优化、方案、评价等),围绕系统目的及目标探索可行的系统方案,并通过系统评价指标不断对方案进行比较优化,帮助决策者择优挑选出最优或满意的系统方案。

3.2.2　系统分析过程

　　根据系统分析的要素、内涵,参照系统工程的基本工作流程,系统分析的基本过程如图3-3所示。

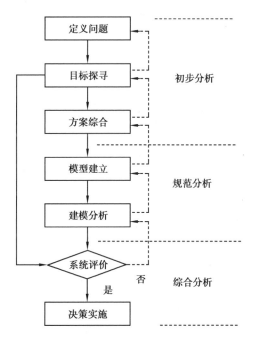

图3-3　系统分析的基本过程

　　初步分析阶段包括定义问题、目标探寻、方案综合三个过程。在该阶段,需要明确解决的问题并罗列出若干解决方案。可借助创造性技术方法围绕六个方面进行展开分析:①问题是什么(What):清晰定义出研究问题,并且确定对象系统(问题)的要素是什么;②探究的原因(Why):即为什么要研究该问题,研究的目的或目标是什么;③场所(Where):确定系统的边界和外部环境;④时间(When):确定系统分析在各个阶段是什么情况;⑤利益相关者

（Who）：明确该研究系统的决策者、行动者、所有者等与问题相关的人物；⑥如何（How）：如何实现系统目标。通过明确上述六个方面内容，有助于系统分析人员快速进入系统分析状态。此阶段也需要重点关注环境分析的影响。首先，只有正确区分各种环境要素，才能划定系统边界；其次，系统目标及其结构建立需要综合考虑环境要素；最后，只有考虑到环境条件及变化对方案可行性的影响，才有助于寻找能适应环境变化的切实可行的解决方案。

在规范分析阶段，决策者需要围绕初步分析阶段形成的不同的系统方案，建立相应的模型并进行优化或仿真分析。注意：在建模及其系统优化或仿真分析时，要充分考虑到各主要环境条件（如人、财、物、政策等）对系统优化的约束。

在综合分析阶段，需要决策者运用合适的系统评价方法（如古林法、层次分析法、模糊评价法等）对系统建模结果进行全面评价，并通过决策分析方法来实现系统问题的最终决策。在此阶段，要通过灵敏度分析和风险分析等途径，"减少"环境变化对最佳决策方案的影响，提高政策与策略的相对稳定性和环境适应性。

注意：并非所有问题的系统分析过程完全按照图 3-3 所示的步骤进行，而是要根据实际问题的需要有所侧重或只涉及其中的一部分环节，但问题认知、方案综合、系统评价等过程通常必不可少。

3.2.3 应用系统分析的原则

系统分析应适应实际问题的需要，坚持问题导向、着眼整体、权衡优化、方法集成等基本原则[①]：

1）坚持问题导向

系统分析的目的在于帮助决策者找出解决实际问题的方法与途径。因此，在应用系统分析技术时，决策者需坚持问题导向原则。作为一种处理问题的方法，系统分析具有很强的针对性。因此，系统分析人员要根据具体问题及情景约束，围绕所要达到的目标进行制订方案并选择方法，并在实施方案计划的过程中根据问题情景的变化及时调整与优化，从而使得系统分析更具适应性。

2）以整体为目标

系统分析将问题作为一个整体来处理，全面考虑各主要因素及其相互影响，强调以最少的综合投入和最良好的总体效果来完成预定任务。系统中的各组成部分都具有各自特定的功能和目标，只有相互分工协作，才能发挥出系统的整体效能。系统分析既要从系统整体出发，考虑系统中所要解决的各种问题及其多重因素，防止顾此失彼，又要注意不拘泥于细节，抓住主要矛盾及其方面，致力于提出解决主要矛盾的方法和措施，避免因小失大。以整体最优为核心的系统观点是系统分析的前提条件。

3）多方案模型分析和选优

根据实际问题的需要和系统目标的要求收集各种信息，寻找多个方案，并对其进行模型化及优化或仿真计算，尽可能求得定量化的分析结果，这是系统分析的核心内容。在系统方

---

① 汪应洛.系统工程[M].5 版.北京:机械工业出版社,2016.

案综合(设计)中应注意的事项包括:①多方案备选,方案通常以 3~4 个为宜;②方案要有基本的合目的性、能实现性、可识别性等要求;③在方案产生过程中要注意采用各种创造性技术。

4)定量与定性分析相结合

系统分析采用定量与定性分析相结合的基本方法。分析中既要利用各种定量化模型化及优化或仿真计算的结果,使方案的优劣以定量分析为基础,又要同时充分利用分析者、决策者与其他有关人员的直观判断和经验,进行综合分析与判定,这是系统分析的基本手段。唯经验判断和唯定量分析,都是与系统分析的要求相违背的。

5)多次反复进行

对复杂系统问题的分析,往往不是一次可以完成的。它需要根据对象系统及其所处环境的可能变化,通过反复与决策者对话,适时、不断地修正分析的过程及其结果,形成分析过程中的多次及多重反馈,逐步得到与系统目标要求最接近、令决策者较为满意的系统方案。这是系统分析成功的重要保障。

3.2.4　系统分析案例

系统分析有助于人们将系统思考思维运用于人类社会真实的实践活动,与此同时,它认识到人类的社会组织是一个复杂的系统。因此,系统分析用于探寻复杂的人类社会,尤其是解决其自身所面临的各种凌乱的"非技术"问题时,是一个非常有效的办法。以系统分析的基本过程为例,简要分析 S 公司保险丝盒技术开发项目的进度优化问题。

S 公司是一家专业研制、开发和生产汽车中央电器、保险丝盒等产品的实体企业,主要客户包括上海大众、一汽大众、上海汽车等。公司开展了一个 BFRM 保险丝盒项目,该项目配件是 DPCA 的一款重要车型的零件,项目预期需求量及预期销售收入都极为重要。因此,按时、保质、保量完成 BFRM 保险丝盒项目,控制该项目成本,保证企业效益,是公司面临的重要问题。

公司项目团队通过 WBS 工作结构分解、网络图绘制等技术,初步确定了项目的关键路径。该关键路径的开发周期为 488 天,超过了客户预期 78 天。因此,项目需要进行进一步优化。针对这一问题,公司进行深入调查研究,初步提出了四个备选方案,即:

①对关键路径的工序增加的人力和材料投入。比如,如果只是一班工作,可以增加 1~2 班人员;也可以改变机器操作替代单机操作;

②引入先进的技术和工艺,进一步提高工作效率;

③对关键路径上面的工序增加平行作业或者进行交叉作业,加快进程;

④从非关键的路径程序中抽调人力、物力支援关键路径活动,这样既可以保证关键路径上活动的完成,又可以保证其他工序能够如期完成;但可能引发新关键路径的出现。

公司根据对人力、物力、财力的调查分析,提出备选方案的评价标准或约束条件,即:项目如期完成;成本控制在既定的约束范围;交付产品质量必须达标。公司高层根据上述标准对各备选方案进行评估。第 1 个方案,可以按照原有计划实施,但要求关键路径上的每位员工都要加班,加班费需要约 23 万元;第 2 个方案,可通过委外试验缩短周期,委外试验可缩短的周期为 60 天,总成本为 400 000 元,赶工成本斜率单最低为 5 000 元/天,最高为 8 000

元/天,平均赶工成本斜率为 6 667 元/天;第 3 个方案与第 1 个方案差异性较低;第 4 个方案可通过公司内部各部门项目成员调整,缩短的周期可以满足客户要求,总的费用增加 138 400 元,赶工成本斜率最低为 600 元/天,最高的为 1 000 元/天,平均赶工斜率为 1 774 元/天。所以,公司经过深思熟虑,决定采用第 4 种方案,通过计算,关键路径开发周期为 408 天,可满足项目进度要求,而通过调整开发工程师数量可有效控制增加成本。

　　但公司注意到,在公司人力资源总量保持不变前提下,项目增加设计、采购和试验人员,与其他的开发项目及各部门的日常工作也带来了一定的冲突,公司又进一步处理现有矛盾:①增加的人力资源并不是全部直接增加人员,而是通过现有的人员加班的方法,通过平时及节假日的时间加班来赶进度;②对增加项目中的人员的方法导致其他的日常工作可能受到影响的情况,通过与其他相关部门的进行沟通,采用其他人员临时顶替部分现有项目人员的工作量、增加加班时间等方法进行解决;③对一些必须增加人手而通过其他方法无法解决的部门,则通过短期招聘方式解决人员缺口。

3.3　系统工程方法论进展

3.3.1　系统性创新思维与方法

　　系统工程的研究对象通常为社会经济等较为复杂的大规模系统,整个解决问题的过程就是一个综合创造的过程。正如在系统工程萌芽初期,很多人将其称为创造性工程。如果把系统工程理解为设计,那么它不同于常规设计,而更适用于研究发展新产品与系统;如果把它用于管理,需要经常改进管理系统与工作程序以提高效率。因此,系统工程需要的是高度创造性。而创新思维与创新分析方法是认识系统问题,探寻行动方案,分析、设计、解决大规模复杂系统问题的思想和方法基础。

　　近几十年来,世界新技术革命浪潮汹涌,科学技术知识呈现"爆炸"和融合的趋势,社会经济竞争日益激烈,创造力的实现不仅局限于个人范围和技术发明的领域,现已逐步扩展到集体、社会范围内,推动包括管理和决策民主化、科学化在内的整个社会的技术进步。综合即创造,已逐渐引起了人们的关注和重视,并成为现代创造活动的基本特征之一。

　　多年来,人们总结创造实践的规律,提出了关于创造活动程序的各种模式,其中与现代创造性思维及活动相适应、主要适用于工程技术及系统管理方面的创造过程占有重要地位。该过程一般涵盖明确问题、确定目标、探寻方案、系统综合、系统评价、方案实施等步骤。对系统目标的认定和对系统方案的探寻与综合是现代创造活动的主要环节,并常常需要反复进行。因此,系统思想与系统分析方法是现代创造性思维及活动的重要基础。创造性思维及活动的过程就是系统分析的过程。为了使对创新活动规律的认识与探索相适应,随着发明学、创造工程、系统工程和管理科学的发展,人们已经先后提出了 100 多种具体的创新分析方法,其中比较常用的也有 20 种之多。这里选择最常用、最基本的综合创新分析方法做扼要介绍,即提问法、头脑风暴法、德尔菲法、情景分析法、TRIZ 等,这些一般是较为传统的系统分析方法。

1）系统性创新思维

（1）提问法（检核表法）

根据研究对象明确所要解决的问题，并通过想象力将问题解决的新设想一个个罗列、核对、讨论与筛选，最终发掘出创造性技术方案，这就是提问法。按检核表内容的抽象程度和范围可分为两类：一类是针对某种特定要求制定的检核表法，以"奥斯本检核表法"最具代表性；另一类是对各种场合及各种对象适用的提问法，以"5W1H"方法最具代表性。

①奥斯本检核表法。奥斯本检核表法是以美国创造学家奥斯本命名的创造性思维方法。该方法引导人们在创造过程中着重思考9个方面的问题，以便在启迪思路与开拓想象空间的同时，产生新设想、新方案。主要提问内容见表3-2。

表3-2　奥斯本检核表法

序　号	检验类型	具体内容
1	能否他用	有无新的用途？是否有新的使用方式？可否改变现有的使用方式
2	能否借用	有无类似的东西？利用类比能否产生新观念？过去有无类似的问题？可否模仿？能否超过
3	能否扩大	可否增加些什么？可否附加些什么？可否增加使用时间？可否增加频率、尺寸、强度？可否提高性能？可否增加新成分？可否加倍？可否扩大若干倍、放大
4	能否缩小	是否可以减少些什么？可否密集、压缩、浓缩、紧凑？可否微型化？可否缩短、变窄、去掉、分割、减轻？可否改为流线型
5	能否改变	可否改变功能、颜色、形状、运动、气味、音响、外形、外观？是否还有其他改变的可能性
6	能否代用	可否替代？用什么替代？有何别的成分、材料、过程、能源、音响、颜色、照明等
7	能否调整	可否变换？有无互换的成分？可否变换模式、布置顺序、操作工序、因果关系、速度频率、工作规范
8	能否颠倒	可否颠倒？可否颠到正负、正反、头尾、上下、位置、作用
9	能否组合	可否重新组合？可否尝试混合、合成、配合、协调、配套？可否把物体组合、目的组合、特性组合、观念组合

②5W1H方法。5W1H方法针对研究对象从原因（Why）、对象（What）、地点（Where）、时间（When）、人员（Who）、手段（How）等六个方面提出问题进行思考，并提出相应的改进建议。该方法是一种思考方法与创造技法，对任何事物都可以进行系统分析。以企业进行消费者行为调查为例，提问的具体内容见表3-3。

表3-3　消费者行为调查5W1H提问法

方　面	现　状	原　因	能否改善	决　定
原因（Why）	为什么进行消费者行为调查	为什么是这样	有无别的原因和要求	对售卖产品有什么样的要求
对象（What）	生产什么类型的产品	为什么生产这种产品	能否进一步改进该产品	到底生产哪种产品

续表

方　面	现　状	原　因	能否改善	决　定
地点 （Where）	产品市场及其供应商在哪里	为什么选择这些地方	有无别的市场和更优质的供应商	划分市场并选择合适的供应商
时间 （When）	根据消费者调查,何时推出新产品	为什么要这样安排	有无更快或推迟产品投产的时间	合理安排产品研发、设计、投产的时间表
人员 （Who）	为什么选择不同的消费者? 生产该产品谁来负责	为什么选择面向不同的消费者? 为什么由这些人负责	有无更好的消费者划分方法? 有无更好的人来替代生产者	落实负责人
手段 （How）	怎么围绕消费者调查结论开发与生产产品	为什么这么做	有无更好的手段	决定采用合适的生产方式

（2）头脑风暴法

头脑风暴法（Brain Storming）是美国创造学家奥斯本提出的一种创造性技术,指的是一群人聚在一起,就某一特定领域的问题提出自己的想法。通过召集有关人员参加小型会议,与会者可以自由地思考与发言（发言不会被评论与批评）,从而产生大量的新想法和解决方案。所有的想法都将记录下来。只有在头脑风暴会议结束后,才会对想法进行评估。

实施头脑风暴法的步骤及注意事项如下:

①小组准备。为会议设置一个舒适的会议环境（布置会场要考虑到光线、噪声、室温等因素,做到环境适宜）,选定一名会议记录员及其主持人,并确定出席会议的人员名单。邀请的团队成员尽可能来自不同学科、不同领域、不同专业背景。会议主持人应对要解决的问题十分了解,并口齿清晰,思路敏捷,作风民主,既善于营造活跃的气氛,又善于启发诱导其他人。尽量组织几名知识面广、思想活跃的人参与探讨,防止会议气氛沉闷。

②提出问题。主持人要清楚地表达出所要解决的问题,并列出必须满足的任何标准。明确会议目标是产生尽可能多的想法。在会议开始时,主持人要给与会者足够的安静时间,让他们尽可能多地写下自己的想法。然后,请他们分享自己的想法,给每个参会者一个公平的机会来贡献自己的想法。

③引导讨论。当每个与会者分享了各自想法后,需要主持人引导大家参与讨论。主持人需要注意:与会者不分职务高低,一律平等相待;不允许对提出的创造性设想做判断性结论;不允许批评或指责别人的设想;不得以集体或权威意见的方式妨碍他人提出设想。而记录员需要注意:与会者提出的设想不分好坏,一律记录下来。注意:头脑风暴时间尽量控制在一小时之内,这样才有助于与会者集中精力完成方案讨论。

④采取行动。在头脑风暴会议结束之后,决策者会得到很多想法,需要将提出的设想分析整理,进行严格的审查和评价,从中筛选出有价值的提案。审查和评价这些想法可以借助一些工具来完成。比如,使用亲和图（Affinity Diagrams）来找出这些思想的之间的相互关系,以此寻找解决问题的途径。

头脑风暴法有两条基本原则:一是推迟判断,即不要过早地下断言、得结论,避免束缚人的想象力,熄灭创造性思想的火花;二是"数量提供质量",提出的设想方案越多,越有可能找出解决实际问题的途径。

(3)德尔菲法

头脑风暴法倡导"与会者不分职务高低,一律平等相待"。但是,在小组讨论过程中,与会者的地位通常是不平等的,成员中常有领导权威存在。所以,面对面的讨论方式会因为与会者之间的等级差别而影响讨论结果。为了避免集体讨论存在的屈从于权威或盲目服从多数的缺陷,美国兰德公司在20世纪60年代开发出德尔菲法,以改善由于与会者地位不同而引发的负面影响。德尔菲法为消除成员间的相互影响,采用匿名方式反复多次征询专家的意见和进行背靠背的交流,以充分发挥专家的智慧、知识和经验,最后汇总得出一个比较反映群体意志的预测结果。因此,德尔菲法有专家匿名、多次反复和统计汇总等特点。

德尔菲法步骤如下:

①确定调查目的,制定调查提纲并挑选专家。针对系统分析的研究问题,邀请10~20名专家(经验丰富且熟悉该问题领域,包括理论与实践两大方向)为他们提供研究目的、研究背景、回收期限、问卷调查方法等其他要求。

②发出调查表,征询意见。选择合适的方式(如通信、邮件)向各个专家发出调查表。注意:专家尽可能以匿名方式表达自我观点。

③资料汇总分析,持续反馈。经过一轮德尔菲咨询后,把专家意见汇总在一起反馈给参加咨询专家进行分析。专家对返回意见进行归纳分析后,再重复②步骤,如此反复修改3~4轮,可得出最终意见。每轮时间约为一周,总共约一个月即可得到大致结果。时间过短,则因专家很忙难以反馈;时间过长,则外界干扰因素增多,影响结果的客观性。

德尔菲法的优点在于避免了面对面讨论引发的害怕权威、随声附和、固执己见等弊端,处理及回收问题方法兼顾了会议讨论的效果,因此,可以使得意见能够较快收敛,很大程度上保持了综合意见的客观性。缺点在于:无法观察并控制专家的反馈时间与质量,部分专家的回答往往比较草率并且主观意识较为严重,并且征询时间过长可能不利于系统问题的快速预测与分析。

(4)情景分析法

所谓情景分析法(Scenario Analysis),一般是在专家集体推测的基础上,对可能的未来情景的描述。对未来情景,既要考虑正常的、非突变的情景,又要考虑各种受干扰的、极端的情景。情景分析法就是通过一系列有目的、有步骤的探索与分析,设想未来情景以及各种影响因素的变化,从而更好地帮助决策者制定出灵活且富有弹性的战略规划、计划或对策。它是一种灵活而富于创造性的辅助系统分析方法,是一种综合的、具有多功能的创造性技术。

在进行情景分析时,不同研究机构或学者采取步骤略有差异。而其中,大多数国际公司采用的是斯坦福研究院拟定的6个步骤[①]。

①明确决策焦点。决策焦点指的是企业为达成某一战略使命,所必须实施的决策。焦点具备两个特点:重要性和不确定性。首先,决策焦点应该集中在有限的几个最重要的问题

① 樊丽娟.中国绿色照明工程节电方案研究[D].北京:北京交通大学,2007.

上,这些问题对未来发展至关重要;其次,作为预测未来动荡环境的重要方法,焦点问题必须带有一定的不确定性。如果问题十分重要但结果是能够确定的,则不能作为焦点。

②识别关键因素。确定所有影响决策成功的关键因素,即直接影响决策的外在环境因素,如市场需求、企业生产能力和政府管制力量等。

③分析外在驱动力量。确定重要的外在驱动力量,包括政治、经济、社会、技术各层面,以决定关键决策因素的未来状态。某种驱动因素如人口、文化价值不能改变,但至少应将它们识别出来。

④选择不确定的轴向。将驱动力量以冲击水平程度与不确定程度按高、中、低加以归类。在属于高冲击水平、高不确定的驱动力量群组中,选出 2~3 个相关构面,称之为不确定轴面,以作为情景内容的主体构架,进而发展出情景逻辑。

⑤发展情景逻辑。选定 2~3 个情景,这些情景包括所有的焦点。针对各个情景进行各细节的描绘,并对情景本身赋予血肉,把故事梗概完善为剧本。情景的数量不宜过多,实践证明,管理者所能应对的情景最大数目是 3 个。

⑥分析情景的内容。可以通过角色试演的方法来检验情景的一致性,这些角色包括本企业、竞争对手、政府等。通过这一步骤,管理者可以根据自己的观点进行辩论并达成一致意见,更重要的是管理者可以看到未来环境里各角色可能做出的反应,最后认定各情景在管理决策上的含义。

经过上面的一系列步骤后,系统分析人员和决策者们就可以获得新的系统方案。由于这些方案充分考虑了未来各种可能的环境变化,因而在执行时可以更迅速有效地适应和处理各种突发性事件。

当然,在情景分析过程中,还常常与其他创造性技术结合起来使用。与其他创造性方法相比,情景分析法具有灵活性、系统性和定性与定量研究相结合等特点,除了在企业管理应用较多以外,在交通规划、农业发展、能源需求、气候变化等社会经济评价与预测领域也具有较好的应用前景。

(5)TRIZ

TRIZ 为俄文 Teorija Rezhenija Izobretatelskih Zadach 的缩写,是苏联发明家兼工程师 Genrich Altshuller 所发展出的发明创新问题解题理论(Theory of Inventive Problem Solving),最初是为解决与技术相关的问题而开发的,是一套解决问题的工具。根里奇·阿奇舒勒(Genrich Altshuller)团队通过研究近 40 万项技术专利,从中探寻了一定的规律和基本模式,这些规律和模式支配着解决问题、思维创新的过程。

当前对于 TRIZ 的定义主要存在以下两种观点:①方法论。TRIZ 是一种基于知识的创造性问题解决系统方法论。在此观点里,TRIZ 被认为是一种有效开发新(技术)系统的方法,并且确立一系列原则用来描述技术和系统如何发展。②工具观。有些学者将 TRIZ 描述为一个工具包,其中包含了理解和解决问题的所有方面的方法。该工具包被认为是最全面的,系统地归纳了人类已知的发明和创造性思维方法。无论哪种观点,TRIZ 的精髓建立在同一个前提下:技术进步和发明并不是一个随机过程,而是可以预测并受某些规律的支配。

TRIZ 的核心是一套技术问题的概念化解决方案,涵盖了创新原则、技术发展趋势和标准解决途径。为了应用解决方案中的任何一个,一个具体和实际的技术问题被简化并以概念的形式加以说明。在其概念形式中,问题可以与一个或多个概念解决方案相匹配。确定的概念性解决方案随后可以转换为特定的、符合原始事实问题的事实解决方案。这种方法是 TRIZ 问题解决过程的概述。这是 TRIZ 的一个显著特征,与其他传统的问题解决方法(例如头脑风暴方法)不同,后者试图直接为事实问题找到具体的事实解决方案(图 3-4)①。

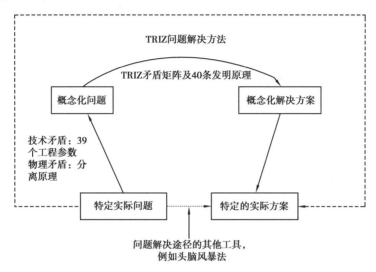

图 3-4　问题解决的 TRIZ 系统方法

矛盾、理想度、演化模式是 TRIZ 的核心。其中,矛盾是由于系统中所需特性的明显不兼容性而产生的创造性问题的表现和反映。解决矛盾就是解决问题。矛盾主要有两种:技术矛盾和物理矛盾。理想度则反映了技术系统在进化过程中对于社会需求的适应程度。虽然对理想度的界定有所差异,但一般认为理想度就是从技术角度对技术系统的有用功能与有害功能之间的综合效益的一种度量。而技术系统的发展通常有一定的规律,也就是演化模式。它强调对有用的良好的问题提供解决方案,并预测系统将如何运行进化。

TRIZ 理论主要包括以下九项基本内容,分别为:进化法则、39 个工程参数、40 条发明原理、矛盾矩阵、分离原理、物—场模型、知识效应库、ARIZ 算法等,这些工具能很好地解决产品设计过程中的设计质量的控制。各部分简要内容概括见表 3-4。

表 3-4　TRIZ 理论基本内容

基本内容	简要说明
八大进化法则	提高理想度法则、完备性法则、能量传递法则、协调性法则、子系统的不均衡进化法则、向超系统进化法则、向微观级进化法则、动态性和可控性进化法则
最终理想解	抛开各种客观限制条件,通过理想化来定义问题的,保证在问题解决过程中沿着此目标前进并获得最终理想解

① ILEVBARE I M, PROBERT D, PHAAL R. A review of TRIZ, and its benefits and challenges in practice [J]. Technovation, 2013, 2-3(33): 30-37.

续表

基本内容	简要说明
40 个发明原理	阿奇舒勒对大量的专利进行了研究、分析和总结,提炼出了 TRIZ 中最重要、具有普遍用途的 40 个发明原理
39 个工程参数及矛盾矩阵	在系统开发过程中,存在 39 项工程参数可能发生相对改善和恶化情况,这些矛盾不断地出现,又不断地被解决。将这些冲突与矛盾解决原理组成一个由 39 个改善参数与 39 个恶化参数构成的矩阵,矩阵的横轴表示希望得到改善的参数,纵轴表示某技术特性改善引起恶化的参数,横纵轴各参数交叉处的数字表示用来解决系统矛盾时所使用创新原理的编号,这就是技术矛盾矩阵
物理矛盾和四大分离原理	当一个技术系统的工程参数具有相反的需求,就出现了物理矛盾。分离原理是针对物理矛盾的解决而提出的,分离方法共有 11 种,归纳概括为四大分离原理,分别是空间分离、时间分离、条件分离和整体与部分的分离
物—场模型分析	在物—场模型的定义中,物质是指某种物体或过程,可以是整个系统,也可以是系统内的子系统或单个的物体,甚至可以是环境,取决于实际情况。场是指完成某种功能所需的方法或手段,通常是一些能量形式,如磁场、重力场、电能、热能、化学能、机械能、声能、光能等
发明问题的标准解法	标准解法可以将标准问题在一两步中快速进行解决,是解决非标准问题的基础,非标准问题主要应用 ARIZ 来进行解决,而 ARIZ 的主要思路是将非标准问题通过各种方法进行变化,转化为标准问题,然后应用标准解法来获得解决方案
发明问题解决算法	发明问题解决算法(Algorithm for Inventive Problem Solving, ARIZ)采用一套逻辑过程逐步将初始问题程式化。该算法特别强调矛盾与理想解的程式化
科学效应和现象知识库	科学原理尤其是科学效应和现象的应用对发明问题的解决具有超乎想象的、强有力的帮助。应用科学效应和现象应遵循 5 个步骤,解决发明问题时会经常遇到需要实现的 30 种功能,这些功能的实现经常要用到 100 个科学有趣现象

注:40 个发明原理分别是:分割、抽取、局部质量、非对称、组合、多用性、嵌套、质量补偿、预先反作用、预先作用、预先防范、等势、反向作用、曲面化、动态化、部分超越、维数变化、机械振动、周期性作用、有效作用的连续性、快速、变害为利、反馈、中介物、自服务、复制、廉价替代品、机械系统的替代、气压与液压结构、柔性壳体或薄膜、多孔材料、改变颜色、同质性、抛弃与再生、物理/化学参数变化、相变、热膨胀、加速氧化、惰性环境、复合材料。

39 个工程参数分别为:运动物体的质量、静止物体的质量、运动物体的长度、静止物体的长度、运动物体的面积、静止物体的面积、运动物体的体积、静止物体的体积、速度、力、拉伸力与压力、形状、物体的稳定性、强度、运动物体的耐久性、静止物体的耐久性、温度、亮度、运动物体使用的能量、静止物体使用的能量、动力、能量的浪费、物质的浪费、信息的浪费、时间的浪费、物质的量、可靠性、测定精度、制造精度、物体外部有害因素作用的敏感性、物体产生的有害因素、可制造性、可操作性、可维修性、适应性及多样性、装置的复杂性、控制与测试的困难程度、自动化水平、生产率。

TRIZ 理论的核心思想体现:①无论是一个简单产品还是复杂的技术系统,其核心技术都是遵循着客观的规律发展演变的,即具有客观的进化规律和模式;②各种技术难题、矛盾和矛盾的不断解决是推动这种进化过程的动力;③技术系统发展的理想状态是用尽量少的资源实现尽量多的功能。

2)系统创新思维辅助工具

(1)思维导图

思维导图(Mind Mapping)是英国学者 Buzan 通过回顾学习和记忆心理学研究,在 1970 年前后创建的。思维导图是辐射思维的一种表达方法,是一种强大的图形技术,为打开大脑潜能提供了一把万能钥匙。思维导图可以应用到生活的各个方面,通过改善学习和更清晰的思维,开启人类大脑的无限潜能。思维导图有四个基本特征:

①将注意力对象在中心意象中具体化;

②将主题以分支的形式从中心意象辐射出来;

③分支由打印在相关行上的关键图片或关键文字组成。不重要的主题也可附属于更高级别分支的分支;

④通过分支形成一个连接的节点结构。

实现思维导图的可视化的软件工具:MindManager、MindMaster、Freemind、Coggle、XMind等。图 3-5 为使用 Xmind 软件制作的消费者购买心理的思维导图。该系统问题包括了六个子问题,每个子问题又由若干个问题组成。利用这些软件工具可以很好地展示该问题的层次关系。

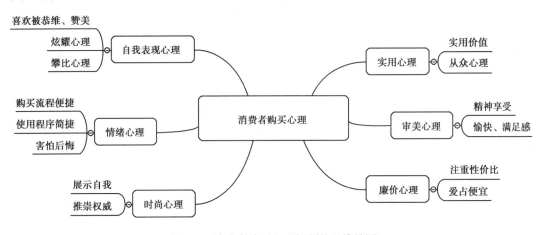

图 3-5　消费者购买心理问题的思维导图

(2)PMI 思考法

"PMI 思考法",指一种分别从有利因素(Plus)、不利因素(Minus)、兴趣点(Interest)三个方面对某个问题观点进行全面分析的思维方法。在日常生活中,人们对某观点或事物的本能反应,往往凭直觉轻易下结论,立即表示喜欢或不喜欢,赞同或不赞同。这种传统的思维盲区,会导致问题决策的片面性。而 PMI 思考法能确保人们在对某一种观点或事物的各方面都进行充分考虑后再做决定,避免通过直觉来评价一种观点或事物。

具体而言,该方法具备三个视角:①有利思维视角(Plus):倾向表达出支持或赞同这种观点的态度,明确指出这种观点的优点或有利因素,对解决问题很有帮助;②不利思维视角(Minus):倾向表达出不支持或不赞同这种观点的态度,明确指出这种观点的缺点或不利因素,描述了问题解决方案中需要改进的部分;③兴趣思维视角(Interest):表达出对此观点感兴趣的方面,指出既不是优点也不是缺点但却吸引人的特点。

该方法实施的步骤包括:

①清晰陈述讨论的主题或问题。通常用"为什么""怎样"或"什么"这样的字眼来清晰表达出所要解决的问题。

②运用头脑风暴法对"增加"问题内容,即想法的有利因素部分。

③运用头脑风暴法对"删减"问题内容,即想法的不利因素部分。

④运用头脑风暴法提出问题的其他兴趣点,即想法的中性部分。

(3)KJ法

KJ法,又称A型图解法、亲和图法(Affinity Diagram),是以日本教授川喜田二郎(Jiro Kawakita)名字命名的方法,也是全面质量管理的新七种工具之一。它是一种将杂乱无章的语言文字资料,通过其内在相互关系加以归纳整理,然后找出解决问题新途径的方法。

KJ法的实践步骤包括:

①前期准备。前期需要准备白纸、文具若干。

②制作卡片。主持人清晰表达问题,通过头脑风暴法,邀请与会者围绕该问题尽可能多地提出设想,并将提出的设想写到卡片上。收集所有的情报内容,并整理成精练的短句、短语,并使其语言标准化。

③编组整理。将每个人设想的方案汇总到一起,经与会者共同讨论,将内容相似的小组卡片归在一起,再命名一个适当标题。注意:如果仍有部分卡片无法分组,需要再将新的编组打乱,再次分类、编组和命名,反复进行上述步骤,直到所有卡片都能得到分组。

④绘制KJ图。将各组进行排序,排序的依据是受访者对其感到满意的程度,然后用符号记录各组之间的关系,例如因果、对立、相等、包含等。

⑤文档总结。完成KJ图后,分别暗示出解决问题的方案或显示出最佳设想。经会上讨论或会后专家评判确定方案或最佳设想,撰写研究文档加以总结。

举例来说,某公司近期总是收到顾客抱怨。顾客收到的产品或服务总是滞后。该公司总经理召集了公司各个部门的员工代表,运用了KJ法得出了一些的主要原因(图3-6)。

此外,除了上面介绍的几种传统方法外,还有金字塔原理、Why-Why分析法、九宫图分析法等创新思维辅助工具。

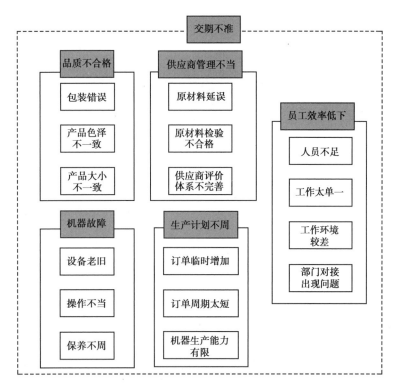

图 3-6 交期不准的 KJ 方法结果

3.3.2 典型系统工程方法论

1) IDEF0

IDEF(The Integrated Definition for Function Modeling)是一种支撑企业建模需求的方法统称。它最初是由美国空军在开发集成计算机辅助制造项目时创建的。其中,IDEF0 是该方法的一种,是专门用来对复杂系统的对象、功能及其相互关系进行描述、分解、限定的方法,并将其通过图形、文字、词汇表等方式以图形化及结构化的方式表达出来。简而言之,IDEF0 是在结构化或图形化分析的基础上,用图形符号描述功能模型的方法,称为 IDEF 系列之功能分析方法。

IDEF0 表示的某种功能活动模型如图 3-7 所示。其中,箭头表示数据流,不表示流程或顺序。方框表示活动,代表了系统需要执行的功能(注意:功能可以逐步分解细化,形成一系列父—子图示)。该模型主要由四部分组成:信息输入表示了系统输入信息;约束与控制代表了功能执行时的条件和限制;机制是功能执行需要的相关资源或支撑条件;输出则是活动结束的转化成果。

IDEF0 是一种功能建模方法,基本思想是结构化分析方法,其特点主要有以下三点:

①系统描述的全面性。IDEF0 模型通过对数据流全面分析与系统活动分解,阐述各环节之间的内在联系和相互作用,来分析并理解整个复杂的系统。

②区分"做什么"和"如何做"。IDEF0 认为,在系统分析阶段,应该首先了解一个系统、一个功能具体做什么,在系统设计阶段再考虑如何做。

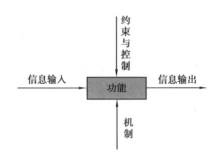

图 3-7　IDEF0 一般表示方式

③有助于实现系统开发。作为一种分析工具,IDEF0 帮助决策者全面分析系统需要开发哪些功能,为什么要开发这些功能,哪些是现有系统完成功能较为出色的,哪些是现有系统不能较好地完成功能的。所以,IDEF0 通常作为系统开发的第一项任务。

2)机器学习

近些年,大数据等新一代信息技术在促进社会进步与经济转型过程中发挥着重要的作用,同时也对系统工程的研究带来新的机遇与应用挑战。作为人工智能(Artificial Intelligence)领域最重要的方向之一,机器学习专门研究计算机如何模拟或实现人类的学习行为,以获取新的知识或技能,重新组织已有的知识结构使之不断改善自身的性能。机器学习涉及统计学、概率论、逼近论、凸分析等,是一门多领域交叉学科。

一般而言,机器学习常用于预测或者分类。机器学习可以视为"探寻"一个函数,样本数据是输入,期望结果是输出,只是这个函数过于复杂,以至于不太方便形式化表达。机器学习的目标是使学到的函数很好地适用于"新样本",而不仅仅是在训练样本上表现很好。学到的函数适用于新样本的能力,称为泛化(Generalization)能力。随着机器学习的越发重要,其学习方法可有效解决传统系统工程分析方法无法有效解决的问题,应用前景广阔。

以外卖行业为例,外卖平台面临的一个重要难题是实现派单的智能化,即利用实时数据采用智能算法等技术进行订单分配、路径优化,从而使每位骑手的配送效率达到最优。根据系统工程分析过程,其问题认知、目标探寻都是明确的,但是在综合方案与模型化阶段,传统的系统工程分析方法无法给出最优的解决途径。首先,外卖配送路径的目标设置较多,比如要考虑顾客满意度、平台总成本最低、订单利润、骑手空驶距离与等待时间等;其次,外卖订单分配是一个复杂的多目标优化问题,其目标函数设置与算法设计均面临着海量数据、实时数据、变动数据的约束,并且消费者的决策间隔时间要求也较为短暂。在实际生活中,外卖平台通过对智能派单的动态实时优化、算法优化可以有效解决上述问题。比如,通过对动态出现的订单和骑手进行实时智能分派实现其智能派单的动态实时优化;通过对静态的智能派单场景进行建模和求解(涉及机器学习、运筹优化和仿真分析等),从而实现外卖平台智能派单的优化算法。其中,通过机器学习方法可以对骑手到商家的路径时间、骑手在商家的等待时间、骑手从商家到顾客的路径时间、顾客的订单签收时间等进行准确估计,包括考虑道路及交通状况、天气、骑手的熟练程度等情景。通过融入机器学习等系统工程方法的应用,可为外卖平台改进其智能派单系统提供重要参考。

3)开放复杂巨系统

1990 年,钱学森、于景元、戴汝为在《自然杂志》发表《一个科学新领域——开放的复杂巨系统及其方法论》一文,标志着一个全新的交叉学科研究领域——"开放复杂巨系统及其方法论"由此诞生。

根据钱学森等人的定义,开放复杂巨系统是种类(子系统)众多,结构非常复杂且具有层次性,与外界(环境)存在着物质、能量和信息交换,子系统相互作用"花样繁多,各式各样",且子系统具有知识习得功能和易变性的一类系统。历史/社会系统、地理系统、人体系统、军事系统、生物体系统、星系系统、宇宙系统、信息网络系统、常温核聚变系统等都是开放复杂巨系统。开放性和复杂性是开放复杂巨系统的基本属性。

开放复杂巨系统的特点包括:①根据开放的复杂巨系统的复杂机制和变量众多的特点,将定性研究与定量研究有机地结合起来,从多方面的定性认识上升到定量认识;②按照人—机结合的特点,将专家群体(各方面有关专家)、数据和各种信息与计算机技术有机结合起来;③由于系统的复杂性,将科学理论与经验知识结合起来,把人对客观事物星星点点的知识综合集中起来,力求问题的有效解决;④根据系统思想,把多种学科结合起来进行研究;⑤根据复杂巨系统的层次结构,把宏观研究与微观研究统一起来;⑥强调对知识工程及数据挖掘技术等的应用。该方法论在社会经济系统工程等领域已得到了成功应用。

4)多智能体系统

天空中集体翱翔的鸟群、海洋中成群游动的鱼群、陆地上合作捕猎的狼群……这些动物群体所表现出的分布、协调、自组织、稳定、智能涌现等特点,引起了计算机科学领域专家的研究兴趣。美国麻省理工学院 Minsky 教授提出了智能体概念,并将生物界个体社会行为的概念引入到计算机学科领域。智能体(Agent)指具有自治性、社会性、反应性和预动性的基本特性的实体,涵盖软件程序、人、车辆、机器人、人造卫星等。多智能体系统是计算机科学中比较新的一个分支学科,从 20 世纪 80 年代才开始被研究,直到 90 年代才得到广泛认同,并逐渐引起越来越多专家学者的研究兴趣。

多智能体系统(multi-agent systems,MAS)是由一系列相互作用的智能体构成的,内部的各个智能体之间通过相互通信、合作、竞争等方式,完成单个智能体不能完成的,大量而又复杂的工作。多智能体系统主要具有以下的特点:①自主性。在多智能体系统中,每个智能体都能管理自身的行为并做到自主地合作或者竞争。②容错性。智能体可以共同形成合作的系统用以完成独立或者共同的目标,如果某几个智能体出现了故障,其他智能体将自主地适应新的环境并继续工作,不会使整个系统陷入故障状态。③灵活性和可扩展性。MAS 系统本身采用分布式设计,智能体具有高内聚低耦合的特性,使得系统表现出极强的可扩展性。④协作能力。多智能体系统是分布式系统,智能体之间可以通过合适的策略相互协作完成全局目标。

目前,多智能体系统已在飞行器的编队、传感器网络、数据融合、多机械臂协同装备、并行计算、多机器人合作控制、交通车辆控制、网络的资源分配等领域得到广泛应用。

5)本体论

本体论(Ontology)是哲学概念,探究世界的本原的哲学理论。从广义上说,它指一切实在的最终本性,这种本性需要通过认识论而得到认识,因而研究一切实在最终本性为本体论,研究如何认识则为认识论。近几十年,本体论一词被广泛应用到知识管理、人工智能、情报学、数据库、系统工程等领域。然而,到目前为止,还没有对本体论形成统一的定义。一般认为,本体论是一种形式化的、对共享概念体系的精确描述,用于描述事物的本质。

本体论中概念之间的相互关系可表示为:是(is)、部分(part-of)、子代(subclass)、同类(synonym)及相关(related-to),强调概念的独立、组合或交叉关系会影响本体的设计目的、特征及效用,而本体自身决定概念的实际意义及领域内多个概念的层次关系。对复杂的业务流程,本体论的使用有利于研究人员根据核心本体的概念抽象提取出不同环节的知识层次,明确各个层级中个体的知识需求。它一般可以用来对该领域的属性进行推理,也可用于该领域进行建模。例如,国家和城市都可以定义为一个地区,但是城市在国家中,国家领导城市。通过对对象之间的关系进行梳理,可绘制如图 3-8 所示的 Ontology 树状体系结构示意图。

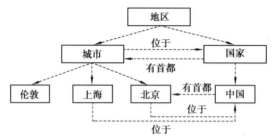

图 3-8　Ontology 树状体系结构示意图

6)MBSE

国际系统工程理事会(International Council on Systems Engineering,INCOSE)于 2007 年正式提出基于模型的系统工程(Model-Based Systems Engineering,MBSE)。MBSE 是建模方法的形式化应用,以支持系统从概念设计阶段开始持续到开发阶段和后续生命周期阶段的需求、设计、分析、验证与确认活动[①]。

系统工程面对的研究对象通常由若干较为复杂的人、物及其相互直接的关系构成,例如生产一种新的商用飞机就是一个系统工程。系统工程建模的主要目的就是处理各个事件之间的关系,不过它的边界是模糊的,例如它包括设计,但是并不落实设计的具体工作;它包括制造,但是也不进行产品实施路径的设计和操作实施,它要做的是一个产品全生命周期中各个阶段工作的管理,属于管理学科领域,而 MBSE 需要研究和解决的是管理上述交互作用的建模。

MBSE 过程包括 3 个步骤:需求分析、功能分析与分解、设计综合;涵盖 4 个回路:需求回路、功能回路、设计回路和验证回路,各个部分的内容及它们之间的关系如图 3-9 所示(具体介绍见本章拓展内容)。基于模型的系统工程方法用系统建模语言代替了文档形式的研制方式,用模型图形描述系统架构,并对模型进行有效管理和控制,完成"模型为主,文档为辅"的图形化过程,将模型化的方法与文本形式的方法有效结合起来,有助于进一步突破时间和空间对设计工作的限制。目前,基于模型的系统工程方法已在航空航天领域成熟应用,波音、空客、洛克希德马丁等公司已成功应用了这类方法,国内一些研究机构、航空航天企业也开始逐步探索与应用。

① 郭宝柱,王国新,郑新华,等.系统工程:基于国际标准过程的研究与实践[M].北京:机械工业出版社,2020.

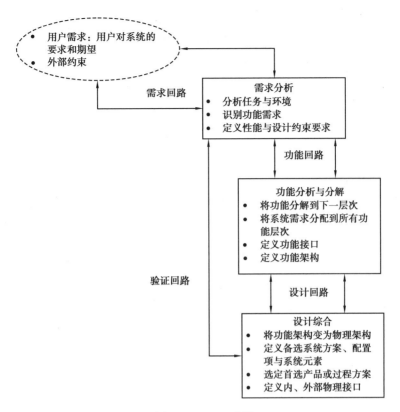

图 3-9 MBSE 过程

MBSE 常用的方法论主要有 6 种：INCOSE 的面向对象的系统工程方法（Object-Oriented Systems Engineering Method，OOSEM）、IBM 的 Rational Telelogic Harmony-SE、IBM 的 RUP 系统工程方法、Vitech MBSE 方法论、JPL 状态分析（State Analysis，SA）方法和 Dori 的对象过程方法（Object-Process Methodology）。下面以 INCOSE 的面向对象的系统工程方法进行说明。

7）OOSEM

面向对象（Object-Oriented）技术主要被软件工程师使用，但是随着科技的发展，系统的复杂程度越来越高，传统的以文档形式进行的系统分析过程，无法保证时间周期、成本、质量来完成系统工程设计。因此，系统工程领域学者借鉴软件工程分析方法，开发出面向对象的系统工程方法（Object-Oriented Systems Engineering Method，OOSEM）。

OOSEM 将面向对象思想从软件开发延伸至一般工程系统领域，将对象化设计开发中的抽象、封装、模块、层级方式与基于模型、自顶向下的系统工程方法相结合，层级分解图如图 3-10 所示[1]（OOSEM 方法步骤见本章拓展内容）。OOSEM 技术已逐渐成为新工业生产体系和生产设计模式的重要发展方向。该方法以系统工程为基础，定义流程的层级结构，汇集了系统工程活动：功能分解、SysML 的面向对象（OO）原则，以及非常熟悉的利益相关群体需求分析、系统需求开发、逻辑与物理结构开发、系统开发与确认。所有这些活动均以架构模型为基础，强调贯穿于 MBSE 流程的需求可追溯性。

---

① 郭潇潇，王崑声. 面向对象系统工程方法改进探索[J]. 科学决策，2016（6）：73-94.

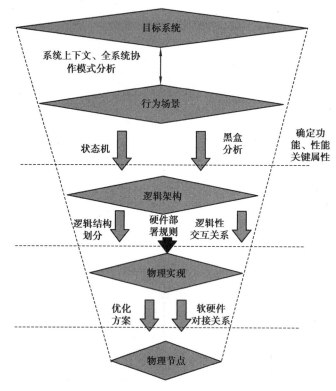

图 3-10 OOSEM 层级分解图

8) SoS

近年来,包括航空、航天、军事、制造业、服务业、救灾管理领域,涉及多个系统运作的更为复杂的系统已经展示在人们面前。如何使这些彼此独立的系统相互协调发挥更大作用,形成需要的总体系统性能,成为日益重要的研究课题。系统的系统(System of Systems,SoS)是经过整合的若干大规模系统,这些系统多种多样,可独自运行,但能为实现某个共同的目标而协同工作,也被称为系统系(众多学者也称之为体系)。SoS 的核心要点是从更高的高度来诠释各独立系统间的相互作用,依然是一个不断丰富发展的概念。

图 3-11 展示了基本 SoS 模型①。请注意,SoS 的各组成部分本身也是系统。这些组成系统各有所需,各自需要解决自身的具体问题;同时也各有其突现性特点和存在的目的。但是这些组成系统又是更大系统——系统系的组成部分,这个系统系本身需要实现某一需求,而且由于组成系统之间的相互作用而具有若干突现性特点。这些组成系统既要保持自主性,又要在 SoS 背景下同时协同工作,正是这种要求进一步加深了 SoS 的复杂性,也是构建 SoS 体系结构的难点所在。

目前,SoS 已经广泛应用在国家政策制定(本章拓展内容展示了碳排放政策应用)、医药卫生管理系统、微型电网、计算机网络决策支持系统、国家防务系统、航空器及自主探测器系统、航空港运营的领域。

---

① JAMSHIDI MO. 系统系工程原理和应用[M].北京:机械工业出版社,2013.

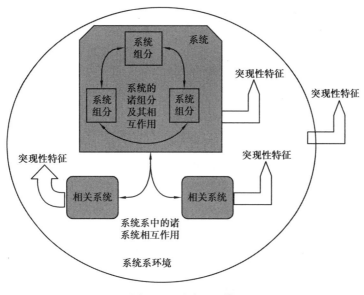

图 3-11　基本 SoS 模型

【本章小结】

系统工程方法论是针对分析和解决系统开发、运作与管理实践中的问题,所应遵循的工作程序、逻辑步骤与基本方法。其中,霍尔方法论与切克兰德方法论是两类经典的方法论,分别为"硬系统"与"软系统"的代表方法论。

系统分析是一个过程,包括六个基本要素:问题、目的及目标、方案、模型、评价、决策者。对于内涵的理解建立在这六个要素基础之上。系统分析的基本过程可概括为初步分析、规范分析与综合分析三大步骤。系统分析适应实际问题的需要,坚持问题导向、着眼整体、权衡优化、方法集成等基本原则。

传统的系统性创新思维方法(提问法、头脑风暴法、德尔菲法、情景分析法、TRIZ)及其思维辅助工具(思维导图、PMI 思考法、KJ 法)得到了一定发展。现阶段,面对各种具体问题的系统工程方法论或应用成果越来越多,并将继续朝着实用化与特色化方向发展。典型的方法包括:IDEF 系列之功能分析方法(IDEF0)、机器学习、开放复杂巨系统、多智能体系统(MAS)、本体论(Ontology)、基于模型的系统工程(MBSE)、面向对象的系统工程方法(OOSEM)、系统的系统(SoS)等。

【习题与思考题】

1. 霍尔方法论与切克兰德方法论有何异同点?

2. 请结合两则实例,详细说明霍尔方法论与切克兰德方法论的应用。

3. 系统分析的要素有哪些?并简述各自定义。

4. 简述系统分析的过程,并结合实际案例具体阐述。

5. 在系统分析过程中,为什么要强调环境分析的影响?

6. 请列表对比分析创造性思维方法的具体功能、适用条件、特色与局限性。

7. 用一项具体事例说明系统性创新思维与方法的应用。

8. 选择 1~2 项案例,简要说明某项系统工程方法论的应用。

拓展资料

第4章

系统工程模型与模型化

教学内容:介绍系统模型化基本概念、模型化本质作用和地位、系统模型的分类和建模的要求和原则、模型化基本方法。重点解析结构模型、状态空间模型和主成分分析法,并介绍系统仿真和系统动力学方法。

教学重点:解释结构模型,状态空间模型和主成分分析法。

教学难点:状态空间模型及应用。

知识框架

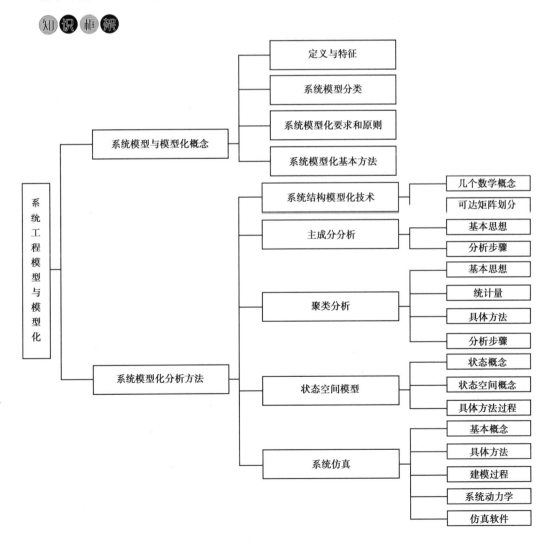

家用彩电新旧更替模型

考察一个城市中各种使用年限的家用彩电数量的分布情况,从而用于家用彩电新旧更替情况预测,并据此为该城市相关政策的制定提供决策支持。假设家庭购买新彩电并一直使用到其损坏或报废为止,因而在任一时刻,都有一个该城市使用了不同时间的彩电拥有量的分布。

为了建立系统模型,做如下假定:①以一年为单位来考察不同使用年限的彩电的拥有量;②任何已使用了 i 年的彩电至少还能使用一年的概率为 β_i(此概率对新彩电来说可能较大,对旧彩电而言可能较小);③彩电的最长寿命为 n 年;④第 k 年新购彩电的数目为 $u(k)$。根据上述假定,设 $x_i(k)$ 表示第 k 年使用了 i 年的彩电数目($i=0,1,\cdots,n$),则

$$x_{i+1}(k+1)=\beta_i x_i(k), i=0,1,\cdots,n-1$$

使用不到 1 年的彩电数等于该年内所购新彩电数,即

$$x_0(k+1)=u(k)$$

综上可得如下模型:

$$\begin{pmatrix} x_0(k+1) \\ x_1(k+1) \\ x_2(k+1) \\ \vdots \\ x_n(k+1) \end{pmatrix} = \begin{pmatrix} 0 & 0 & 0 & \cdots & 0 \\ \beta_0 & 0 & 0 & \cdots & 0 \\ 0 & \beta_1 & 0 & \cdots & 0 \\ \vdots & \vdots & \vdots & & \vdots \\ 0 & \cdots & 0 & \beta_{n-1} & 0 \end{pmatrix} = \begin{pmatrix} x_0(k) \\ x_1(k) \\ x_2(k) \\ \vdots \\ x_n(k) \end{pmatrix} + \begin{pmatrix} 1 \\ 0 \\ 0 \\ \vdots \\ 0 \end{pmatrix} u(k) \qquad (4.1)$$

其中,$x_i(k)$ 为第 k 年使用了 i 年的彩电数目,彩电的最长寿命为 n 年;β_i 为使用了 i 年的彩电至少还能使用一年的概率;$u(k)$ 为第 k 年新购彩电的数目。

该例子所讨论的系统是某城市的彩电这个整体,所需要研究的是这个系统中各使用年限的彩电数量的分布情况,即各使用年限的彩电的数量结构。式(4.1)以数学公式的形式建立了该系统的模型。彩电的品牌、款式、功率等均不是该例的研究目的,故不作为该系统的本质属性,因此未在模型中反映。

从上面例子可以看出,建立系统模型实质上是一种创造性劳动,不仅是一门技术,而且是一门艺术。要建立巧而优的模型,必须一切从实践出发,实事求是,具体问题具体分析,从理论与实践的结合上解决问题。

4.1 系统模型与模型化概念

系统的特性取决于系统组成部分及结构。为了掌握系统变化的规律,必须对系统各组成部分之间的联系进行观察与研究。系统模型化的任务就是研究和刻画系统各组成部分之间的关系、系统运行机理及其发展规律。

要对系统进行有效的分析研究,首先应建立系统的模型,并在此基础上对系统进行定性、定量或者定性与定量相结合的分析,找出研究对象的特征和发展规律,这样才能研究并

建立系统模型。特别是对复杂系统而言,往往不能直接对系统本身进行分析决策和实验,因而更需要借助于系统模型化方法。因此,系统模型与模型化方法是系统工程解决问题的必要工具,也是系统工程人员必须掌握的技术手段。

4.1.1 定义与特征

定义:系统模型是对系统某一方面本质属性的描述,它以某种确定的形式(如文字、符号、图表、实物、数学公式等)提供关于该系统的知识。

系统模型一般不是系统本身,而是对现实系统的描述、模仿或抽象理解。对于大多数研究目的而言,没有必要考虑系统的全部属性,因此,系统模型只是对系统某一方面本质属性的描述,本质属性的选取完全取决系统工程研究的目的。

根据不同的研究目的,可以对同一个系统建立不同的系统模型。系统模型反映实际系统的主要特征,但它又高于实际系统而具有同类问题的共性。可见,系统模型的概念是比较宽泛的,满足以上条件的模型均可称为系统模型,如产品原理图、工作流程图、地球仪、物理和化学公式等。

社会活动和生产实践中人们所关心和研究的实际对象称为原型,如机械系统、电力系统、生态系统、交通系统、社会经济系统等。模型则是对实际对象予以必要的简化,用适当的表现形式或规则将其主要特征描绘出来,而得到的模仿品。构造模型是为了研究原型,通过模型研究能够把握原型的主要特性。模型又是对原型的简化,应当压缩一切可以压缩的信息,力求经济性好、便于操作。没有简化不成模型,同原型相比,未能简化的模仿品不是好模型。因此,一个适用的系统模型应该具有如下三个特征。

①系统模型是对现实系统的抽象理解或模仿。这是由于真实系统本身是非常复杂的,有些复杂关系需要耗费太多的人力和物力,对研究目的而言也没有很大的意义。有些复杂关系也并非以现有能力就能研究透彻的。例如,整个宇宙的模型究竟如何,各星体及物质的发展情况如何,以现在的科技知识只能进行局部的建模,还有很多问题有待人类进一步研究。

②系统模型要反映系统本质或主要因素构成。既然建模是对现实系统的抽象或模仿,那么在有限的资源下最有效地对模型做一个逼近,就成为建模的主要任务。这就要求建立的模型要反映出系统的本质特征。

③系统模型集中体现这些主要因素之间的关系。作为一个复杂系统,各主要因素之间必然是相互联系、相互作用的,如社会经济系统的各个部门之间是相互联系、相互制约的,这种相互作用的关系成为复杂系统的一个重要特征。模型作为现实系统的抽象,必然要将其相互关系反映出来。

模型是否把原型的本质或者主要特征反映出来,是模型是否有效、能否在对模型进行研究的基础上得出适用于原型的有用结论的关键。是否以及怎样把原型的本质通过模型揭示出来,并没有一个放之四海而皆准的现成方法,除了遵循系统工程的基本原理和系统建模的基本思路以外,还需凭借经验和感觉,这也是系统工程常被称为"科学加艺术"的主要原因。

4.1.2 系统模型分类

一般来说,系统模型可以按照图4-1进行分类。

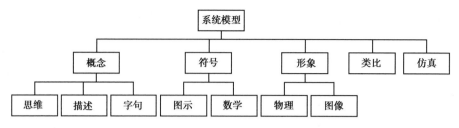

图 4-1 模型的分类

概念模型是通过人们的经验、知识和直觉形成的。它们在形式上可以是思维的、字句的或描述的。当人们试图系统地想象某一系统时，就用到这种模型。思维模型通常不好定义，不容易交流（传送）。字句模型在结构上比前者好些，但仍难于传送。描述性模型表示了高度的概念化，并可以传送。

符号模型用符号来代表系统的各种因素和它们间的相互关系。这种模型是抽象模型。它通常采用图示或数学形式，一般分为结构模型和数学模型。结构模型多采用图（如有向图）、表（如矩阵表）等形式，其优点是比较直观、便捷。数学模型使用数学表示式的形式，其优点是准确、简洁和易于操作。

类比模型和实际系统的作用相同。这种模型利用一组参数来表示实际系统的另一组参数。

仿真模型是用计算机对系统进行仿真时所使用的模型。

形象模型是把现实的东西的尺寸进行改变（如放大或缩小）后的表示。这种模型有物理模型和图像模型。物理模型是由具体的、明确的材料构成的。图像模型是客体的图像。这些模型是描述的而不是解释的。

当然，系统模型分类的方式很多。可按照它们的不同特征（如用途、变量的性质等）加以分类，这里不再一一列举。

4.1.3 系统模型化要求和原则

对系统模型化的要求可以概括为三条，即现实性、简明性、标准化。

1）现实性

现实性即在一定程度上能够较好地反映系统的客观实际，应把系统本质的特征和关系反映进去，而把非本质的东西去掉，但又不影响反映本质的真实程度。也就是说，系统模型应有足够的精度。精度要求不仅与研究对象有关，而且与所处的时间、状态和条件有关。因此，为满足现实性要求，在不同情况下也可对同一对象提出不同的精度要求。

2）简明性

在满足现实性要求的基础上，应尽量使系统模型简单明了，以节约建模的费用和时间。也就是说，如果一个简单的模型已能使实际问题得到满意的解答，就没有必要去建立一个复杂的模型，因为建立一个复杂的模型并求解需要付出很高的代价。

3）标准化

在建立某些系统的模型时，如已有某种标准化模型可供借鉴，则应尽量采用标准化模型，或对标准化模型进行某些修改，使其适合对象系统。

以上三条要求往往是相互抵触的,容易顾此失彼。例如,现实性和简明性就常常存在矛盾。如果模型复杂一些,虽然满足现实性要求,但建模和求解却相当困难,同时可能影响标准化的要求,为此,必须根据对象系统的具体情况妥善处理。一般的处理原则是力求达到现实性,在现实性的基础上达到简明性,然后尽可能满足标准化。

从前面的论述可以看出,系统模型化的要求非常严格,要构建出好的模型是不容易的。人们在系统模型化的不断实践中总结出了系统模型化应该遵循的四项原则。

(1)模型化要抓住主要矛盾

模型化都是针对某一目的而言的,模型化只有在一定目的的指引下才有方向。所以,模型化时只应包括与研究目的有关的方面,抓住问题的主要方面,而不是去囊括对象系统的所有方面。例如,对一个空运指挥调度系统的研究,建模者只需考虑飞机的飞行航向而无须考虑其飞行姿态。

(2)模型化要力争清晰明了

在现实生活中,需要研究的对象往往是非常复杂的大系统,如社会经济系统、环境系统等。一个大型、复杂的系统是由许多联系密切的子系统组成的,而且子系统有时也包含自己的子系统,层层叠加,使系统结构非常复杂,给研究带来了很大的难度。这就要求人们在建模时,子模型与子模型之间,除了保留研究目的所必需的信息联系外,其他的耦合关系要尽可能减少,以保证模型结构尽可能清晰明了。

(3)模型化的精度要求要适当

精度要求是一个重要方面,其要求的高低对系统模型有重要影响。但是,并非精度越高越好。建立系统模型时,应视研究目的和使用环境不同,选择适当的精度等级,以保证模型切题、实用,而又不致花费太多。例如,一个受外力 F(力的大小)作用下的物体 M(物体的质量),其动力学系统的数学模型,在不同使用环境下有不同的精度等级,应该适当选择。

(4)模型化尽量使用标准模型

在建立一个实际系统的模型时,应该首先大量调阅模型库中的标准模型,如果其中某些可供借鉴,不妨先试用一下。如能满足要求,就应该使用标准模型,或者尽可能向标准模型靠拢。这样不仅有利于比较分析,也有利于节省费用和时间。

4.1.4　系统模型化基本方法

系统模型化基本方法,主要包含以下几种:

①分析法。分析解剖问题,深入研究客体系统内部的细节(如结构形式、函数关系等)。如利用逻辑演绎方法,从公理、定律导出系统模型。

②实验法。通过对实验结果的观察和分析,利用逻辑归纳法导出系统模型,数理模型方法是典型代表。

③综合法。既重视实验数据又承认理论价值,将实验数据与理论推导统一于建模之中。通常利用演绎方法从已知定理中导出模型,对于某些不详之处,则利用实验方法来补充,再利用归纳法从实验数据中搞清关系,建立模型。

④经验法。通过专家之间启发式讨论,逐步完善对系统的认识,构造出模型来。其本质集中了专家对系统的认识及经验,主要有 Delph 法。

⑤辩证法。其基本观点认为系统是一个对立统一体,是由矛盾的两方面构成的,因此必

须构成两个相反的分析模型,相同数据可以通过两个模型来解释,这样关于未来的描述和预测是两个对立模型解释的辩证发展的结果。

4.2 系统结构模型化技术

要了解系统的结构,一个有效方法就是建立系统结构模型,而结构模型技术已发展到一百余种,其中最著名的系统结构模型化技术之一就是解析结构模型。20 世纪 70 年代以来,解析结构模型在社会经济系统中得到了广泛的应用,如在区域环境规划和农业区划方面、技术评估和系统诊断方面等。

解析结构模型属于静态的定性模型,其基本理论是图论的重构理论,通过一些基本假设和图、矩阵的有关运算,可以得到可达性矩阵;然后通过人—机结合,分解可达性矩阵,使复杂的系统分解成多级递阶结构形式。

建立解析结构模型的步骤如下。

第一步:组织一个实施解析结构模型的工作小组,一般以十人左右为宜。小组成员应是有关方面的专家,他们对问题持关心的态度,并且最好有能够及时做出决策的决策人参加。

第二步:设定问题。对所研究的问题进行设定,取得一致意见并用文字形式予以规定。

第三步:选择构成系统的要素。凭借专家的经验,在若干轮讨论后最终求得一个较为合理的系统要素方案,然后制定要素明细表。

第四步:根据要素明细表构思,通过各要素间相互影响关系的研究,建立邻接矩阵。

第五步:计算可达性矩阵,对可达性矩阵进行分解,建立结构模型。所谓矩阵分解,包括系统要素的区域划分、级别划分、强连接要素划分、级上等价关系划分和强连接子集划分等(具体需做哪些工作视情况而定)。

第六步:建立解析结构模型。

以下对建立解析结构模型过程中的基本数学原理进行详细介绍。

4.2.1 几个数学概念

结构模型描述的是系统各要素间的相互关系,最好的描述方式是有向图。系统的要素用节点表示,要素之间的关系用箭线表示。应该指出,一种交联的作用,即两个或更多的要素共同地、不可分离地作用于另一个要素,不能简单地用节点和箭线来表示。

因此,解析结构模型中最重要的假定就是:所涉及的关系都是二元关系,都可用节点和箭线表示。有了这个假定,系统的结构就可以用"图"来表示,这种图统称为关系图。

除了用关系图表示系统结构,还可用关系图对应的矩阵表示系统结构。这种矩阵统称为关系矩阵,其中最直接的一种是邻接矩阵,用来表示各要素之间直接的连接关系。

在一般情况下,系统 S 共有 n 个要素:

$$S = \{e_i \mid i = 1, 2, \cdots, n\} \tag{4.2}$$

则邻接矩阵记为

$$A = \begin{array}{c} \\ e_1 \\ e_2 \\ \vdots \\ e_n \end{array} \begin{pmatrix} a_{11} & a_{12} & \cdots & a_{1n} \\ a_{21} & a_{22} & \cdots & a_{2n} \\ \vdots & \vdots & & \vdots \\ a_{n1} & a_{n2} & \cdots & a_{nn} \end{pmatrix} \qquad (4.3)$$

式中,

$$a_{ij} = \begin{cases} 1, \text{当} e_i \text{ 对 } e_j \text{ 有关系时} \\ 0, \text{当} e_i \text{ 对 } e_j \text{ 无关系时} \end{cases}$$

由于邻接矩阵是布尔矩阵,因此矩阵元素按布尔运算(逻辑和、逻辑与、逻辑乘)法则进行运算,读者可参见相关文献。

从以上讨论可以看出,关系图与邻接矩阵是一一对应的,有了关系图,邻接矩阵就唯一确定了,反之亦然。邻接矩阵 A 的转置矩阵 A^T 是关系图所有箭头反过来之后所对应的邻接矩阵。在关系图中,如果 e_i 与 e_j 的关系具有对称性,则称 e_i 与 e_j 具有强连接性。

【定义】 D 是由 n 个要素组成的系统 $S=\{e_i|i=1,2,L,n\}$ 的关系图。元素为

$$m_{ij} = \begin{cases} 1, \text{如果 } e_i \text{ 经若干箭线到达 } e_j \\ 0, \text{否则} \end{cases}$$

的 $n\times n$ 矩阵 M,称为图 D 的可达性矩阵。如果从要素 e_i 出发经过 k 段箭线到达 e_j,则说明 e_i 到 e_j 是可达的且"长度"为 k。

【例4.1】 一个 4 要素系统 $S=\{1,2,3,4\}$,其关系图如图 4-2 所示,对应的邻接矩阵如下:

$$D = \quad A = \begin{array}{c} \\ 1 \\ 2 \\ 3 \\ 4 \end{array} \begin{pmatrix} 1 & 0 & 1 & 1 \\ 0 & 1 & 1 & 0 \\ 1 & 0 & 0 & 1 \\ 0 & 0 & 1 & 0 \end{pmatrix}$$

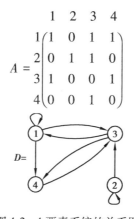

图 4-2 4 要素系统的关系图

如果我们需要知道从某一要素 e_i 出发可能到达哪些要素,则只需对 A(直接关系,表示经过 1 步可达),$A^2,A^3,\cdots,A^i,\cdots,A^n$(间接关系,表示经过 i 步可达)进行逻辑和运算:

$$A \cup A^2 \cup \cdots \cup A^n \qquad (4.4)$$

上式表示从某一要素 e_i 出发,经过 1 步以及 i $(i=2,\cdots,n)$ 步后可能到达哪些要素的所有情况。为方便起见,假定任何 e_i 到它本身是可达的,这样再加一单位矩阵 I,即

$$M = I \cup A \cup A^2 \cup \cdots \cup A^n \qquad (4.5)$$

可达性矩阵 M 可从式(4.5)求出。M 也是 $n\times n$ 方阵,它的每个元素 m_{ij} 表明了 e_i 能否

达到 e_j。但是,利用式(4.5)计算 M 很麻烦。为了使计算简便,我们可以利用下面的恒等式(可用数学归纳法证明),即对任何正整数 n,有

$$(I \cup A)^n = I \cup A \cup A^2 \cup \cdots \cup A^n \tag{4.6}$$

于是由式(4.6)计算 $(I \cup A)$ 的幂就行了。

4.2.2 可达性矩阵划分

在前面内容中,介绍了怎样求取可达性矩阵,这里介绍怎样由可达性矩阵寻求系统结构模型,为此,需要对可达性矩阵给出的各要素间的关系加以划分。

下面介绍由可达性矩阵诱导的几种重要的划分。

① 关系划分(记作 $\pi_1(S \times S)$):

此划分是从一个可达性矩阵上诱导出一个划分,这种划分把所有要素分成两大类,即 R 与 $\bar{R}$,R 类包括所有可达关系,$\bar{R}$ 类包括所有不可达关系。对有序对 (e_i, e_j),如果 e_i 到 e_j 是可达的,则 (e_i, e_j) 属于 R 类;如果 e_i 到 e_j 是不可达的,则 (e_i, e_j) 属于 $\bar{R}$ 类。其实,从可达性矩阵各元素是 1 还是 0 就很容易划分。

这种划分用公式表示为

$$\pi_1(S \times S) = \{R, \bar{R}\} \tag{4.7}$$

② 区域划分:(记作 $\pi_2(S)$):

区域划分将系统分成若干(如 m)个相互独立的、没有直接或间接影响的子系统。可通过可达性矩阵,给出可达集和先行集的定义。

【定义】 如果系统 $S = \{e_i | i = 1, 2, \cdots, n\}$ 的可达性矩阵为 $M = (m_{ij})_{n \times n}$,则 $\forall e_i \in S$ 的可达集为

$$R(e_i) = \{e_j | e_j \in S, m_{ij} = 1\} \tag{4.8}$$

e_i 的先行集为

$$A(e_i) = \{e_j | e_j \in S, m_{ji} = 1\} \tag{4.9}$$

进一步给出底层要素集的定义如下:

【定义】系统 $S = \{e_i | i = 1, 2, \cdots, n\}$ 的底层要素集为

$$B = \{e_i | e_i \in S 且 R(e_i) \cap A(e_i) = A(e_i)\} \tag{4.10}$$

B 中的要素称为底层要素。

如果 e_i 是底层要素,则先行集 $A(e_i)$ 中包含它本身及与 e_i 有强连接的要素;可达集 $R(e_i)$ 包含 e_i 本身、与 e_i 有强连接的要素和可从 e_i 到达的要素。如果存在要素 e_j 在 e_i 的下层,则 e_j 只能包含在 $A(e_i)$ 中而不能包含在 $A(e_i) \cap R(e_i)$ 中,即 $A(e_i) \neq A(e_i) \cap R(e_i)$。因此符合条件

$$A(e_i) = A(e_i) \cap R(e_i) \tag{4.11}$$

的要素 e_i 一定是底层要素。

今有属于 B 的任意两个要素 t、t',如果

$$R(t) \cap R(t') \neq \varnothing$$

则要素 t 和 t' 属于同一区域;反之,如果

$$R(t) \cap R(t') = \varnothing$$

则要素 t 和 t' 属于不同区域。经过这样的运算后,系统 S 就划分成若干区域,可写成

$$\pi_2(S) = \{P_1, P_2, \cdots, P_m\} \tag{4.12}$$

式中,m 为区域数。

【例4.2】　利用图4-3所示关系图进行区域划分。

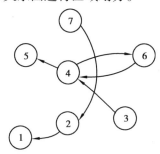

图4-3　7要素系统的关系图

解　可达性矩阵为

$$\mathbf{M} = \begin{array}{c} \\ 1 \\ 2 \\ 3 \\ 4 \\ 5 \\ 6 \\ 7 \end{array} \begin{array}{c} \begin{array}{ccccccc} 1 & 2 & 3 & 4 & 5 & 6 & 7 \end{array} \\ \left(\begin{array}{ccccccc} 1 & 0 & 0 & 0 & 0 & 0 & 0 \\ 1 & 1 & 0 & 0 & 0 & 0 & 0 \\ 0 & 0 & 1 & 1 & 1 & 1 & 0 \\ 0 & 0 & 0 & 1 & 1 & 1 & 0 \\ 0 & 0 & 0 & 0 & 1 & 0 & 0 \\ 0 & 0 & 0 & 1 & 1 & 1 & 0 \\ 1 & 1 & 0 & 0 & 0 & 0 & 1 \end{array}\right) \end{array}$$

进行区域划分,由图4-3和公式(4.10)可知底层要素集合 $B = \{e_3, e_7\}$,因为 $R(e_3) \cap R(e_7) = \varnothing$,所以 e_3、e_7 分属两个不同的区域,可达性矩阵可划分为

$$\pi_2(S) = \{P_1, P_2\} = \{\{e_3, e_4, e_5, e_6\}, \{e_1, e_2, e_7\}\}$$

两个区域。据此,对可达性矩阵作初等变换——行和列的顺序变更,化成对角分块矩阵的形式:

$$\mathbf{M} = \begin{array}{c} 3 \\ 4 \\ 5 \\ 6 \\ \\ 1 \\ 2 \\ 7 \end{array} \left(\begin{array}{cccc|ccc} 1 & 1 & 1 & 1 & & & \\ 0 & 1 & 1 & 1 & & & \\ 0 & 0 & 1 & 0 & & \mathbf{0} & \\ 0 & 1 & 1 & 1 & & & \\ \hline & & & & 1 & 0 & 0 \\ & \mathbf{0} & & & 1 & 1 & 0 \\ & & & & 1 & 1 & 1 \end{array}\right) \begin{array}{l} \text{子系统 I} \\ \\ \\ \\ \text{子系统 II} \end{array}$$

$$\begin{array}{cc} 3 & 4 \quad 5 \quad 6 \quad 1 \quad 2 \quad 7 \end{array}$$

子系统 I　　　子系统 II

表 4-1 区域划分表

i	$R(e_i)$	$A(e_i)$	$R(e_i) \cap A(e_i)$
1	1	1,2,7	1
2	1,2	2,7	2
3	3,4,5,6	3	3
4	4,5,6	3,4,6	4,6
5	5	3,4,5,6	5
6	4,5,6	3,4,6	4,6
7	1,2,7	7	7

这种划分对要素很多的系统来说很有必要,可以把系统分成若干子系统来研究。例如,行政区划分、大型工程的组织结构划分、复杂装备系统的分系统划分等。而且,在用计算机辅助设计时,采用区域划分后将节省内存空间和时间。

③级别划分(记作 $\pi_3(P)$):

级别划分是在每一区域内进行的。

前面定义过要素 e_i 的可达集 $R(e_i)$ 和先行集 $A(e_i)$,这两个集合在可达性矩阵中是很直观的。在可达性矩阵中,顺着 e_i 行横看过去,凡是元素为 1 的列所对应的要素都在 $R(e_i)$ 之内;顺着 e_i 列竖看下来,凡是元素为 1 的行所对应的要素都在 $A(e_i)$ 之内。

如某要素 e_i 为最上级要素,由于 e_i 没有更高的级可达,因此它的可达集 $R(e_i)$ 中只能包括 e_i 本身和与它同级的强连接要素;且其先行集 $A(e_i)$ 包括它本身、可以到达它的下级要素及与它同级的强连接要素。这样一来,对最上级要素 e_i 来说,$A(e_i)$ 与 $R(e_i)$ 的交集就和 $R(e_i)$ 相同,所以得出 e_i 为最上级要素的条件为

$$R(e_i) = R(e_i) \cap A(e_i) \tag{4.13}$$

从而可给出最上级要素集的定义如下。

【定义】系统 $S = \{e_i | i = 1, 2, \cdots, n\}$ 的最上级要素集为

$$T = \{e_i | e_i \in S \text{ 且 } R(e_i) \cap A(e_i) = R(e_i)\}$$

得出最上级各要素后,把它们暂时去掉,再用同样的方法便可求得次一级诸要素。这样继续下去,便可一级级地把各要素划分出来。如果用 $L_1, L_2, \cdots, L_k$ 表示从上到下的各级,则系统 S 中的一个区域 P 的级别划分可用下式表示:

$$\pi_3(P) = \{L_1, L_2, \cdots, L_k\} \tag{4.14}$$

【例 4.3】 对图 4-3 中的区域 P_1 进行级别划分。

解 由表 4-1 可知:①$L_1 = \{e_i \in P_1 - L_0 | R(e_i) \cap A(e_i) = R(e_i)\} = \{e_5\}$;②$\{P_1 - L_0 - L_1\} = \{e_3, e_4, e_6\} \neq \varnothing$。

继续进行,见表 4-2—表 4-4。

表 4-2 第一级划分

i	$R(e_i)$	$A(e_i)$	$R(e_i) \cap A(e_i)$
3	3,4,5,6	3	3
4	4,5,6	3,4,6	4,6
⑤	5	3,4,5,6	5
6	4,5,6	3,4,6	4,6

表 4-3 第二级划分

i	$R(e_i)$	$A(e_i)$	$R(e_i) \cap A(e_i)$
3	3,4,6	3	3
④	4,6	3,4,6	4,6
⑥	4,6	3,4,6	4,6

表 4-4 第三级划分

i	$R(e_i)$	$A(e_i)$	$R(e_i) \cap A(e_i)$
③	3	3	3

于是,第一级为 e_5;第二级为 e_4、e_6;第三级为 e_3。

同样,对区域 P_2 进行级别划分,得第一级为 e_1,第二级为 e_2,第三级为 e_7。

以上结果用公式表示为

$$\pi_3(P)_1 = \{\{e_5\}, \{e_4, e_6\}, \{e_3\}\}$$

$$\pi_3(P_2) = \{\{e_1\}, \{e_2\}, \{e_7\}\}$$

通过级别划分,将可达性矩阵按级别进行变换,可得

$$M = \begin{array}{c} \\ 5 \\ 4 \\ 6 \\ 3 \\ \\ 1 \\ 2 \\ 7 \end{array} \begin{pmatrix} \begin{array}{cccc} 5 & 4 & 6 & 3 \\ 1 & 0 & 0 & 0 \\ 1 & 1 & 1 & 0 \\ 1 & 1 & 1 & 0 \\ 1 & 1 & 1 & 1 \end{array} & \vdots & \mathbf{0} \\ \cdots & & \cdots \\ & \mathbf{0} & \begin{array}{ccc} 1 & 0 & 0 \\ 1 & 1 & 0 \\ 1 & 1 & 1 \end{array} \end{pmatrix} \qquad (4.15)$$

此时,可将图 4-3 所示关系图整理为图 4-4。可见,通过以上各步骤分析得到的图 4-4 对原系统中各要素之间关系的描述比图 4-3 更加清楚,对各要素所属区域和级别的表现清晰明了。这只是一个示例,在解决较为复杂的系统问题时,通过这样的分析可以很好地帮助分析人员厘清关系,从而更好地进行系统分析和设计。7 要素系统整理后的关系图如图 4-4

所示。

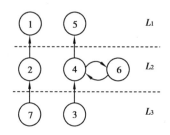

图 4-4　7 要素系统的关系图(整理后)

如果级别划分中的条件

$$R(e_i) = A(e_i) \cap R(e_i)$$

换成条件

$$A(e_i) = A(e_i) \cap R(e_i)$$

级别划分仍可进行,不过每次分出的不是最上级要素,而是底层要素,这在进行系统诊断、找问题的病根方面比较方便。

④是否强连接要素的划分(记作 $\pi_4(L)$):

当按 $\pi_3(P)$ 进行级别划分之后,分出若干级。设 L_k 是第 k 级,在 L_k 内的各要素或者是某个强连接部分中的要素,或者不是。如果某要素 e_i 不属于同级的任何强连接部分,则它的可达集(限定在第 k 级上)就是它本身,即 $R_{L_k}(e_i) = \{e_i\}$。这样的要素称为孤立要素(限定在第 k 级上),否则称为强连接要素。于是,我们把各级上的要素分成两类:一类是孤立要素类,称为 I_1 类;另一类是强连接要素类,称为 I_2 类,即

$$\pi_4(L) = \{I_1, I_2\} \tag{4.16}$$

【例4.4】　设对某个 9 要素系统进行了区域划分和级别划分,在此基础上整理后的关系图如图 4-5 所示。对其第 2 级 L_2 进行是否强连接要素的划分,结果如下:

$$\pi_4(L_2) = \{I_1, I_2\} = \{\{2\}, \{4, 6, 8, 9\}\}$$

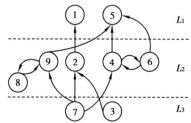

图 4-5　9 要素系统的关系图(整理后)

⑤级上等价关系的划分(记作 $\pi_4^*(L)$):

由级 L_k 指定的可达性矩阵 M 的子矩阵 M_k,显然仍是可达性矩阵。可达性矩阵对应的二元关系是自反和传递的,又由于在 L_k 中的各要素要么是孤立要素,要么是强连接要素,具有对称性,因此可达性矩阵 M 对应的系统 S 的关系限制在 L_k 上是一个等价关系。等价关系唯一确定 L_k 的一个划分,即把 L_k 中的要素划分成若干等价类:

$$\pi_4^*(L) = \{\bar{a}_1, \bar{a}_2, \cdots, \bar{a}_v\} \tag{4.17}$$

式中,$a_i (i = 1, 2, \cdots, v)$ 为等价类的代表元,孤立要素的代表元就是其本身,强连接要素的代

表元可以在强连接部分中任选一个。如果把每个等价类中的所有要素综合起来看成系统 S 的一个要素,将使系统层次结构简单明了。

【例4.5】 对图4-5的第2级 L_2 进行级上等价关系的划分,结果如下:

$$\pi_4^*(L_2) = \{\overline{2,4,8}\} = \{\overline{2,6,8}\} = \{\overline{2,4,9}\} = \{\overline{2,6,9}\}$$

⑥强连接子集的划分(记作 $\pi_5(I)$):

利用 $\pi_4(L)$ 可以划分出哪些要素属于强连接要素类 I_2,这里的划分是要把具有强连接的子集(回路)进一步划分出来,即

$$\pi_5(I) = \{c_1, c_2, \cdots, c_y\} \tag{4.18}$$

式中,c_i 表示一个最大回路集;y 表示这种最大回路集的数目。所谓"最大"是指如果在这个集中增加一个要素,就会破坏回路的性质。这样的回路是一个完全子图,即对应子矩阵的元素全是1。

【例4.6】 对图4-5的强连接要素类 I_2 进行强连接子集的划分,结果如下:

$$\pi_5(I_2) = \{\{4,6\},\{8,9\}\}$$

在以上六种划分中,后面的划分利用前面的划分,逐步深入。在建立解析结构模型的过程中,可使用六种划分中的部分或全部,视具体情况而定。

通过以上工作,可以非常清楚地描述出系统各个要素之间的相互影响关系,包括系统所有要素的区域归属情况、同一区域内要素的层次关系、要素间的对称影响关系(即强连接关系,有时视作等价关系)等。而且根据以上分析与处理,还可以进一步画出系统的结构模型图,从而帮助系统分析人员从全局上清楚地把握系统各要素之间的关系。需要说明的是,如果以上方法得到的结果与专家的定性认识不完全一致,则需要根据实际情况具体分析,可能要选择是否应对模型进行人为的调整。

4.2.3 应用示例

【例】西安飞机试飞研究院随着市场经济体制的建立和科研管理体制改革的深入以及科学技术的迅猛发展,科研技术装备的管理问题日益突出,已成为制约科研管理水平提高、影响科研工作健康发展和科研管理体制深化改革的重大问题。人们越来越深刻地认识到科研技术装备管理的重要性和迫切性。因此,研究和探讨科研技术装备的管理,找出影响科研技术装备管理职能充分发挥的因素,并据此制定相关措施和制度,已成为当前科研管理工作中的一项重要课题,利用解析结构模型方法(interpretive structural modeling, ISM)对其进行分析。

1)成立 ISM 小组

经研究由计划处、科技处、财务处、国资处、计量室等部门的十几位专家组成 ISM 小组,包括实际工作参与者、系统工程专家和业务主管3类人员。

2)确定关键问题及相关因素,列举因素间的关系

经过深入分析研究试飞院科研管理工作的实际情况,确定问题为科研技术装备管理职能未得到有效发挥。确定导致因素为12个,见表4-5。在此基础上,小组成员经多次分析讨论确定它们之间的关系,并按照下面的影响关系最终确定各要素之间的相互关系如图4-6

所示,其中空白处为0。

表4-5 影响因素

	关键问题:科研技术装备管理职能未能有效发挥作用	S_0
	导致因素	
1	对管理的地位认识不明确,思想不到位	S_1
2	缺乏系统化、全过程综合管理的思想	S_2
3	主管机构工作跟不上,管理中心作用不突出	S_3
4	各相关管理部门职责不明确,协调配合差	S_4
5	组织管理体系不健全,综合管理作用与职能受影响	S_5
6	管理人员素质跟不上工作发展的需要	S_6
7	管理方法、手段不科学	S_7
8	管理者参与高层管理力度受限、权威性差	S_8
9	管理基础工作薄弱,信息传递不畅	S_9
10	管理规章制度与程序不健全	S_{10}
11	管理部门检查监督监控力度不够	S_{11}
12	管理组织机构设置不合理	S_{12}

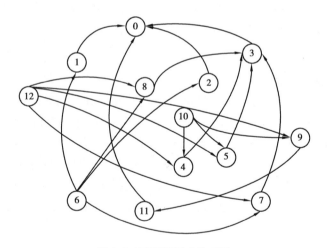

图4-6 因素间影响关系图

①S_i 对 S_j 有影响,填1;S_i 对 S_j 无影响,填0($i,j=0,1,2,\cdots,12$)。

②对于相互有影响的因素,取影响大的一方为影响关系,即有影响。

3)建立可达矩阵

根据上述结果得到可达矩阵见表4-6。

表 4-6　可达矩阵

	S_0	S_1	S_2	S_3	S_4	S_5	S_6	S_7	S_8	S_9	S_{10}	S_{11}	S_{12}
S_0	1												
S_1	1	1											
S_2	1		1										
S_3	1			1									
S_4	1			1	1								
S_5	1			1		1							
S_6	1	1	1	1			1	1	1				
S_7	1			1				1					
S_8	1			1					1				
S_9	1									1		1	
S_{10}	1			1	1	1				1	1	1	
S_{11}	1											1	
S_{12}	1			1	1	1		1	1	1		1	1

4）进行区域划分和级间划分

根据可达矩阵进行区域划分、级间划分和强连通块划分。各要素的 $R(S_i)$、$A(S_i)$ 和 $R(S_i) \cap A(S_i)$ 见表 4-7。

表 4-7　求 L_1 的数据表

S_i	$R(S_i)$	$A(S_i)$	$R(S_i) \cap A(S_i)$
S_0	0	0,1,2,3,4,5,6,7,8,9,10,11,12	0
S_1	0,1	1,6	1
S_2	0,2	2,6	2
S_3	0,3	3,4,5,6,7,8,10,12	3
S_4	0,3,4	4,10,12	4
S_5	0,3,5	5,10,12	5
S_6	0,1,2,3,6,7,8	6	6
S_7	0,3,7	6,7,12	7
S_8	0,3,8	6,8,12	8
S_9	0,9,11	9,10,12	9

续表

S_i	$R(S_i)$	$A(S_i)$	$R(S_i) \cap A(S_i)$
S_{10}	0,3,4,5,9,10,11	10	10
S_{11}	0,11	9,10,11,12	11
S_{12}	0,3,4,5,7,8,9,11,12	12	12

由表可知共同集合 $T=\{6,10,12\}$，且 $R(6) \cap R(10) \cap R(12) \neq \varnothing$，因此系统只有一个连通域。同时由表4-7可知，$L_1=\{S_0\}$。

表4-8　求 L_2 的数据表

S_i	$R(S_i)$	$A(S_i)$	$R(S_i) \cap A(S_i)$
S_1	1	1,6	1
S_2	2	2,6	2
S_3	3	3,4,5,6,7,8,10,12	3
S_4	3,4	4,10,12	4
S_5	3,5	5,10,12	5
S_6	1,2,3,6,7,8	6	6
S_7	3,7	6,7,12	7
S_8	3,8	6,8,12	8
S_9	9,11	9,10,12	9
S_{10}	3,4,5,9,10,11	10	10
S_{11}	11	9,10,11,12	11
S_{12}	3,4,5,7,8,9,11,12	12	12

由表4-8可知，$L_2=\{S_1,S_2,S_3,S_{11}\}$。

表4-9　求 L_3 的数据表

S_i	$R(S_i)$	$A(S_i)$	$R(S_i) \cap A(S_i)$
S_4	4	4,10,12	4
S_5	5	5,10,12	5
S_6	6,7,8	6	6
S_7	7	6,7,12	7
S_8	8	6,8,12	8
S_9	9	9,10,12	9

续表

S_i	$R(S_i)$	$A(S_i)$	$R(S_i) \cap A(S_i)$
S_{10}	4,5,9,10	10	10
S_{12}	4,5,7,8,9,12	12	12

由表 4-9 可知，$L_3 = \{S_4, S_5, S_7, S_8, S_9\}$。

表 4-10 求 L_4 的数据表

S_i	$R(S_i)$	$A(S_i)$	$R(S_i) \cap A(S_i)$
S_6	6	6	6
S_{10}	10	10	10
S_{12}	12	12	12

由表 4-10 可知，$L_4 = \{S_6, S_{10}, S_{12}\}$。

最后可得按级间顺序排列的可达矩阵如下：

	S_0	S_1	S_2	S_3	S_4	S_5	S_6	S_7	S_8	S_9	S_{10}	S_{11}	S_{12}
S_0	1												
S_1	1	1											
S_2	1		1										
S_3	1			1									
S_{11}	1											1	
S_4	1			1	1								
S_5	1			1		1							
S_7	1			1				1					
S_8	1			1					1				
S_9	1									1		1	
S_6	1	1	1	1			1	1	1				
S_{10}	1			1	1	1				1	1	1	
S_{12}	1			1	1	1		1	1	1	1	1	1

5）建立结构模型与解析结构模型

根据上述结果可得的结构模型如图 4-7 所示，将结构模型中的要素代号用实际代表的项目代替，可得解析结构模型，如图 4-8 所示。

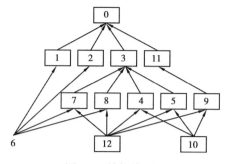

图 4-7　结构模型

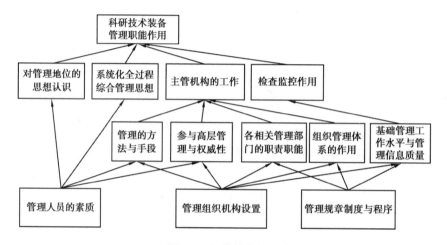

图 4-8　解析结构模型

6)根据解析结构模型进行分析

建立了解析结构模型后,可依据此进行分析。由图 4-8 可知,科研技术装备管理职能作用问题是一个具有四级(层)的多级递阶结构,最低一级的导致因素有以下 3 个:

①管理人员素质。管理人员素质跟不上工作发展的需要,表现在对科研技术装备管理在科研管理工作中的地位认识不明确、缺乏系统化全过程综合管理的现代思想,从而导致不能很好地运用现代管理方法和手段,不具有参与高层管理的能力和在技术业务管理工作中的权威性,因此在思想、方法、技术业务水平上都直接影响了<顶层>职能的发挥。

②管理组织机构设置。对一个复杂、多层次且涉及多部门的科研技术装备管理工作来说,若管理组织机构设置不当,则不利于管理工作的开展,导致各相关管理部门职责不明确。管理体系也不能依照系统化全过程综合管理的思想来建立,综合管理的作用不能体现,进而导致管理方法和手段受限;管理的地位和权威性下降;协调与控制能力降低;管理信息来源与传递渠道不畅和时效性、准确性不高,不能及时了解和掌握实际管理状况,不能及时解决和处理问题。

③管理规章制度与程序。管理规章制度、程序不健全必然导致管理工作的开展缺乏标准和依据,管理范围不明确,分工职责不清,工作难以协调,出现多头管理,系统化全过程管理难以落实。管理工作无法实现规范化,致使基础管理工作混乱,管理职能作用无法正常发挥。

7）解决措施

试飞院科研技术装备管理职能作用的实例分析结果符合本文在前面的分析与论述,是科研单位普遍存在的共性问题。同时也进一步证明了本文论述的观点。因此,在解决此问题时,应遵循本文的管理思想、方法,并找出答案。开展科研技术装备的管理工作,必须提高对科研技术装备管理工作的认识,明确它的管理地位,坚持系统化全过程综合管理的思想和方法,重视管理组织机构的设置和组织管理体系的建立,建立健全管理规章制度,明确管理目标与职责,提高管理者的技术业务素质,实现管理工作的制度化、规范化、标准化、自动化,加强管理部门的检查、监督和监控力度,提高管理信息工作质量,积极探索适应市场经济和科研管理体制的价值规律,并充分发挥经济杠杆自我调节作用的经济管理方法和手段。这是解决目前科研技术装备管理薄弱最为有效的方法。

4.3　主成分分析及聚类分析

4.3.1　主成分分析

在实际问题研究中,多变量问题是经常会遇到的。变量太多,无疑会增加分析问题的难度与复杂性,而且在许多实际问题中,多个变量之间是具有一定的相关关系的。因此,会很自然地想到,能否在相关分析的基础上,用较少的新变量代替原来较多的旧变量,而且使这些较少的新变量尽可能多地保留原来变量所反映的信息?

同时在处理信息时,当两个变量之间有一定相关关系时,可以解释为这两个变量反映此课题的信息有一定的重叠,例如,高校科研状况评价中的立项课题数与项目经费、经费支出等之间会存在较高的相关性;学生综合评价研究中的专业基础课成绩与专业课成绩、获奖学金次数等之间也会存在较高的相关性。而变量之间信息的高度重叠和高度相关会给统计方法的应用带来许多障碍。

为了解决这些问题,最简单和最直接的解决方案是削减变量的个数,但这必然又会导致信息丢失和信息不完整等问题的产生。为此,人们希望探索一种更为有效的解决方法,它既能大大减少参与数据建模的变量个数,同时也不会造成信息的大量丢失。主成分分析正是这样一种能够有效降低变量维数,并已得到广泛应用的分析方法。

设法将原来变量重新组合成一组新的互相无关的几个综合变量,同时根据实际需要从中可以取出几个较少的综合变量,尽可能多地反映原来变量的信息的统计方法叫作主成分分析或称主分量分析。

1）基本思想

主成分分析法的基本思想是设法将原来众多的具有一定相关性的变量 $X_1,X_2,\cdots,X_p$（比如 p 个指标）,重新组合成一组较少个数的互不相关的综合变量 F_m 来代替原变量。那么综合变量应该如何去提取,使其既能最大程度地反映原变量 X_p 所代表的信息,又能保证新指标之间保持相互无关(信息不重叠)。

设 F_1 表示原变量的第一个线性组合所形成的主成分指标,即 $F_1=a_{11}X_1+a_{12}X_2+\cdots+a_{1p}X_p$,由数学知识可知,每一个主成分所提取的信息量可用其方差来度量,其方差 $Var(F_1)$

越大,表示 F_1 包含的信息越多。常常希望第一主成分 F_1 所含的信息量最大,因此在所有的线性组合中选取的 F_1 应该是 $X_1,X_2,\cdots,X_p$ 的所有线性组合中方差最大的,故称 F_1 为第一主成分。如果第一主成分不足以代表原来 p 个指标的信息,再考虑选取第二个主成分指标 F_2。为有效地反映原信息,F_1 已有的信息就不需要再出现在 F_2 中,即 F_2 与 F_1 要保持独立、不相关,用数学语言表达就是其协方差 $Cov(F_1,F_2)=0$,所以 F_2 是与 F_1 不相关的 X_1, $X_2,\cdots,X_p$ 的所有线性组合中方差最大的,故称 F_2 为第二主成分,依此类推构造出的 $F_1,F_2,\cdots,$ F_m 为原变量 $X_1,X_2,\cdots,X_p$ 的第一、第二、$\cdots$、第 m 个主成分。

$$\begin{cases} F_1 = a_{11}X_1 + a_{12}X_2 + \cdots + a_{1p}X_p \\ F_2 = a_{21}X_1 + a_{22}X_2 + \cdots + a_{2p}X_p \\ \qquad\qquad\qquad \vdots \\ F_m = a_{m1}X_1 + a_{m2}X_2 + \cdots + a_{mp}X_p \end{cases} \tag{4.19}$$

由以上可见,主成分分析法的主要任务有两点:

①确定各主成分 $F_i(i=1,2,\cdots,m)$ 关于原变量 $X_j(j=1,2,\cdots,p)$ 的表达式,即系数 $a_{ij}(i=1,2,\cdots,m;j=1,2,\cdots,p)$。从数学上可以证明,原变量协方差矩阵的特征根是主成分的方差,所以前 m 个较大特征根就代表前 m 个较大的主成分方差值;原变量协方差矩阵前 m 个较大的特征值 λ_i(这样选取才能保证主成分的方差依次最大)所对应的特征向量就是相应主成分 F_i 表达式的系数 a_i,为了加以限制,系数 a_i 用的是 λ_i 对应的正交单位化的特征向量。

②计算主成分载荷,主成分载荷是反映主成分 F_i 与原变量 X_j 之间的相互关联程度:

$$L(F_i,X_j) = \sqrt{\lambda_i}\, a_{ij}(i,=1,2,\cdots,m;k=1,2,\cdots,p) \tag{4.20}$$

2）分析步骤

具体步骤如下:

(1)计算协方差矩阵 $(s_{ij})_{p\times p}$

其中

$$s_{ij} = \frac{1}{n-1}\sum_{k=1}^{n}(x_{ki}-\bar{x}_i)(x_{kj}-\bar{x}_j) \quad (i,j=1,2,\cdots,p) \tag{4.21}$$

(2)求出特征值 λ_i 及相应的正交化单位特征向量 a_i

协方差矩阵前 m 个较大的特征值 $\lambda_1\geq\lambda_2\geq\cdots\geq\lambda_m>0$,就是前 m 个主成分对应的方差,λ_i 对应的单位特征向量 a_i 就是主成分 F_i 的关于原变量的系数,则原变量的第 i 个主成分 F_i 为:

$$F_i = a_i X \tag{4.22}$$

主成分的方差(信息)贡献率用来反映信息量的大小,α_i 为:

$$\alpha_i = \frac{\lambda_i}{\sum_{i=1}^{m}\lambda_i} \tag{4.23}$$

(3)选择主成分

最终要选择几个主成分,即 $F_1,F_2,\cdots,F_m$ 中 m 的确定是通过方差(信息)累计贡献率 $G(m)$ 来确定

$$G(m) = \frac{\sum_{i=1}^{m} \lambda_i}{\sum_{k=1}^{p} \lambda_k} \qquad (4.24)$$

例如,当累积贡献率大于85%时,就认为能足够反映原来变量的信息了,对应的 m 就是抽取的前 m 个主成分。

(4)计算主成分载荷

主成分载荷是反映主成分 F_i 与原变量 X_j 之间的相互关联程度,原变量 $X_j(j=1,2,\cdots,p)$ 在诸主成分 $F_i(i=1,2,\cdots,m)$ 上的荷载 $L(F_i,X_j)(i,=1,2,\cdots,m;k=1,2,\cdots,p)$:

$$L(F_i,X_j) = \sqrt{\lambda_i}\, a_{ij} (i=1,2,\cdots,m;j=1,2,\cdots,p) \qquad (4.25)$$

在 SPSS 软件中主成分分析后的分析结果中,"成分矩阵"反应的就是主成分载荷矩阵。

(5)计算主成分得分

计算样品在 m 个主成分上的得分:

$$F_i = a_{i1}X_1 + a_{i2}X_2 + \cdots + a_{ip}X_p \quad (i=1,2,\cdots,m) \qquad (4.26)$$

实际应用时,指标的量纲往往不同,所以在主成分计算之前应先消除量纲的影响。消除数据的量纲有很多方法,常用方法是将原始数据标准化。

4.3.2 聚类分析

在社会、经济、管理和自然科学的众多领域中都存在大量的分类问题,如在经济研究中一国各地区或各国经济发展水平的分类,在市场研究中的抽样方案设计、市场分析、消费者行为分析等。特别是进入大数据时代后,手机、互联网、物联网等先进的信息传输平台产生大量的相关数据,如何在种类繁多、数量庞大的数据中快速获取有价值的信息,成为当前亟待解决的问题。聚类分析作为数据挖掘中重要的分析方法,在客户细分、文本归类、结构分组和行为跟踪等问题中被广泛应用,成为大数据分析方法中一个重要的分支。

1) 基本思想

聚类分析(cluster analysis)又称集群分析,是将一批样本或变量按照它们在性质上的相似、疏远程度进行科学分类的一种多元统计方法。

其基本思想是,研究的样本或变量之间存在程度不同的相似性,根据一批样本的多个观测指标,具体找出一些能够度量样本或指标之间相似程度的统计量,以这些统计量为划分类型的依据,把一些相似程度较大的样本(或变量)聚合为一类,把另外一些彼此之间相似程度较大的样本(变量)也聚合为一类,关系密切的聚合到一个小的分类单位,关系疏远的聚合到一个大的分类单位,直到把所有的样本(或变量)都聚合完毕。例如,我们可以根据学校的研究实力、教学水平和学生素质等情况,将大学分成一流大学、二流大学等;国家之间根据其经济社会发展水平可以划分为发达国家、发展中国家等;自然界生物可以分为动物和植物等。

根据上述的基本思想,我们可以把聚类分析理解为:根据已知数据,计算各观察个体或变量之间亲疏关系的统计量。根据某种准则使同一类内的差别较小,而类与类之间的差别较大,最终将观察个体或变量分为若干类。

在实际研究中,既可以对样本个体进行聚类(clustering for individuals),也可以对研究变量进行聚类(clustering for variables)。对样本个体进行聚类通常称为 Q 型聚类,对研究变量进行的聚类称为 R 型聚类。

2)统计量

聚类分析中表示个体或变量之间亲疏关系的统计量分为两类,即距离和相似系数。通常 Q 型聚类采用距离统计量,R 型聚类采用相似系数统计量。

(1)距离

设有 n 个样本,每个样本观测 p 个变量,观测数据组成的矩阵为

$$\begin{bmatrix} x_{11} & x_{12} & \cdots & x_{1p} \\ x_{21} & x_{22} & \cdots & x_{2p} \\ \vdots & \vdots & & \vdots \\ x_{n1} & x_{n2} & \cdots & x_{np} \end{bmatrix}$$

式中,x_{ij} 为第 i 个样本第 j 个指标的观测值。因为每个样本点有 p 个变量,我们可以将每个样本点看作 p 维空间中的一个点,那么各样本点间的接近程度可以用距离来度量。用 d_{ij} 表示第 i 样本点与第 j 样本点间的距离长度,距离越短,表明两样本点间相似程度越高。常用的距离有

$$绝对距离:d_{ij} = \sum_{k=1}^{p} |x_{ik} - x_{jk}| \tag{4.27}$$

$$欧氏距离:d_{ij} = \sqrt{\sum_{k=1}^{p} (x_{ik} - x_{jk})^2} \tag{4.28}$$

$$切比雪夫距离:d_{ij} = \max_{1 \le k \le p} |x_{ik} - x_{jk}| \tag{4.29}$$

$$马氏距离:d_{ij} = [(X_i - X_j)'S^{-1}(X_i - X_j)]^{\frac{1}{2}} \tag{4.30}$$

式(4.30)中,$X_i = (x_{i1}, x_{i2}, \cdots, x_{ip})$;$i = 1, 2, \cdots, n$;$S$ 为样本数据矩阵对应的样本协方差矩阵,其中矩阵元素为 $S_{ij} = \dfrac{1}{n-1} \sum_{k=1}^{p} (x_{ki} - \bar{x}_i)(x_{kj} - \bar{x}_j)$。

(2)相似系数

对于 p 维总体,由于它是由 p 个变量构成的,而且变量之间一般都存在内在联系,因此往往可用相似系数来度量各变量间的相似程度。相似系数介于-1 和 1 之间,绝对值越接近于 1,表明变量间的相似程度越高。常见的相似系数有

$$夹角余弦:\cos \theta_{ij} = \frac{\sum\limits_{k=1}^{p} x_{ki} x_{kj}}{\sqrt{\sum\limits_{k=1}^{p} x_{ki}^2 \sum\limits_{k=1}^{p} x_{kj}^2}} \quad (i, j = 1, 2, \cdots, p) \tag{4.31}$$

$$相关系数:r_{ij} = \frac{\sum\limits_{k=1}^{p} (x_{ki} - \bar{x}_i)(x_{kj} - \bar{x}_j)}{\sqrt{\sum\limits_{k=1}^{p} (x_{ki} - \bar{x}_i)^2 \sum\limits_{k=1}^{p} (x_{kj} - \bar{x}_j)^2}} \tag{4.32}$$

3）系统聚类方法

系统聚类方法是聚类分析中应用最广泛的一种方法,适用于具有数值特征的变量和样本。系统聚类方法的不同取决于类与类间距离的选择。类与类之间用不同的方法定义距离,如定义类与类之间的距离为两类之间最近样本的距离,或者定义为两类之间最远样本的距离等,就产生了不同的系统聚类方法。常见的包括最短距离法、最长距离法、重心距离法、类平均法等。这些方法的归类步骤基本一致,所不同的仅是类与类之间距离的定义方法,即不同系统聚类方法计算距离的公式不同。若以 d_{ij} 表示样本 i 与样本 j 之间的距离,D_{ij} 表示类 G_i 与类 G_j 之间的距离,那么不同系统聚类方法的距离计算公式如下。

最短距离法:

$$D_{lm} = \min\{d_{ij}, i \in G_l, j \in G_m\} \tag{4.33}$$

最长距离法:

$$D_{lm} = \max\{d_{ij}, i \in G_l, j \in G_m\} \tag{4.34}$$

重心距离法:设 G_l 和 G_m 的重心(即该类样本的均值)分别是 $\bar{X}_l$ 和 $\bar{X}_m$(注意:一般它们是 p 维向量),则

$$D_{lm} = d_{\bar{x}_l \bar{x}_m} \tag{4.35}$$

类平均法:

$$D_{lm}^2 = \frac{1}{n_l n_m} \sum_{i \in G_l} \sum_{j \in G_m} d_{ij}^2 \tag{4.36}$$

4）分析步骤

应用系统聚类方法进行聚类分析的步骤如下。

①确定待分类的样本指标。

②收集数据。

③对数据进行变换处理,消除量纲对数据的影响。

④使各样本点自成一类(即 n 个样本点一共有 n 类),然后计算各样本点之间的距离,并将距离最近的两个样本点并成一类。

⑤选择并计算类与类之间的距离,并将距离最近的两类合并,重复上面的做法直至所有样本点归为所需类数为止。

⑥最后绘制聚类图,按不同的分类标准或不同的分类原则,得出不同的分类结果。

5）应用示例

【例4.7】　为了研究2001年我国部分地区工业企业经济效益的分布规律,需要根据调查资料进行类型划分,调查所得数据经标准化处理后的结果见表4-11,请利用最大距离法进行聚类分析。

表4-11　2001年我国部分地区工业企业经济效益情况表

地　区	工业增加值率/%	总资产贡献率/%	资产负债率/%	流动资产周转次数	成本费用利润率/%	劳动生产率/[元/(人·年)]	产品销售率/%
北京	0.77	−0.90	−0.38	−0.07	−0.55	−0.10	−0.26

续表

地　区	工业增加值率/%	总资产贡献率/%	资产负债率/%	流动资产周转次数	成本费用利润率/%	劳动生产率/[元/(人·年)]	产品销售率/%
天津	0.84	-0.20	-0.19	1.45	-0.02	0.73	0.80
河北	0.29	-0.20	-0.02	0.46	-0.19	-0.50	0.41
山西	0.33	-0.86	0.26	-1.26	-0.57	-1.13	0.37
内蒙古	0.49	-0.69	-0.36	-0.26	-0.59	-0.76	0.52
辽宁	0.74	-0.39	-0.11	0.42	-0.29	-0.31	-0.03
吉林	0.73	-0.17	0.51	-0.14	-0.10	-0.58	0.41
黑龙江	0.30	3.64	0.54	0.96	3.90	0.56	0.56
上海	-0.59	0.01	-1.53	0.50	0.03	2.14	0.89
江苏	0.94	-0.09	0.08	0.99	-0.31	-0.03	0.13
浙江	0.94	0.45	0.63	1.47	-0.04	0.34	0.16
安徽	0.18	-0.39	0.06	0.08	-0.54	-0.74	0.59
福建	0.01	0.46	0.22	1.47	-0.02	1.19	-0.48
江西	0.69	-0.62	0.84	-0.39	-0.69	-0.96	0.25

①首先假设每个地区对应一个样本点,每个样本点自成一类,采用欧氏距离,先求出各类间的距离矩阵 $D(0)$ 如下:

	1	2	3	4	5	6	7	8	9	10	11	12	13	14
1	0.000													
2	2.221	0.000												
3	1.662	1.995	0.000											
4	2.027	3.806	2.150	0.000										
5	1.647	2.754	1.074	1.539	0.000									
6	0.859	1.720	1.160	2.278	1.650	0.000								
7	1.488	2.215	1.303	2.012	1.678	1.024	0.000							
8	7.213	6.358	6.098	7.308	6.742	6.680	6.583	0.000						
9	3.031	2.192	3.217	4.533	3.540	3.026	3.503	6.348	0.000					
10	1.406	1.331	1.529	2.953	2.254	0.738	1.521	6.570	2.888	0.000				
11	2.179	1.304	2.093	3.750	2.896	1.619	2.344	6.085	2.533	1.017	0.000			
12	1.399	2.211	0.788	1.842	0.916	1.044	0.924	6.703	3.427	1.610	2.381	0.000		
13	2.617	1.735	2.292	3.902	3.113	2.219	2.829	5.706	2.450	1.775	1.377	2.812	0.000	
14	1.560	3.009	1.870	1.500	1.870	1.498	1.142	7.406	4.271	2.029	2.991	1.385	3.371	0.000

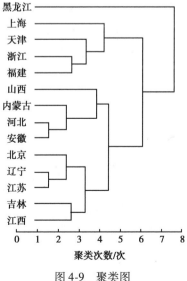

②因为所有距离中最小值为0.738,所以将6(辽宁)和10(江苏)归为一类,记为G_1 = {6,10}。

③以最大距离法求第一次并类后的距离矩阵$D(1)$为:

	G_1	1	2	3	4	5	7	8	9	11	12	13	14
G_1	0												
1	1.406	0											
2	1.720	2.221	0										
3	1.529	1.662	1.995	0									
4	2.953	2.027	3.806	2.150	0								
5	2.254	1.647	2.754	1.074	1.539	0							
7	1.521	1.488	2.215	1.303	2.012	1.678	0						
8	6.680	7.213	6.358	6.098	7.308	6.742	6.583	0					
9	3.026	3.031	2.192	3.217	4.533	3.540	3.503	6.348	0				
11	1.619	2.179	1.304	2.093	3.750	2.896	2.344	6.085	2.533	0			
12	1.610	1.399	2.211	0.788	1.842	0.916	0.924	6.703	3.427	2.381	0		
13	2.219	2.617	1.735	2.292	3.902	3.113	2.829	5.706	2.450	1.377	2.812	0	
14	2.029	1.560	3.009	1.870	1.500	1.870	1.142	7.406	4.271	2.991	1.385	3.371	0

④因为$D(1)$中所有距离最小值为0.788,所以将3(河北)和12(安徽)归为一类,记为类G_2 = {3,12}。

⑤再以最大距离法求第二次并类后的距离矩阵$D(2)$,继续进行聚类,直到所有样本归为一类为止。

依以上聚类过程画聚类图,如图4-9所示。

图4-9 聚类图

实际上,在应用中可根据经济意义和需求将 14 个样本划分为三类或两类,不一定要归为一类。考虑到聚类分析过程的复杂性和迭代特点,可利用成熟的商用分析软件来完成分析过程,现有的分析软件有 SPSS、Matlab、Excel 等。

4.4　状态空间模型

状态空间模型是现代控制理论进行描述、分析和设计的工具,是现代控制理论的基础和标志,而这一切都是建立在系统状态这一概念上的。

4.4.1　系统状态和状态变量

表征动态系统运动(发展、变化)的信息称为系统状态(states),确定系统状态的数目最少的独立变量称为状态变量。如果状态变量有 n 个,一般记为 $x_1(t),x_2(t),\cdots,x_n(t)$。

4.4.2　状态向量和状态空间

把描述系统状态的 n 个状态变量 $x_1(t),x_2(t),\cdots,x_n(t)$ 看作向量 $\boldsymbol{X}(t)$ 的分量,则称 $\boldsymbol{X}(t)$ 为 n 维状态向量,记为 $\boldsymbol{X}(t)=[x_1(t),x_2(t),\cdots,x_n(t)]^{\mathrm{T}}$。于是,给定 $t=t_0$ 时初始状态向量 $\boldsymbol{X}(t_0)$ 及 $t\geqslant t_0$ 的输入向量,则 $t\geqslant t_0$ 的系统状态可由状态向量 $\boldsymbol{X}(t)$ 唯一确定。

以 n 个状态变量作为坐标轴所组成的 n 维空间称为状态空间。系统在任一时刻的状态,都能用状态空间中的一个点来表示。

4.4.3　状态空间分析法

在状态空间中,以系统的状态向量或状态变量来描述系统,揭示系统状态之间的相互联系,并进行分析设计的方法称为状态空间分析法。

状态空间分析法用于系统预测,能从一定程度上揭示系统运动的规律和机制,较全面地反映系统各种因素和变量之间的相互联系,并把系统的发展、变化同系统的控制变量(输入)联系起来,建立一种因果关系,这对系统的规划、控制十分有利。但状态空间分析的建模一般所需数据信息较多,建立模型结构的难度也较大。

有关状态空间分析法的详细内容请参见现代控制理论的文献,下面以一个离散时间状态空间模型——人口模型为例做简单介绍。

1)人口系统状态变量

设 t 时刻人口系统内年满 i 岁但不足 $i+1$ 岁的人数为 $x_i(t)$,则用 $x_1(t),x_2(t),\cdots,x_m(t)$ 能完整地描述给定的人口系统,其中,m 为系统中人口能活到的最大年龄,而且这组变量也是一组最小描述,因而它们可选为状态变量,即

$$\boldsymbol{X}(t)=\begin{pmatrix} x_1(t) \\ x_2(t) \\ \vdots \\ x_m(t) \end{pmatrix} \tag{4.37}$$

这就是人口系统的状态向量。

2）人口动态过程

人口的动态过程可以从两个角度看,对于个体:人口经历出生、成长和死亡三个过程;对于群体:涉及迁移、出生、存留问题。可以采用以下表达式进行描述:

$x_i(t)= x_{i-1}(t-1) - [t-1,t]$ 年间迁出的该年龄的人口数 $+ [t-1,t]$ 年间迁入的该年龄的人口数;

$x_1(t)= x_0(t-1)+ [t-1,t]$ 年期间该年龄人口迁入迁出之差。

$x_0(t-1)$ 为 $[t-1,t]$ 年期间新出生人口数。影响人口出生的因素有婚姻状况、育龄、胎数等;影响成长的因素有健康状况、保健营养等。将这些因素抽象化以便进行数量描述,可以把它们抽象成女性比、育龄分布、胎数、死亡率、平均寿命等。将动态过程形式化描述后可以形成以下人口数学模型。

3）人口数学模型

$$X(t + 1) = H(t)X(t) + \beta(t)B(t)X(t) + F(t)$$

其中:

$$H(t) = \begin{bmatrix} 0 & 0 & \cdots & 0 & 0 \\ 1-\mu_1(t) & 0 & \cdots & 0 & 0 \\ 0 & 1-\mu_2(t) & \cdots & 0 & 0 \\ \vdots & \vdots & & \vdots & \vdots \\ 0 & 0 & \cdots & 1-\mu_{m-1}(t) & 0 \end{bmatrix}_{m \times m} \quad (4.38)$$

表示转移矩阵,且 $\mu_i(t)$ 为 i 岁死亡率;$\beta(t)$ 为综合生育率;

$$B(t) = \begin{bmatrix} 0 & 0 & \cdots & b_{r_1}(t) & b_{r_2}(t) & 0 & \cdots & 0 \\ 0 & 0 & \cdots & & & 0 & \cdots & 0 \\ \vdots & \vdots & & & & \vdots & & \vdots \\ 0 & 0 & \cdots & & & 0 & \cdots & 0 \end{bmatrix} \quad (4.39)$$

表示妇女生育矩阵,r_1 是妇女最低生育年龄,r_2 为最高生育年龄,称 $[r_1,r_2]$ 为妇女的育龄区间,即妇女有生育能力的年龄段,且 $b_{r_i}(t)= k_i(t)h_i(t)$,$k_i(t)$ 为 i 岁女性比,$h_i(t)$ 为生育模式,$\sum_{i=b_{r_1}}^{b_{r_2}} h_i(t) = 1$;

$F(t)$ 为干扰向量;

$\beta(t)$、$h_i(t)$ 为政策变量,而且它们为可控变量。

4）利用以上模型可以进行以下问题研究

• 死亡率变化的影响。

• 人口扰动的影响。利用人口迁移达到一定的人口目标,如新城市建设将会迁入大量人口,可以用来研究迁入或迁出对人口数量、质量的影响。

• 计划生育的影响。胎数上升导致人口上升(可能会使人口结构趋于年轻化);胎数下降导致人口下降(可能会使人口结构趋于老龄化)。通过研究合理的胎数,可以控制人口的数量和质量。生育模式在确定胎数的条件下,若平均生育年龄早则人口更新快、状态变化快、能较快地达到人口目标;若平均生育年龄迟则人口更新慢、状态变化慢。生育年龄区间,若生育年龄区间宽,则人口状态平缓;若生育年龄区间窄,则人口状态波动明显。

因此,综合研究考虑,我国在将 $\beta(t)$ 控制在一定的条件下,尽量使得生育模式宽,平均生育年龄不宜过晚。可采取如下对应政策:规定婚龄,鼓励晚婚晚育,严格控制胎数等。

4.5　系统仿真及系统动力学

4.5.1　系统仿真概述

1)系统仿真基本概念

系统仿真是近几十年来发展起来的一门新兴技术学科。仿真就是利用模型对实际系统进行实验研究的过程。系统仿真的确切概念可以表述如下:系统仿真是指通过建立和运行系统的计算机仿真模型,来模仿实际系统的运行状态及其随时间变化的规律,以实现在计算机上进行试验的全过程。其特点是安全、经济、可重现,被广泛应用于工业、交通、能源、社会、经济、管理、军事等领域的系统分析、优化设计、理论验证、人员培训等方面。

例如,在北斗卫星导航系统建设中,系统仿真方法被用来对各个分系统及组网仿真试验和地面演示验证进行分析设计,通过对仿真运行过程的观察和统计,得到被仿真系统的仿真输出参数和基本特性,以此来估计和推断实际系统的真实参数与真实性能。特别是随着计算机技术的发展,仿真技术日益受到人们的重视,其应用领域也越来越广泛,成为分析、设计和研究各种系统的重要手段与辅助决策工具。

系统仿真的实质体现在以下几个方面。

①系统仿真是一种数值方法,是一种对系统问题求数值解的计算技术。在许多情况下,由于实际系统过于复杂,以致无法或很难建立数学模型并用解析法求解,在这种情况下,仿真技术往往能够有效地处理这类问题的求解。

②系统仿真是一种实验手段,但它区别于普通实验。系统仿真依据的不是现实系统,而是作为现实系统"映像"的一个系统模型及其仿真的"人造"环境。显然,系统仿真结果的正确程度取决于模型和输入数据是否能够反映现实系统。

③系统仿真是对系统状态在时间序列中的动态描述。在仿真时,尽管要研究的只是某些特定时刻的系统状态(或行为),但仿真却可以对系统状态(或行为)在时间序列内的全过程进行描述。换句话说,它可以比较真实地描述系统的运行及演变过程。

④电子计算机是系统仿真的主要工具。从目前来说,系统仿真主要在计算机上实现,从某种意义上讲,系统仿真很大程度上指的就是计算机仿真。

系统仿真按模型的性质,可以分为物理仿真(实物仿真)、数学仿真(计算机仿真)和数学物理混合仿真(半实物仿真);按数学模型的时间集合和状态变量特性,可以分为连续系统仿真、离散事件系统仿真和连续-离散事件混合系统仿真;按仿真时间尺度和自然时间尺度之间的关系,可以分为实时仿真、超实时仿真和亚实时仿真。目前,系统仿真主要是指利用数字计算机进行的数学仿真或半实物仿真,纯粹的物理仿真已经很少采用。

2)系统仿真的方法

系统仿真的基本方法是建立系统的结构模型和量化分析模型,并将其转化为适合在计算机上编程的仿真模型,然后对模型进行仿真实验。由于连续系统和离散(事件)系统的数学模型有很大差别,所以系统仿真方法基本上分为两大类,即连续系统仿真方法和离散系统仿真方法。

(1)连续系统仿真

连续系统是指系统中的状态变量随时间连续地变化的系统。由于连续系统数学模型主要描述每一实体的变化速率,故数学模型通常是由微分方程组成的。当系统比较复杂,尤其是包含非线性因素时,这种微分方程的求解就非常困难,故要借助仿真技术。其基本思想为:将用微分方程所描述的系统转变为能在计算机上运行的模型,然后进行编程、运行或其他处理,以得到连续系统的仿真结果。连续系统仿真方法根据仿真时所采用计算机的不同,可分为模拟仿真法、数字仿真法及混合仿真法。在连续系统仿真中,还需要解决仿真任务分配、采样周期选择和误差补偿等特殊问题。

(2)离散系统仿真

离散系统是离散事件动态系统的简称,是指系统状态变量只在一些离散的时间点上发生变化的系统。这些离散的时间点称为特定时刻,在这些特定时刻由于有事件发生所以才引起系统状态发生变化,而其他时刻系统状态保持不变。离散系统的另一个主要特点是随机性。因为这类系统中有一个或多个输入量是随机变量而不是确定量,所以它的输出也往往是随机变量。描述这类系统的模型一般不是一组数学表达式,而是一幅表示数量关系和逻辑关系的流程图,可分为三部分,即"到达"模型(输入)、"服务"模型(输出)和"排队"模型(系统活动)。前两者一般用一组不同概率分布的随机数来描述,而系统活动则通常由一个运行程序来描述。对这类系统问题,主要使用计算机进行仿真实验。一般说来,在管理领域中经常遇到的是离散事件动态系统,常见的有库存控制系统、随机服务系统等。

在以上两类基本方法的基础上,还有一些用于系统(特别是社会经济和管理系统)仿真的特殊而有效的方法,如系统动力学方法、蒙特卡洛法等。系统动力学方法通过建立系统动力学结构模型(流图等)、利用 DYNAMO 仿真语言在计算机上实现对真实系统的仿真实验,从而研究系统结构、功能和行为之间的动态关系。该方法不仅仅是一种系统仿真方法,其方法论还充分体现了系统工程方法的本质特征。

3)系统仿真的建模过程

系统仿真建模的一般主要过程步骤有:问题阐述,系统分析与描述,建立数学模型,系统数据搜集,建立仿真模型,模型确认、验证和认定,仿真实验设计,仿真运行和仿真结果分析。其通常可归纳为三个阶段:

①模型建立阶段。即根据研究目的、系统原理和系统数据建立系统模型。该阶段的关键技术是系统建模。根据所分析系统的特点,系统建模手段有面向系统结构建模和面向系统状态变化过程建模等多种方式;根据系统分析的手段,系统模型可以有数学方程、框图、流程图、活动周期图、网络图等多种表现形式。系统建模的主要任务是确定模型结构和参数。建模过程要依据分析目的、先验知识、试验数据三类信息。建模的主要方法有演绎法、归纳法、实验法等。

②模型变换阶段。即根据模型形式和仿真目的,将模型转换成适合计算机处理的代码。该阶段的关键技术是模型确认、模型验证和模型认定。模型确认,是从预期应用角度衡量模型表达实际系统准确程度的过程。模型验证,是确定用于计算的仿真模型是否准确地表现

模型开发者对系统的概念表达和描述的过程。模型认定，是一项相信并接受模型的权威性决定，表明已认可模型适用于特定目的。

③模型实验阶段。该阶段包括设计仿真实验方案、控制模型运行、观察实验过程、整理和分析实验结果。该阶段的关键技术是仿真实验控制，是指在计算机仿真中，对仿真时钟推进的控制，以及对仿真实验过程中的各类数据、活动、事件的处理和调度。

4.5.2　系统动力学原理

系统动力学(System Dynamics,SD)，是由美国麻省理工学院(MIT)的福瑞斯特(J. W. Forrester)教授创造，一门以控制论、信息论、决策论等有关理论为理论基础，以计算机仿真技术为手段，定量研究非线性、高阶次、多重反馈复杂系统的学科。它也是一门认识系统问题并解决系统问题的综合交叉学科。从系统方法论来说：系统动力学是结构的方法、功能的方法和历史的方法的统一。它基于系统论，吸收了控制论、信息论的精髓，是一门综合自然科学和社会科学的横向学科。

系统动力学对问题的理解，是基于系统行为与内在机制间的相互紧密的依赖关系，并且通过数学模型的建立与操作的过程而获得的，逐步发掘出产生变化形态的因、果关系，系统动力学称为结构。系统动力学模型不但能够将系统论中的因果逻辑关系与控制论中的反馈原理相结合，还能够从区域系统内部和结构入手，针对系统问题采用非线性约束，动态跟踪其变化情况，实时反馈调整系统参数及结构，寻求最完善的系统行为模式，建立最优化的模拟方案。

1) 系统动力学的特点

系统动力学是一门基于系统内部变量的因果关系，通过建模仿真方法，全面动态研究系统问题的学科，它具有如下特点：

①系统动力学能够研究工业、农业、经济、社会、生态等多学科系统问题。系统动力学模型能够明确反映系统内部、外部因素间的相互关系。随着调整系统中的控制因素，可以实时观测系统行为的变化趋势。它通过将研究对象划分为若干子系统，并且建立各个子系统之间的因果关系网络，建立整体与各组成元素相协调的机制，强调宏观与微观相结合、实时调整结构参数，多方面、多角度、综合性地研究系统问题。

②系统动力学模型是一种因果关系机理性模型，它强调系统与环境相互联系、相互作用；它的行为模式与特性主要由系统内部的动态结构和反馈机制所决定，不受外界因素干扰。系统中所包含的变量是随时间变化的，因此运用该模型可以模拟长期性和周期性系统问题。

③系统动力学模型是一种结构模型，不需要提供特别精确的参数，着重于系统结构和动态行为的研究。它处理问题的方法是定性与定量结合统一，分析、综合与推理。以定性分析为先导，尽可能采用"白化"技术，然后再以定量分析为支持，把不良结构尽可能相对地"良化"，两者相辅相成，和谐统一，逐步深化。

④系统动力学模型针对高阶次、非线性、时变性系统问题的求解不是采用传统的降阶方法，而是采用数字模拟技术，因此系统动力学可在宏观与微观层次上对复杂的多层次、多部门的大系统进行综合研究。

⑤系统动力学的建模过程便于实现建模人员、决策人员和专家群众的三结合,便于运用各种数据、资料、人们的经验与知识,也便于汲取、融汇其他系统学科与其他科学的精髓。

2)系统动力学的结构模型化技术

系统动力学对系统问题的研究,是基于系统内在行为模式与结构间紧密的依赖关系,通过建立数学模型,逐步发掘出产生变化形态的因、果关系。系统动力学的基本思想是充分认识系统中的反馈和延迟,并按照一定的规则从因果逻辑关系图(图4-10)中逐步建立系统动力学流程图(图4-11)的结构模式。

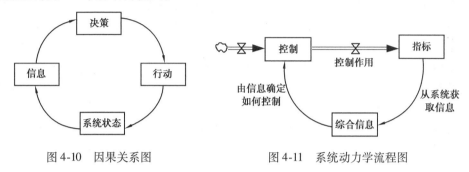

图 4-10　因果关系图　　　　　图 4-11　系统动力学流程图

(1)因果关系图

因果箭:连接因果要素的有向线段。箭尾始于原因,箭头终于结果。因果关系有正负极之分。正(+)为加强,负(-)为减弱。

因果链:因果关系具有传递性。在同一链中,若含有奇数条极性为负的因果箭,则整条因果链是负的因果链,否则,该条因果链为极性正。

因果反馈回路:原因和结果的相互作用形成因果关系回路(因果反馈回路),是一种封闭的、首位相接的因果链,其极性判别如因果链。

反馈的概念是普遍存在的。以取暖系统产生热量温暖房间为例,屋内一个和它相连的探测器将室温的信息返回给取暖系统,以此来控制系统的开关,因此也控制了屋内的温度。室温探测器是反馈装置,它和炉子、管道、抽风机一起组成了一个反馈系统。

(2)流程图

流程图是系统动力学结构模型的基本形式,绘制流程图是系统动力学建模的核心内容。

①流(Flow):系统中的活动和行为,通常只区分实物流和信息流;

②水准(Level):系统中子系统的状态,是实物流的积累;

③速率(Rate):系统中流的活动状态,是流的时间变化;在系统动力学中,R 表示决策函数;

④参数量(Parameter):系统中的各种常数;

⑤辅助变量(Auxiliary Variable):其作用在于简化 R,使复杂的决策函数易于理解;

⑥滞后(Delay):由于信息和物质运动需要一定的时间,因此就带来愿意和结果、输入和输出、发送和接受等之间的时差,并有物流和信息流滞后之分。

【例 4.8】　零售店向顾客销售商品,使得零售店的库存量不断减少。为了补充库存,店方要向生产厂家提出订货,接受订货的厂家计划生产该种商品以满足订货要求。这时,零售店的库存量又相应增加。这样,系统边界由零售店和工厂两部分组成,如图 4-12 所示。系统边界外的顾客购买商品作为外生变量或扰动来处理。在确定系统边界后,就要确定系统内部的各种因素,以及它们之间的因果关系和形成的反馈回路。根据讨论的问题,零售店应考虑的因素有零售店的销量(这是问题的起因)、零售店的库存量和零售店的订货量,工厂应考虑的因素有工厂未供订货量、工厂的生产量、工厂的生产能力和工厂的计划产量等。这两部分加起来共有 7 个要素,通过因果关系分析,建立它们之间的因果关系和反馈回路如图 4-13 所示。零售店的销售量增加,向工厂的订货量就增加,从而使产品产量增加,这又使零售店的库存量增加,而库存量增加,则向工厂的订货就会减少,所以它们之间形成了负反馈回路。在整个系统中有两种实体流:商品流和订货流。商品流是在零售店库房里积累形成的库存量(L_2),订货流是在工厂积累形成的未订货量(L_1)。这两个都属于水准变量,影响水准变量的速率变量有 3 个,即零售店的订货速率(R_1)、工厂的生产速率(R_2)和零售店的销售速率(R_3),工厂的生产能力和计划产量则属于辅助变量,分别用 P_1 和 P_2 表示。根据因果关系和反馈回路,绘制该系统的流程图如图 4-14 所示。其中,(a)图表示工厂的部分流程图,(b)图表示零售店的部分流程图,(c)图表示该系统的总体流程图。图中 S_1 为平均销售量,D_1 为调整生产时间,D_2 为期望完成未供订货时间,D_3 为零售店平均订货时间。

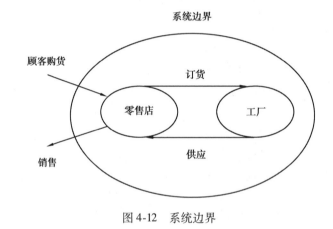

图 4-12　系统边界

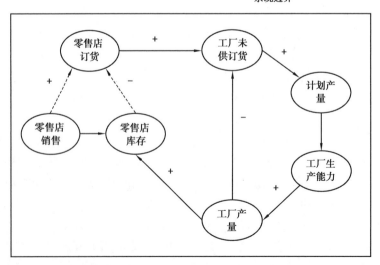

图 4-13　因果关系和反馈回路

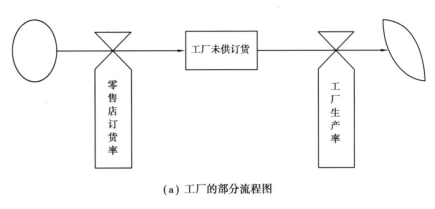

（a）工厂的部分流程图

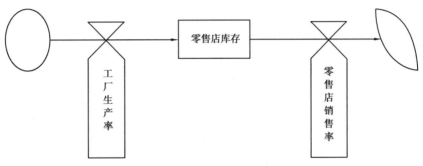

（b）零售店的部分流程图

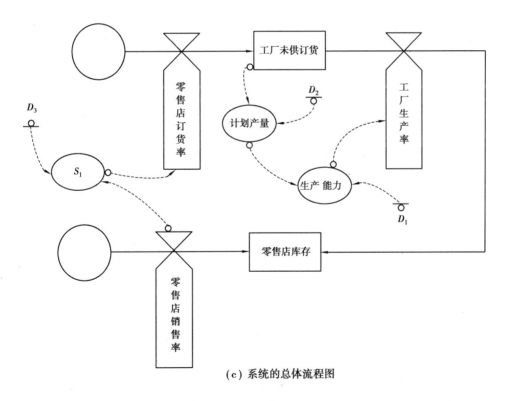

（c）系统的总体流程图

图 4-14 系统流程图

3）系统动力学的建模步骤

（1）明确研究目标

充分了解需要研究的系统,通过资料收集、调查统计,根据系统内部各系统之间存在的矛盾、相互影响与制约作用,以及对应产生的影响,确立矛盾与问题。

（2）确立系统边界、因果关系分析

对研究目标产生的原因形成动态假设（Dynamic Hypothsis）,并确定系统边界范围。由于系统的内部结构是多种因素共同作用的结果,因此,系统边界的范围直接影响系统结构和内部因素的数量。

结合研究目标的特征,将系统拆分成若干个子系统,并确定各子系统内部结构,以及系统与各子系统之间的内在联系和因果关系。

（3）构建模型

绘制系统流程图,并建立相应的结构方程式。其中绘制系统流程图是构建系统动力学模型过程中的核心部分,它将系统变量与结构符号有机结合起来,明确表示了研究对象的行为机制和量化指标。

（4）模型模拟

基于已经完成的系统流程图,在模型中输入所有常数、表函数及状态变量方程的初始值,设定时间步长,然后进行模拟。得到预测数值及对应的图表,再根据研究目标,对系统边界、内部结构反馈调整,能够实现完整的系统模拟。

（5）结果分析

对模型进行测试,确保现实中的行为能够再现于计算机模型系统,并对模拟结果进行分析、预测、设计、测试各选择性方案,减少问题,并从中选定最优化方案。

4.5.3 Vensim 仿真软件简介

Vensim 仿真软件是一款由美国 Ventana Systems 公司研发,通过文本编辑器和图形绘制窗口,实现人机对话,集流程图制作、编程、反馈分析、图形和表格输出等为一体的多功能软件。使用该软件可以对系统动力学模型进行概念化模拟、分析和优化。

Vensim 软件主要有以下几个特点:

1）界面友好,操作便捷

Vensim 采用标准的 Windows 界面,能够建立友好的人机对话窗口,不仅支持菜单和快捷键,还提供多个工具条或图标,能够提供多种数据输入和输出方式。

2）提供多种分析方法

Vensim 提供两类分析工具:结构分析工具和数据集分析工具。

结构分析工具包含原因树（cause tree）功能、使用树（Uses Tree）和循环图（loops）。原因树（cause tree）功能:建立一个使用过变量的树状因果图,能够将所有工作变量之间的因果关系用树状的图形形式表示出来;使用树（Uses Tree）功能:建立一个使用过变量的树状因果图;循环图（loops）功能可以将模型中所有反馈回路以列表的形式表示出来。

数据集分析工具,如结果图（graph）功能可以以图形的形式直观地模拟整个周期内数值的变化情况,并作出准确预测;横向表格（Table）功能可以横向显示依据时间间隔所选择变

量值的表格;模拟结果比较(Run Compares)功能可以比较第一次与第二次仿真执行数据集
的所有 lookup 与常数的不同。

3)真实性检验

对所研究的系统,模型中的一些重要变量,依据常识和一些基本原则,可以预先提出对
其正确性的基本要求,即真实性约束。软件可将这些约束加到建好的模型中,通过模拟现有
模型在运行时对这些约束的遵守或违反情况,实现判断模型的合理性和真实性,从而调整结
构或参数。

此外,为了简化系统动力学学习,Ventana Systems 公司设计了 Vensim 的两个标准版本:
Vensim PLE 和 PLE Plus。Vensim PLE 提供了一个非常简单易用的基于因果关系链、状态变
量和流图的建模方式。Vensim 用箭头来连接变量,系统变量之间的关系作为因果连接而得
到确立,方程编辑器可以帮助方便地建立完整的模拟模型。通过建立过程、检查因果关系、
使用变量以及包含变量的反馈回路,可以分析模型。当建立起一个可模拟的模型,Vensim
可以从全局来研究模型的行为。Vensim PLE 适合于建立规模较小的系统动力学模型,而
Vensim PLE Plus 功能则更加强大,支持多视图,适合于大型的模型模拟。

4.5.4　AnyLogic 仿真软件简介

AnyLogic,是一款应用广泛的,对离散、系统动力学、多智能体和混合系统建模和仿真的
软件工具。它是以复杂系统设计方法论为基础,将 UML 语言引入模型仿真,支持混合状态
机有效描述离散和连续行为的商业化软件。

AnyLogic 提供客户独特的仿真方法,即在任何 Java 支持的平台,或是 Web 页上运行模
型仿真。它是可以创建真实动态模型的可视化工具。AnyLogic 强大而灵活,可提供多种建
模方法:

①离散建模:AnyLogic 的离散建模元素包括对象间通信层的信息传递机制,状态图和位
于对象内部行为层上的各种基本数据单元(如时钟和事件)。AnyLogic 离散建模的信息传
递机制:通过端口发送和接收;端口是双向的,并且接收的信息有可能在端口排成队列;信息
一经发送,就在端口所有的外部连接通道上广播;接收的信息可能被储存在队列中,也可能
沿着内部连接通道前进;端口的缺省行为可以任意修改。在 AnyLogic 离散建模过程中,如
果对象内部的行为简单,可以用时钟来定义,但如果事件和时间顺序较为复杂的话就用状态
图来定义。AnyLogic 支持 UML 中的状态图,包括复合状态、分枝、历史状态等;信息、各种事
件、条件和延时都可以触发状态图中的转移。AnyLogic 建模过程中有静态时钟和动态时钟
之分,后者用来确定由多个对象和信息组成的多个事件的时间进度。另外,AnyLogic 的仿真
器用于执行离散事件的仿真,并保留仿真的顺序和原子数;同时发生的事件仿真时的顺序是
随机的。

②连续建模:在 AnyLogic 建模过程中,离散逻辑关系用状态图、事件、时钟和信息来描
述,而连续过程则用微分方程表示不断变化的变量,这些变量可以放在活动对象的外面与其
他对象连接。AnyLogic 支持一般的微分方程,代数方程以及两者的结合,方程中的变量类型
可以是标量或矢量。仿真器的多种数学计算方法可以处理简单或复杂的系统,此外用户还
可以使用外部的数学库文件。仿真器还可以自动检查方程的正确性,调整计算方法,监测并

终止仿真循环。

③混合建模:事实上,世界是混合的,连续时间过程中又包含了离散的事件。在许多真实的系统中,这两种类型行为相互依赖,因此需要在仿真建模时使用特殊的方法。传统的工具往往只支持完全离散或完全连续的建模,也有的工具将两者结合,但不易使用。AnyLogic是一款创新开发混合建模的商用仿真工具。它的离散建模和连续建模能力都非常强,尤其是当两种行为紧密结合的时候。AnyLogic 混合建模最显著的特点体现在混合状态图上。在混合状态图中,用户可以将方程与图中的状态图结合起来,状态的转移可以引发连续行为的改变。用户也可以在连续变化的变量上定义条件,触发状态的转移,这样,连续的过程就能驱动离散的逻辑关系。同时,AnyLogic 将 UML 加以简单扩展,自然地将两种类型的行为结合在一起,因此所建的混合系统模型简洁而高效。

此外,AnyLogic 模型的可视化图形是由 Java 编写的,用户可方便地定义对象、端口、信息、时钟等的功能;并且在模型的任一层次,可以直接在模型编辑器中添加 Java 代码。具备 Java 编写功能,再加上面向对象的模型图,用户便可以得心应手地构建任何复杂棘手的模型。

【本章小结】

本章介绍了系统模型以及模型化技术的基本概念,详细阐述了系统结构模型化技术——解析结构模型方法,其中给出了几个基本数学概念,列出了六个划分的详细过程。本章也介绍了主成分分析、聚类分析和状态空间模型技术,这些都是系统模型化分析的代表性技术。最后,针对系统模型化分析技术中两个重要技术——系统仿真和系统动力学,介绍了基本概念和过程、系统动力学原理以及两个代表性仿真软件。系统仿真和系统动力学在很多课程中都有介绍,本书虽然没有设专门章节进行介绍,但并不等于它在系统工程应用中不重要,读者可以参考其他相关教材。

【习题与思考题】

1. 什么是系统模型? 系统模型有哪些主要特征?

2. 简述解析结构模型六种划分的用途、对象和步骤。

3. 设某系统 S 的可达性矩阵为

$$R = \begin{array}{c} \\ 1 \\ 2 \\ 3 \\ 4 \\ 5 \\ 6 \\ 7 \\ 8 \end{array} \begin{array}{c} \begin{array}{cccccccc} 1 & 2 & 3 & 4 & 5 & 6 & 7 & 8 \end{array} \\ \left(\begin{array}{cccccccc} 1 & 0 & 0 & 0 & 0 & 0 & 0 & 0 \\ 1 & 1 & 0 & 0 & 0 & 0 & 0 & 0 \\ 0 & 0 & 1 & 1 & 1 & 1 & 0 & 0 \\ 0 & 0 & 0 & 1 & 1 & 1 & 0 & 0 \\ 0 & 0 & 0 & 0 & 1 & 0 & 0 & 0 \\ 0 & 0 & 0 & 1 & 1 & 1 & 0 & 0 \\ 0 & 0 & 0 & 0 & 1 & 0 & 1 & 0 \\ 0 & 0 & 0 & 0 & 1 & 0 & 1 & 1 \end{array} \right) \end{array}$$

请在此基础上进行系统 S 的区域划分和级别划分。

4. 什么是主成分分析？主成分分析中两个核心任务是什么？

5. 聚类分析的基本思想是什么？方法的步骤包含哪些？

6. 试简述状态空间分析的基本原理。

7. 简述系统建模与系统仿真的关系。

8. 系统仿真按照模型性质可分为哪几类？系统仿真一般步骤过程是什么？

9. 系统动力学的特点以及基本思想是什么？

10. 系统动力学中的反馈回路是怎样形成的？请举例加以说明。

11. 请分析说明系统动力学与解释结构模型化技术、状态空间模型方法的关系及异同点。

第 **5** 章

系统评价方法

教学内容：介绍系统评价理论与方法。包括系统评价的基本概念、评价模型、评价的工程活动与过程。基于这些基本概念，特别是评价流程，集成包括层次分析法、去量纲法、模糊评价法等在内的多种评价技术（方法），以形成一个完整的工程评价知识架构。

教学重点：系统评价概念、工程活动与流程、常用的评价分析技术（方法）。

教学难点：包括权重确定在内的评价模型的建立，数据处理的方法，综合评价法等。

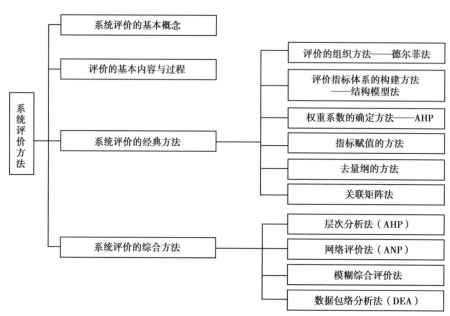

系统评价是各种工程中最基本的工程活动。首先评价指标（体系）与系统目标紧密相关，如何评价系统实现的成果是系统工程初期必须回答的问题。其次作为决策的共生环节，评价对最终的决策正确与否也起着关键的作用。最后从现代系统工程的发展方向看，是要将 V 模型所反映的评价大循环改由设计阶段的多个小循环来替代,即在系统整个生命周期中每个工程活动都会伴随程度不同的验证与确认。因此,系统评价是系统工程中最为普遍的工程活动。

评价不仅普遍存在于工程活动中,其本身也是一个复杂和综合性的工程过程。首先评价过程包含了从方案到实施的完整过程,它集成了从理论到技术、从科学到行为等多项理论知识与工程技能,其复杂性和挑战性可从众多高难度的决策问题略见一斑。其次由于每一项评价都会因评价问题而有所差异,评价模型的建立是需要进行有针对性的研究来反映评价管理者的特殊关注,具有一定的创新性。最后评价的基本原则是客观,而评价中又无法避免主观因素的存在。因此,如何在一个包含了评价者个人行为在内的复杂环境中得出一个客观的评价结果,这是评价所面对的最大挑战。

有挑战就要有应对,在长期的评价理论研究发展中,人们提出了很多有针对性且有效的方法,如德尔菲法、层次分析法、数据包络法等。这些方法按使用的频度又可分为所有评价都会应用的经典方法(如评价指标体系建立与权重的确定等),以及面向多种问题挑战的综合评价方法(如层次分析法、模糊评价法,数据包络法等)。这些方法往往是评价部分学习的难点,但评价的基本概念、评价过程与评价知识的整体架构才是评价学习中更基础的内容。

因此,本章将介绍评价的基本概念和基本原理,并介绍评价的相关活动以及由这些活动所串联起的评价过程,最后再介绍这些评价活动中涉及的具体技术与方法。

那么,现实中的评价问题本质是什么?为什么评价问题这么难且评价方法很难掌握呢?我们先从一些评价的实例开始介绍和分析。

无论是在大型工程项目的管理中,还是在日常的生产运作中,系统评价的例子非常多,小到供应商的选择,大到国家政策的制定,简单的如物料采购,复杂的如技术方案选择等,都是评价理论的经典应用场景——项目评选。

大型企业每年会有一笔专项经费专门用于支持企业内部的改善、改造。项目来源于不同部门的申请。这些申请的目标不同、经费大小也不同,如何在这些项目申请中选取与企业经营最为相关项目给予资助呢?

在这样一个项目选择或项目立项的问题中,首先需要回答何谓与企业经营最为相关?或者说是哪个项目会对企业的贡献最大?由此我们会看到很多的相关考虑,如项目的经济性、对社会的影响力、技术含量高低、创新程度等。每个申请的项目都会对这几方面有所贡献,但影响程度各不相同。评价的目的就是要把那些综合效果最好的项目选择出来,这就引出了平时常见的项目评选,也称为项目评价或评审。评价的结果可以是只选择最好的项目,也可以对所有入选的项目按综合评价得分进行经费的分配。

另外,项目评奖也是常见的评价问题,它与前面的项目立项属于相同的问题,即项目的择优。只是择优的标准不同,依据评价的结果而采取的措施也不同,但它们同属于综合评价问题。

很显然,如何建立综合各种立项关注的评价标尺,即评价指标体系,是进行项目评价的关键,这是一个需要一事一议的项目评价个案研究。

5.1　系统评价的基本概念

系统评价是系统工程的基本活动,是系统工程管理的基础方法之一,也是决策过程中的一项基本活动。评价是一个包含了多项工作、带有个案研究性质的工程过程,涉及了从理论到组织,从系统思维到数据处理等多项知识与技能。这些要素及关系如图 5-1 所示。

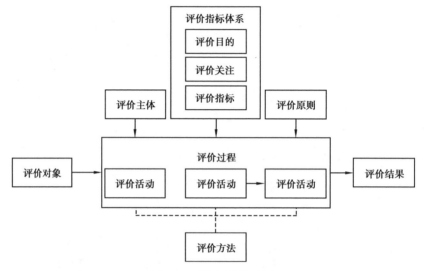

图 5-1　系统评价体系图

图 5-1 表明,评价是由**评价主体**,依照包括客观性在内的**评价原则**,利用特定的**评价指标体系**,对**评价对象**开展包括多项工程活动在内的工作,最终得出满足**评价目的**的**评价结果**。**评价过程**应用了多种**评价方法**以应对不同**评价活动**所面对的工程问题。

本章在详细介绍评价活动、评价过程与评价方法之前,先介绍一下评价的基本概念。

5.1.1　基本概念

图 5-1 中所示的术语涉及了大部分评价的基本概念,这些概念构成了评价的基本要素,是一次评价过程中所涉及的信息与内容。这些信息有些是已知的,有些则需要经过研究和分析才能得到的。这些评价的基本要素包括:

①评价目的;

②评价主体;

③评价对象;

④评价关注;

⑤评价指标;

⑥评价指标体系。

由于最后两项的"评价指标"与"评价指标体系"是评价中最为核心的内容,我们把它们放在本章后面节中单独介绍,下面先对其他的要素进行解释。

1)评价目的

评价目的是指进行评价的原始需求,如选出最佳技术方案、评价工程结果是否满足需求等。评价目的不一样,后续的评价方案也会有所不同。所以在进行评价之前,必须明确评价目的。

评价目的的确定实际上是决定了被评价对象对评价目的的价值、效益和重要性,而这些价值与效益就是通过后续评价指标来度量的。

因为决策前都需要先评价,所以确定评价目的可以简单地以所支持的决策来定。

2)评价主体

评价主体是指参与评价的人。如方案评审中的专家、体育比赛中的裁判等。评价主体的评判,尤其是在那些需要专家的经验与知识来评价的场合中,评价主体对最终的评价结果有着直接的影响。评价主体越多,越需要综合不同的观点与评判,以形成能反映大多数人意见的客观结果。

3)评价对象

评价对象是指被评价的对象,如待选的技术方案、被评价的供应商等。如同参与体育比赛中的运动员一样,评价对象越多,评价就越困难。

4)评价关注(角度)

评价关注是指那些与评价目的相关的考虑,也就是评价对象的哪些属性或表现是与评价目的密切相关的。例如,中国铁路工程建设项目的评优是从六个方面来评估的(六位一体),即质量、经济性(成本)、工期(时间)、安全、环保、创新,这个评价相关的方面比企业管理中传统的关注 TQC 增加了项目在安全、环保与技术创新方面的表现与成绩,这显然是与新时代的铁路工程建设项目特点密切相关的。

每一个评价关注构成了评价指标体系中的一个分支,聚集了一组相关的评价指标。评价关注的方面越多,评价就越复杂。所谓的"综合评价"就是指包含了多个评价关注在内的评价问题。

有多个评价关注的存在,就有那个评价关注(或评价方面)与评价目的最为相关的问题,即每个评价关注对最终评价结果的关联度,或贡献度,这就是评价关注的权重问题。

需要注意的是,管理关注彼此间的独立性对最终的评价结果有影响,如项目的成本与项目的工期两者是有关系的[①]。

评价关注的同义词较多,包括评价方面、评价维度等,也有用"评价准则"的,但这会与下面的评价原则产生冲突。

5)评价指标

评价指标是评价要素的核心,也是系统评价中最基本的单元。评价指标的确定与选取是评价中最有挑战的研究内容。

一个基本的原则就是,指标的选取应该是那些最能反映与评价目的相关的"测量项目",相关性越强,评价结果就越能反映客观现实。用不强相关的指标评价出来的结果会产生"风马牛不相及"的结果。

一次评价如果只有一个评价指标,就是一个最简单的评价问题(单指标评价),而多指

---

① 在项目评价中,成本的计算是依据资源投入的数量及使用时间来计算的。

标的评价如同多评价关注一样,会导致一个综合的评价问题。评价关注与评价指标是一个一对多的关系,即一个评价关注下会带有多个评价指标,因此多评价关注的评价一定就会产生多评价指标的问题。随着评价指标的增多,评价的难度也"指数"级增加。

确定了评价指标之后就需要对指标进行详细的定义,定义的内容包括:

①指标的量度;

②指标的取值范围;

③指标的期望变化方向;

④指标的量纲;

⑤指标的标准;

⑥指标的权重。

上述指标的属性又与评价指标的类型相关。在介绍这些指标属性前,先阐述指标是如何进行分类的,以及不同的分类对这些指标属性的影响。

(1)指标分类

指标有多种分类,下面两种是比较常见的分类:

● 客观指标与主观指标

● 单一指标和综合指标

客观指标与主观指标。评价指标可分为由人进行打分的主观指标和用量具测量的客观指标。主观指标的取值(量度)多采用不精确(模糊)的等级制或分类,如优良中差等,在这种情况下主观指标是没有量纲的。

保证客观性是评价的第一准则。显然客观指标越多,客观性就越容易保证。反之主观指标越多,评价的结果就越依赖于评价者。

为了消除主观指标所带来的不客观性,许多评价方法应运而生,在这些方法中层次分析法的效果最好。

单一指标和综合指标。指标分综合性指标和单一指标。单一指标是可直接量化打分的,是最简单的。综合指标则是一组指标的聚合,是按一定函数关系聚合在一起的集成值,如很多宏观经济的指标(常称为指数)就是多个单项评价指标的聚合。一般情况下综合指标是没有量纲的。

(2)指标量度(尺度、标度)

指标量度是指指标数值大小的表达形式,也可以理解为评价对象在特定指标上的得分。量度可以是连续值,如产品相关零件尺寸的长度表达,也可以是等级或分类值,如用 ABC 法对库存物质进行分类打分等。

指标值的取值范围既与评价对象有关,也与指标所采用的单位有关,如长度单位为米或毫米时,其数值大小差 1 000 倍。

一般情况下,客观评价指标都是连续值,但也有用等级值来度量的,如划定一个标准值后的达标或不达标。对主观指标来讲,其原始的量度只能是等级值。

采用有量值的指标进行度量是对一个复杂的评价或决策问题进行量化分析的基础。

(3)指标的取值范围

评价对象在每一个评价指标上可能的得分就是该项指标的取值范围。为每个评价对象的指标赋值或测量就是评价中的打分。取值范围的确定可以对实际打分的结果进行评估,看其是否合理、可信和可用。

（4）指标的期望变化方向

期望变化方向，是指指标数值变化对最终评价结果的影响，如利润或效率是希望越大越好，而成本在大多数情况下是希望越小越好。期望变化方向也可以理解为指标与评价目的的关系是正相关还是负相关。

指标期望变化方向会在评价数据的后期处理时用到，如在应用"去量纲法"时，不同的相关方向会导致不同的数据处理方式（去量纲法详见本章5.3.5）。

（5）指标的量纲或单位

指标，尤其是客观指标是具有单位的。同一指标可以采用不同的单位，如零件的尺寸长度，可用毫米，也可以用米。不同的单位会影响指标实际数据的大小。不同单位的指标数据是不能直接用来计算和对比的，需要在评价的后期数据处理阶段进行单位的统一，或量纲的去除。

（6）指标的标准

对于某些有控制要求的指标，一般会设置合格或达标的量值，这个值就是该指标的评价标准。评价标准可以是单一数值的，如达标线；也可以是一个范围，如加工尺寸公差或精度要求。

在综合评价中，所有指标标准的集合就是一个评价的评价标准，它们是一个工程项目中控制标准的来源，也是工程验收和最终评价的依据。

（7）指标权重

每个指标对于评价活动的重要程度往往是不一样的，需要依其对最终评价结果的贡献确定权重。权重的确定是建立评价指标体系中需要专门研究和分析的内容。权重的确定本身就是一个典型的主观评价问题，完全取决于建立这一指标体系的专家。

一个好的指标体系设计就需要在这种主观评价的前提下，去获得一个尽可能合理的权重确定结果，由此诞生了多种确定权重的方法，常用的权重方法将在本章后面介绍。深奥的理论、复杂的模型、烦琐的数据处理，造成了评价理论学习上的难度。需要指出的是，尽管这些方法很有用，但它们只是解决评价过程中的一个权重问题，而不是解决评价问题的全部。

6）评价指标体系（评价模型）

由评价目的（或目标）、所有评价关注与评价关注下的所有评价指标一起，构成一个目的居上、关注居中、指标居下的层次结构，这个结构就是评价指标体系。它是评价中最为核心的中间结果。评价指标体系相当于测量所用的尺子或量具，量具错，则测量结果毫无意义。

评价指标体系就是评价模型。对某一项复杂评价（多为综合评价）进行研究，最为关键的就是看这个模型的提出是否合理、是否全面，它是影响评价科学性、公正性的关键所在，也是评价研究的难点所在，更是一项评价研究的价值所在。

一个好的评价指标体系：首先，全面是第一要求，也就是评价要做到系统性；其次，指标应尽可能地与评价目的相关；再次，指标尽量选取那些能分出评价对象差异的指标，如果所有的评价对象在某一个评价指标上得分都一样，那么这个指标将起不到任何差异化的作用；最后，评价关注应彼此相互独立，各项评价指标也应相互独立，独立性越好，评价越准确。

5.1.2　评价分类

评价可以按不同的属性分成多种不同类型的评价,如按评价打分的方式可分为主观评价与客观评价,按评价结果可分为择优与筛选,按参与的评价主体可分为专家评价和大众评价等,不同类型的评价需要采用不同的组织与数据处理方法。

1)客观评价与主观评价

评价中需要对评价对象进行打分或度量,依据打分行为的主体,或前面提到过的指标主客观的分类,可分为主观评价和客观评价。

客观评价就是采用各种测量工具或仪器对评价对象进行度量,如用光测量长度、用秒表测量时间等。客观评价的特点是度量或评价结果不会随评价主体而有所不同。所以客观评价最能保证评价的客观性。

主观评价则是建立在那些不能采用测量设备进行度量的评价指标上的,如体育比赛中跳水、体操项目上采用的裁判主观打分,此外对服务体验进行评价就与评价主体的体验密切相关。

尽管客观评价的效果最好,但实际上很多评价都必须由人来做,特别是一些需要专家才能进行判断的评价。既然不能避免主观评价,那么就得考虑如何才能保证主观评价的客观性。为此人们提出了许多方法,例如在体操比赛中,"去掉一个最高分,去掉一个最低分"就是一种针对主观评价中恶意打分的数据处理方式。

2)专家评价及大众评价

按评价主体的不同,评价也可分为**专家评价**与**大众评价**。

大众评价主要是在一些与公众相关的事务评价上,每个评价者依据自己的体验和认识发表自己的意见。这种评价结果需要一定的样本量来保证评价的公正与客观,所以常采用问卷调查的方式进行。如何将评价的关注与评价指标反映在调查问卷的问题上,并为后期的统计处理设计好数学模型,这是问卷调查的关键。

专家评价是指那些需要专业知识和经验才能进行的评价。由于专家数量有限,且评价也有成本限制,不可能召集很多的专家参与评价,所以参与评价的专家数量一般不多,是个位数的量级。在专家评价中有面对面和背靠背两种方式,著名的德尔菲法就是背靠背的专家评价,是一种评价的组织方法。

3)单指标评价与综合评价

按涉及的指标多少,评价可分为**单指标评价**和**综合评价**。顾名思义,单指标评价就是只有一个评价指标的评价,而综合评价则是涉及到多项评价指标。单指标评价与其说是评价,不如说是测量。很显然这是评价中最简单的特例,但也是评价中最基础的活动。

综合评价则更体现了评价的复杂与挑战,指标的权重问题也应运而生。指标越多越复杂,指标体系的结构也同样带来复杂性。依照指标体系的层数,又可分为**单指标层评价**和更为复杂的**多指标层的评价**。

4)择优与筛选

依据评价目的不同,可以把评价分为**择优评价**和**筛选评价**两种。

择优评价就是要在评价对象中进行排序，分出高低和好坏，如各种评奖。择优基本上是评价对象之间的相对比较，可以没有**评价标准**。所以择优评价也可以称为**相对评价**。因为要给评价对象排序，所以在评价数据的处理上要求较精确，要尽量使用那些能分出优劣的指标。

筛选评价就是将评价对象按照一个标准进行分类，所以也叫**分类评价**，如质量检测就是把被测产品分为质量合格的和不合格的两类。分类需要依据共同的标准或阈值，所以筛选性评价是一种**绝对评价**，分级、分区等都属于分类评价。分类评价用的指标只要满足分类就行，至于同一级别内的对象没有必要分出差异，所以相对择优评价来说要粗放一些。例如，相对评价（打分）一般采用 ABCD 或优良中差的来分级，而绝对评价（打分）则更多采用百分制或可量化的指标。

筛选评价中评价对象的数量不重要，即使是一个评价对象也可以按评价标准来进行评价，而择优评价至少有两个才有意义。

5.1.3　评价准则

客观性。这是评价最基本的原则。从测量的标准和方法到评价者所持有的态度，特别是最终的评价结果，都应满足客观性的要求，为此应尽可能少地有主观臆断或个人情感的掺入，如果实在不可避免，则应努力将主观因素的影响降低到最低程度。

公正性。为保证客观性，要求在评价中，不受外界的干扰，对评价对象以最客观的方式进行评判。

科学性。要做到公正，就需要在评价的全过程中，应用科学的方法、系统的考虑、合理的过程、严密的组织，全面、准确、客观地进行评价。

全面性。就需要将所有与评价目的相关的因素都加以考虑，做到不偏不倚。在这里，评价指标体系或评价模型是关键。

可信性。只有多角度、多方位地评估所有与评价目标相关的要素，或管理关注，才能让评价结果可信。

目标性。评价目的不一样，评价结果就不一样，所以为何要评价就成为整个评价方案设计的指导方针。

5.1.4　评价面临的挑战

系统工程的复杂反映在其过程众多的决策中，而决策难则源自于其中所包含的评价，而造成评价难的原因又是什么呢？

如前所述，一般一个评价问题经常是需要对多个评价对象（N 个评价对象）进行评判，而参与评估的人，即使是专家也会是多个，更不用说是大众式的评价（N 个评价主体）；另外，综合评价问题都会与多个评价关注相关（N 个评价关注），而每个关注下面又会包含更多的细分，及最后的评价指标（N 个指标）。这么多个"N"，使得评价"空间"庞大而复杂，要理清这些要素之间的关系，并建立起合理可行的评价模型，需要评价方案的设计者具有很强的逻辑思维、系统建模、系统分析和数据处理能力，同时还需要有较强的沟通与组织能力。

可以说任何一个特定的综合评价问题都会引出一个专门性的研究，所以这也解释了一个常见的现象,就是为什么很多与管理相关的论文选题最后都会聚焦到评价上,都会应用诸如 AHP 的评价方法。

5.1.5 评价方法

针对上述挑战,学者们进行了长期的研究与实践,不断改进并推出新的评价方法。这些方法分为两类,一类是只要进行评价就一定会应用的方法,称为**经典评价方法**;另一类是在评价中,依据评价的问题与目的,可选择应用的方法,称为**综合评价法**。

不同的评价场景或评价问题,需要选择和应用不同评价方法的组合,且评价是一个包括了多种活动在内的系统活动,没有一种方法可以包打天下。从这个意义上讲,所谓综合评价更准确的应该是指多种评价方法的综合应用。有关评价方法见本章 5.3"系统评价的经典方法"和 5.4"系统综合评价方法"。

系统评价是工程管理,或系统工程的基本活动之一。从霍尔(Hall)系统工程体系(图 3-1 霍尔方法论示意图)上看,评价是逻辑轴上一个点,它表明任何系统问题,都需要对系统生命周期中的所有(主要)产出物进行效果评价,以验证或确认产出物是否符合原始的需求或技术要求。不仅是系统的最终产出物,其过程中的各项技术与管理决策也需要进行及时的评价或评审,以确定决策方案的好坏,或在多个方案中进行选择。评审、评估、选择与决策等评价活动充满了整个工程过程。

而作为系统工程中的核心环节——决策,则与评价有着天然的联系。这是因为,决策的产生是由于多个方案的存在,而方案的选择则需要比较哪一个方案更加符合目标要求。比较,就是最基本的评价,用什么标准或参照物来比? 如何比? 如何处理比较的结果? 对这些评价基本问题的回答就成为影响决策合理与否的关键。可以说,评价的复杂程度基本决定了一个决策的难易程度。

5.2 评价的基本内容与过程

评价是一个始于评价目的与需求,终于评价结果选择的过程,这一过程既包含有需要研究的评价指标体系(评价模型)的建立,也包含包括评价主体与评价对象的组织,还包括后期数据的处理等工作,形成了一个完整的评价流程。评价流程如图 5-2 所示。

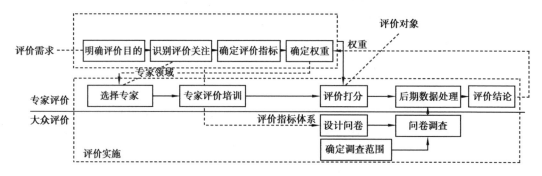

图 5-2　评价流程

图 5-2 中,评价流程分为上下两个子流程(用黑色虚框表达),上面的子流程是评价指标

体系的建立,也可以是评价方案的设计,而下面的子流程是评价方案的实施。评价指标体系的建立主要是依据评价需求,设计出评价用的评价指标体系,而评价实施则是将评价指标体系用于实际的量测,并给出最终的评价结果(评价结论)。图中的实线箭头表达了活动之间的时序关系,活动之间的虚线则代表了活动间传递的信息。

在"建立评价指标体系"子流程中,先是明确评价目的及预期的结果,再识别与评价相关的方面(评价关注),然后再在每一个评价关注下面选择和确定评价指标,最后是确定从目的到评价关注、再到指标的权重,形成评价指标体系。需要指出的是,建立评价指标体系是所有评价都须包括的基本工作。

在"评价实施"子流程中,又由粗实线划分为"专家评价"和"大众评价"两类流程。在专家评价中,会依据评价关注所确定的专家领域来选择和组织专家(对应活动:选择专家),在适当的培训后就由专家针对评价对象的评价打分,打分的结果交由评价组织者进行后期的数据处理,得出最终的评价结论。

在大众评价的流程中,则需要先依据评价指标体系设计调查问卷,在适当的调研范围内开展问卷调查。问卷调查后进行与专家评价类似的数据处理,但这两类评价的后期数据处理方法却相差很大。

在上面的评价流程中,还存在一个小的循环,即由"确定权重"引发的"专家评价",图中是用红色虚线来表示的。对于评价关注和评价指标权重的确定,需要领域内的专家来进行判断,所以它属于专家评价问题,需要重复专家评价的全部活动。这一循环流程的评价结果就是权重,所以循环流程又指回了建立指标体系流程中去。

评价流程中所有评价活动都对应着一定的方法与技术,任何一次完整的评价流程都是由包括了**经典评价方法**与**综合评价方法**在内的多种方法组合而成的。那么到底有哪些方法可供评价选择呢？表 5-1 给出了部分常见的评价活动与相对应的技术方法。

表 5-1　评价过程中各项活动可采用的方法

评价活动	技术方法
评价指标体系(或评价模型)建立	结构模型法
识别评价关注	系统分析法,头脑风暴法
确定评价指标	系统分析法,头脑风暴法
确定权重	层次分析法(AHP)
专家组织	德尔菲法(Delph)
主观评价打分	层次分析法(AHP)
后期数据处理	去量纲法
综合评价打分处理	关联矩阵法

表中所列的方法将在本章——介绍。

5.3　系统评价的经典方法

系统评价的经典方法是指只要做评价就必定会应用的方法。这是因为任何一个评价过

程中有些活动是必定会发生的,对这些工程活动和对应的方法包括:

①评价的组织与方法;

②评价指标体系的建立与方法;

③权重的确定与方法;

④指标的赋值与方法;

⑤指标的去量纲与方法;

⑥评价结果的数据处理与展示方法。

下面分别介绍这些方法。

5.3.1　评价的组织方法——德尔菲法

评价主体的组织方式对评价结果的公正性有明显的影响。评价的组织方式包括两个方面,一是评价主体的选择;二是评价主体如何进行评价。关于评价主体的选择相对简单,只要选对了人就行,即选择那些最有发言权的人作为评价主体。而第二个方面,评价主体如何进行评价则相对复杂。评价主体的评价过程及结果分公开和匿名两种方式。很显然,相对公开评价,匿名评价中评价主体的心理是放松的,从而其评价结果也更为客观。因此,只有在上述两个方面进行科学的组织,才能保证评价的公正性。

公开和匿名的评价方式除了影响评价的公正性外,还会影响评价的效率。有时需要在两者之间取得平衡,这就是评价组织者需要面对的一个抉择。大众评价一般都是以匿名方式进行的,即在评价问卷上不签名,或采用只有评价组织者才理解的编号。而在专家评价中,公开(面对面)评价和匿名(背靠背)两种方式都是有可能的。面对面评价是指评审专家(评价主体)都在一起,如开评审会,一起对评价对象进行评估,甚至是进行讨论和交流,最后打分;打分也有协商打分和匿名打分两种。面对面的评审方式效率高,可分享大家的意见,但其最大的问题也正是如此,即专家的意见彼此会相互影响。评审专家组中如果有一位资深专家,很有可能他(她)的意见就会左右整个评价的结果。如果想收集到每一位专家的真实意见就得避免出现这种现象,特别是一些公正性比效率还要重要的评价需求(如国家自然科学基金项目的评审),让专家能够独立思考,独立打分,这就得采用背靠背的专家组织方式,这就是德尔菲法的基本思想。

德尔菲法由美国兰德公司于1946年提出,它以信函的方式收集多位专家的评审意见,其具体的流程是:

①为每一个评价对象征集5~7位评价主体(评审专家)的意见;

②整理、归纳、统计收集到的专家意见并依据多数专家的意见给出评价结论;

③如果专家意见分歧较大,则选择另一批专家进行第二轮匿名评审,直至得到一致的意见。

采用德尔菲法这种带有反馈的专家评审法,就是要根据多数专家的独立意见形成较为客观和公正的评价结果。

5.3.2　评价指标体系的构建方法——结构模型法

评价指标体系是指一个包含并定义了与特定评价问题相关的全部评价指标及其关系的

结构模型。任何形式的评价都需要有指标,而属综合评价问题的工程类评价会涉及多个指标。识别出所有评价相关的指标并定义它们之间存在的关系,是所有评价都必然会遇到的技术问题。评价指标体系也称为评价模型,评价模型是评价的基础。

评价指标体系是一个结构模型,而且是一个典型的单向树层次结构模型,如图 5-3 所示。

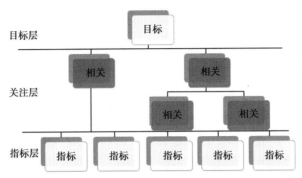

图 5-3　评价指标体系结构模型

这个层次结构分为三层,位于顶层的是评价目标,位于底层的是打分用的评价指标,而位于中间的是管理关注层,或是评价相关(方面)层。评价关注层的层数不定,视具体的评价问题而定,评价问题越复杂,这一层的数量可能就会越多。关注层在其他论著中也称为准则层。在这个结构模型中,复杂的评价问题被分解为以评价关注和评价指标为基本单元的元素,这些元素又按其特征或关联形成更多的细分层次,而上一层次的元素则作为聚类构成与评价相关的一个方面,或一个管理关注。

评价指标体系的建立始于最顶层的评价目的,从这一目标出发识别并展开到第一级的评价关注,然后再从每一个一级关注再细分到第二级、第三级,最后识别出每一个关注层所包含的评价指标。需要指出的是每一个评价关注和评价指标都要尽可能地相互独立,即不能彼此相关。这一指标识别过程就是一个典型的系统分解过程,可以应用关联分析法、IDEF0 法,甚至是头脑风暴法,米构建这样一个单向树。

另外在这个指标体系中,每一个评价指标都是要在评价中通过打分来赋值的,这个打分就是工程中的测量或度量活动。除指标是直接打分外,包括评价目标在内的其他节点的得分都是通过指标体系定义的上下层关系计算得出的。

建立评价指标体系,是一个把评价问题条理化、层次化、结构化的过程,也是评价中最具挑战性、最有创新,也最有价值的建模部分。

5.3.3　权重系数的确定方法——AHP

如前所述,评价指标体系中顶层和中间节点的赋值是依据上下层的关系计算得出的,那么这些关系是什么? 又是如何定义的呢?

在层次结构的评价指标体系中,上对下是一个聚合的关系,而下对上则是一个权重关系,它表达了下层元素对上层元素的关联度,影响度或贡献度。权重的确定是指标体系设计中继指标识别后的第二步,也是确定结构模型中关系的关键环节。层次分析法(AHP)就是应用最为普遍的权重确定方法。

AHP 是由美国匹茨堡大学 Tomas Saaty 教授于在 20 世纪 70 年代中期提出的,最初是一个决策的方法,其基本思路与解决复杂决策问题的思维逻辑本质上是一致的。Saaty 教授当年提出这一方法的初衷就是面向复杂决策问题解决方案的,但由于 AHP 在评价方面的出色表现,反倒是让人们忘记了他提出这一方法的初衷。从 AHP 的提出领域到其实际应用领域的转换,再次说明了评价与决策的紧密关系。

考虑一下决策问题的产生与过程。首先,决策的需求来自于解决问题多方决案的存在,因此决策问题就转化为了在多方案中进行方案选择的问题;其次,选择又是依据每个方案对决策目标的贡献度或相关度来判断的,因此选择问题又变成了一个相对评价目的(决策目标)的评价问题。

正如决策是由人来做的,层次分析法主要是面向主观评价问题。AHP 提出的出发点就是在评价者主观判断的前提下,让评价结果尽可能地客观。这一特征使得其在权重的确定上起着难以替代的作用。对于权重的确定——这个纯粹就是人们对评价指标的主观认识问题,AHP 可以说是最为科学的方法。

AHP 不仅可以用于确定评价指标体系中的权重,也可以作为一种综合的评价方法。关于层次分析法的具体应用过程与模型算法详见本章 5.4.1“层次分析法(AHP)”。

5.3.4　指标赋值的方法

有了评价指标体系,就相当于有了一把针对特定评价问题的"尺子"。有了这个量具就可以对具体的评价对象进行测量了。

测量就是对每个评价对象在评价指标上的得分进行度量或打分,客观指标的赋值一般称为测量,而主观指标的赋值则常称为打分;在每个指标得到赋值后,就可以按照指标体系的权重进行综合,最后计算出每个评价对象相对于评价目标所得的评价分数。

指标的打分又分有绝对打分和相对打分两种,绝对打分是为每个评价对象在某一指标上赋予一个绝对值,而相对打分则是比较两个评价对象在这个指标上的得分差异。

另外对指标进行赋值时,还有精确与模糊之分。精确打分一般是客观性的度量值,具有量纲,而模糊分则是分类或分级的,如打 ABCD,优良中差,1 分到 5 分等。模糊打分一般是没有量纲的。表 5-2 给出了几种不同的数据赋值方法。

表 5-2　指标数据的赋方法

打　分	指标赋值	客观指标	主观指标
客观测量	绝对值(精确值)	测量(连续值)	—
主观打分	绝对值(模糊值)	分区分类打分(不建议)	分区分类打分(常见)
	相对值(模糊值)	相对打分(不建议)	相对打分(AHP)

表 5-2 给出了相对客观与主观指标的几种赋值方法,其中编号表明了几种特殊情况:

①客观指标可以赋连续值(仪器测量),也可以进行主观打分。除非客观指标不可或难以获取,一般不建议对客观指标进行主观打分;

②主观指标不可能进行客观的测量,不存在为主观指标赋予连续的绝对值;

③由于主观指标不可能对应一个精确的绝对值,故在主观指标上通过主观打分来赋予

一个精确的绝对值意义不大,一般情况下其所谓的分数都属于分区分类的值;

④既然为主观指标赋绝对值不合理,那么合理的自然就是赋相对值了。直观地讲,相对比较要比绝对打分更为客观和准确。

采用相对打分时,其比较的范围、记录的形式和最终的数据处理也会有所不同,层次分析法、逐对比较法和古林法就是因在这些方面存在不同而命名为不同的方法的。具体的差异详见本章后续的方法介绍。

5.3.5　去量纲的方法

指标赋值后评价工作就可以进入数据处理阶段,即把各指标的分值综合在一起以便得出最终评价结果。

在综合评价中由于多项指标的存在,有些指标(如主观指标)无量纲,有些有但量纲不同,因此原始的测量与打分数值是不能直接用来计算的。例如,我们把生产的综合表现用TQC 的综合指标来表达,产品的质量可用无量纲的废品率来表达,而利润则是用货币来表达;即使是量纲一样,有些指标的值在数量上相差很大也是不能相比的,如十项全能比赛中的短跑成绩与长跑成绩,简单地把一个数值很小的指标与一个很大的指标放在一起处理,显然小的指标就会被淹没,从而在评价结果里体现不出来这个小量级指标的作用。要使指标具有可比性,就必须让所有指标具有相同的量纲,或都没有量纲。去量纲法就是去除数据量纲(既度量单位)之间的不统一,将数据统一变换为无单位(或统一单位)的数据集,以便让数据具有可比性的方法。

去量纲化,又称为数据分标准化,是指将数据按比例缩放,使之落入一个共同的数值区间,从而将指标测量值转化为无量纲的纯数值,这样就可以使具有不同量纲的指标放在一起进行综合数据处理了。

绝大多数的综合评价都会涉及指标数据的综合处理,因此去量纲就成为一个基本的评价活动。最常见的去量纲法是线性比例变化法,其原理如图5-4 所示。

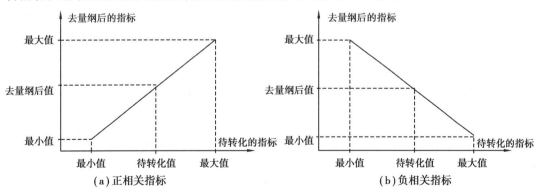

图 5-4　去量纲法原理

按比例去量纲法按指标的预期变化方向分为两种处理,即图5-4 中的正相关指标(a)和负相关指标(b)。以正相关指标为例,横坐标是待转化(去量纲)的指标,纵坐标是转换后的新坐标,是无量纲的。去量纲的目标就是将横坐标上带有量纲的原指标维度转换到无量纲的纵坐标维度上。由于是正相关,所以转化前的最大值对应转化后的最大值,最小值也是相同的映射关系,而所有介于最大和最小之间的待转化的指标,其所对应的新的去量纲值就位于两个最大值相交点和两个最小值相交点所构成的连接线上的插值。在负相关的情况下,新老转换维度中最大与最小值成映射关系。

即使是没有量纲的指标也需要按相同的原理,将原始度量值映射到新的无量纲维度上。

除按比例法,还有极差比例法、归一法等多个去量纲的方法,按比例法和极差法的原理类似,是最常用的去量纲法[4][5]。

5.3.6 关联矩阵法

关联矩阵法是综合评价结果展示的可视化方法。它是以评价对象和评价指标各为一个维度的关联矩阵。在评价指标 X 维度上,不仅给出评价指标的名称,同时也给出每个指标的权重,而 A 则是评价对象列表。两个维度的相交点是当前行的评价对象在当前评价指标上的得分;关联矩阵的最后一列则是按权重计算出的当前评价对象的最后综合得分。矩阵的具体形式见表5-3。

表5-3 关联矩阵中的打分记录与最终评价结果

	X_1	X_2	...	X_j	...	X_n	N_1
	W_1	W_2	...	W_j	...	W_n	
A_1	V_{11}	V_{12}	...	V_{1j}	...	V_{1n}	$V_1 = \sum\limits_{j=1}^{n} V_{1j} \times wj$
A_2	V_{21}	V_{22}	...	V_{2j}	...	V_{2n}	$V_2 = \sum\limits_{j=1}^{n} V_{2j} \times wj$
...	...	...	...	...	...	...	...
A_i	V_{i1}	V_{i2}	...	V_{ij}	...	V_{in}	$V_i = \sum\limits_{j=1}^{n} V_i \times wj$

在图5-5中,第1列 $A_1, A_2, \cdots, A_m$ 对应 m 个评价对象,$x_1, x_2, \cdots, x_n$ 是评价体系中最底层的 n 个评价指标,$W_1, W_2, \cdots, W_n$ 是每个评价指标所对应的权重,$V_{i1}, V_{i2}, \cdots, V_{in}$ 是第 i 个评价对象 A_i 关于 X_j 指标($j = 1, 2, \cdots, n$)的得分,或价值评定量。

矩阵的最右侧列 V_i 则是 $V_{ij} \times w_i$ 的累加,它是所在行的评价对象的最终得分。如果这个关联矩阵按最后的得分 V 进行排序,就可最直观地展示出评价结果。

5.4 系统评价的综合方法

综合评价方法是指通过特定的数学模型(或算法),将多维评价指标的量值"归结"为一个单一维度的综合评价值的过程[1]。常见的综合方法有:

①层次分析法(AHP);

②网络评价法(ANP);

③模糊评价法；

④数据包络法；

⑤古林法。

上述方法都是从一个基本的概念出发，提出了针对评价中某一个具体问题的方法，需要与前面的经典方法一起运用，这也是它们被称为综合评价方法的原因。

5.4.1 层次分析法（AHP）

如前所述，几乎所有的评价问题都会涉及到权重的确定，而在权重确定这样一个典型的主观评价中，层次分析法是公认最为有效的方法。除确定权重外，层次分析法在所有主观指标的打分上也都有着相同的效果。一个既包括权重确定，也包括评价对象主观指标打分的全过程，就是一个完整的 AHP 综合评价。

按照层次分析法的思想，其最基本的活动就是进行单一指标的两两比较，而 AHP 的数据处理模型就是记录这些两两比较结果，并最终转化为所有评价对象在这项单一指标上的所有得分，由于数据处理过程中采用了归一法，所有指标的数值都是百分数，且之和为 1。

1）两两对比与量度

如前所述，层次分析法采用的是相对打分，它采用以下的量度来记录两两比较的结果，例如评价对象 A_i 与另一个评价对象 A_j 相对某一指标进行比较时，表 5-4 给出了可能的几种结果与相应的打分值。

表 5-4　层次分析法的两两比较量度值

打分值	A_i 比 A_j
1	表示 A_i 与 A_j 同等重要
3	表示 A_i 比 A_j 稍微重要
5	表示 A_i 比 A_j 明显重要
7	表示 A_i 比 A_j 强烈重要
9	表示 A_i 比 A_j 极端重要
2,4,6,8 分别介于两个相邻判断的折中	

例如，小张（A_i）与小王（A_j）相比谁更具有团队合作精神？这是一个纯主观问题。比较结果为 1，表明小张与小王具有相同的团队合作精神；如果结果为 3，则表明小张比小王具有稍好的合作精神，5 则为明显的好，7 为很好，9 则为非常好。

注意，这里的打分不是为单一评价对象的打分，而是两个对象相互比较的结果，这个比较的结果确实是一个主观的评价，但却是一个相对准确的判断。

2）判断矩阵

判断矩阵是层次分析法中的基本单元，是所有评价对象相对于同一个评价指标两两比较结果的记录形式。在一个评价指标体系的权重确定中，有多少个非指标（底层）节点，就存在有多少个判断矩阵。

图 5-5 为一个包含了权重确定和指标打分在内的完整层次分析法模型的示例。

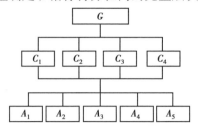

图 5-5　一个简单的评价指标体系（层次分析法模型）示例

在这个例子中，G 为评价目标或决策目标，C 为与 G 相关的 4 个评价指标（假设都是主观指标），G 与 C 构成了该评价的评价指标体系。而 A 为 5 个待评价的项目，与所有评价指标 C 相关。在这个例子中，需要建立 5 个评价矩阵，即：

①5 个评价对象相对 C_1 的评价矩阵；

②5 个评价对象相对 C_2 的评价矩阵；

③5 个评价对象相对 C_3 的评价矩阵；

④5 个评价对象相对 C_4 的评价矩阵；

⑤4 个评价指标相对 G 的评价矩阵。

以相对 C_1 的打分为例，图 5-6 记录了 5 个评价对象两两比较的结果。

C_1	A_1	A_2	A_3	A_4	A_5
A_1	a_{11}	a_{12}	a_{13}	a_{14}	a_{15}
A_2	a_{21}	a_{22}	a_{23}	a_{24}	a_{25}
A_3	a_{31}	a_{32}	a_{33}	a_{34}	a_{35}
A_4	a_{41}	a_{42}	a_{43}	a_{44}	a_{45}
A_5	a_{51}	a_{52}	a_{53}	a_{54}	a_{55}

图 5-6　相对 C_1 的判断矩阵

在判断矩阵中，矩阵的左上角标识出这个判断矩阵所对应的评价指标，本例中为 C_1。矩阵的行与列均为评价对象（A_1—A_5），矩阵中行与列的交叉点 a_{ij} 就是 i 行与 j 列相比较的结果。在评价矩阵中，A_1 相比 A_2 的结果与 A_2 相比 A_1 的结果正好相反。在 AHP 中，对相反的评价结果以倒数来表示。如此可以看出判断矩阵具有以下特征：

①判断矩阵是一个 $N×N$ 的矩阵，N 是评价对象的数量；

②对角线取值为 1。因为是自己与自己相比，所以比较的结果永远是 1；

③沿对角线对称的位置互为倒数。因为这是记录了两个反方向的比较结果，因此这一矩阵也称为正互反阵。

前面讲过，比较的结果是一个主观打分，具体是给 3 分，还是 5 分，或者是 4 分完成依照个人的感受来给，没有必要要求每个人的打分一样。但是每个人的打分尺度应该保持一致，也就是说你前面评的 A 比 B 是 3，B 比 C 是 3，那你在后面如给出 A 比 C 也是 3，甚至是出现 $A<C$ 的情况，显然就导致了不一致的结果。需要指出的是，层次分析法只相信本次的比较结果，不建议有意识地保持两两比较结果的一致性，如前面 $A<C$ 可能是真实的，而 A 比 B 的比较结果 3 可能是错的。允许不一致性的存在，但又不能让不一致太大，这就有了对一个判

断矩阵进行一致性校验的必要。一个合理的判断矩阵应该是各比较值保持逻辑上的一致。

3）一致性检验

如前所述,在应用 AHP 时,需要对每一个判断矩阵进行一致性的检验,如果一致性不好,表明打分存在着不合理,或逻辑性错误,而依据这些打分结果得出的计算结果,其可信度就差。

关于判断矩阵的一致性检验,其原理较为复杂,幸运的是现在大部分的运算工具,特别是 AHP 软件都支持判断矩阵的一致性校验,故在此不做介绍,感兴趣的可参考附件中的参考文献。

4）权重计算

（1）基于判断矩阵的计算

如前所述,有了判断矩阵记录的两两比较结果,下面就是如何将两两比较的结果汇总成最终的度量结果。下面就是判断矩阵的运算变换过程。

①将判断矩阵中的各值按列做归一化处理,即矩阵中的每一个值除以其所在列的和。这是按列从左向右比的处理方式,如果是按行从上向下比,则应按行做归一化处理。简言之就是列比列,列归一,行比行,行归一。

②建立一个新的矩阵,这个矩阵的每个点等于判断矩阵中相应位置的数值除以所在列的和,这一步实际是判断矩阵按列做归一化的结果。

③如前面进行的是列比列,则在矩阵变换后再按行求和。

④将 N 个和再做归一化处理,得出的结果就是 N 个评价对象相对特定指标的权重。

下面继续上面的例子,看看层次分析法的算法过程,如图 5-7 所示。

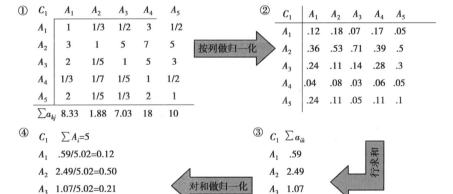

图 5-7　层次分析法计算实例

在图 5-7 中,左上角对应前面的第 1 步,它是记录了按列进行比较的判断矩阵,这个矩阵的最下一行是按列求和的结果。右上角是前面的第 2 步,按列做归一化处理转换后的矩阵。按箭头所指方向继续,对应前面的第 3 步,在前面按列归一变换后的矩阵中,再按行求和,其结果显示在图中的右下角;对应前面第 4 步,即再对求和结果做归一化处理,这是最终的处理结果,显示于图的左下角。

从这个结果可以看出,相对 C_1,A_2 的权重最大,为 50%,其次分别是权重为 21% 的 A_3,

同为12%的 A_1 和 A_5，A_4 的权重最低只有5%。如此，就将5个评价对象相对 C_1 的两两比较结果综合成为相对 C_1 的最终得分。

一个判断矩阵只对应评价指标体系中的一个权重单元，它只给出了单节点的权重；而底层所有指标相对顶层目标的全局权重，则需要将所有相关权重进行线性累加。

（2）对评价对象的主观指标进行打分

权重的确定是评价指标体系设计的内容之一。如果最底层的指标中有主观指标，在给评价对象打分时，就可以考虑应用AHP，以得到更为科学的打分与度量。

由于评价对象只有一层，因此这是一个单层的权重确定问题。可应用上面介绍的方法步骤，计算出评价对象相对于每一个主观指标的权重，或得分。这个为评价对象相对某一（主观）指标赋值打分的结果是一个比例值，取值范围为0～1，且没有量纲。

除主观指标用AHP进行打分外，其他客观指标都应按其所对应的测量方法进行测量，切记不可将AHP用于客观指标的打分上。

（3）使用AHP的注意事项

由于层次分析法是一个应用十分普遍的方法，且包含了从概念到算法，从评价指标体系到数值处理的全过程，有必要再做如下的总结：

①层次分析法是一个决策方法，主要应用于主观评价中；

②因为所有指标体系的权重确定都是主观评价，所以在指标体系权重确定上，层次分析法几乎是不二的选择；

③当评价指标中存在主观指标时，也鼓励应用层次分析法进行打分；

④层次分析法最大的优点是能将主观评价引导到一个最为客观的评价结果上；

⑤层次分析法评价的结果依赖指标体系（评价模型）的合理性及每个判断矩阵所记录的打分的一致性；

⑥客观指标只有在无法或难以测量时，才可用层次分析法进行打分；

⑦与层次分析法类似的还有一个方法叫逐对比较法，它没有AHP的相对1～9的分组，只要是重要就给1分。

5.4.2　网络评价法（ANP）

ANP是AHP的升级。在AHP中，评价指标体系至关重要，层次结构本身是单向的（单向树），且层次结构中的每个节点都要求尽可能地独立无关。这实际上给AHP的建模提出了很高的要求，而在实际评价中，有时很难完全剥离这种相互关联的关系。为此Saaty教授为AHP的建模进行修正，也就是在不完全独立的层次中，如何继续应用AHP的思想进行分析与评价。

所谓不完全独立的层次结构，其实就是在单向树的结构中又引入了节点之间的除原有隶属关系之外的关联，这种形式就构成了一个更为普遍存在的网络关系。可以说ANP主要解决了AHP中对建模要求高的难题，它允许人们在建模中可以更自由地描述指标与指标之间的关系，从而免除了指标之间绝对独立的要求。

ANP描述的问题结构（评价指标体系）分为两部分，如图5-8所示。

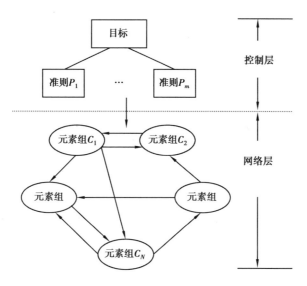

图 5-8 ANP 结构图

结构的上部依然是一个层次结构,称为控制层,它包含了目标层与准则层(评价关注层),在这一部分依然遵守相互独立的原则,即一个绝对的单向树结构。目标是一个评价问题必须有的要素,而准则则视具体问题而定,可有,也可以没有。每个准则相对目标的权重确定依然是经典的 AHP 问题。

而与 AHP 的层次结构发生差异的是在这个结构的下部,称为网络层,它由所有控制层隶属的元素组(可能是综合指标,也可能是单一指标)所组成,元素组之间互相关联成一个网络结构。

那么在网络结构中,一个元素对最上层目标的贡献度(权重)既与它在层次结构中的权重有关,也与它通过关联的其他元素对目标层的贡献有关。前者称为直接贡献度(直接优势度),后者称为间接贡献度(间接优势度)。图 5-9 给出了一个 ANP 的实例。

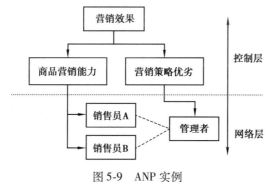

图 5-9 ANP 实例

在这个例子中,需要对一个公司的营销效果(评价目标)进行评价,选取的评价关注(准则)包括有"商品营销能力""营销策略优劣"及其他。评价的对象包括公司的所有职员:销售员 A、销售员 B 及管理者。所建立的 ANP 结构为:控制层为评价评价目标与多个评价关注(准则),网络层为三个评价对象。图中黑实线为纯 AHP 的层次结构,而虚线则表示了评价对象之间的关联,即销售员 A 和销售员 B 都会在营销策略的制订上影响管理者,也就是说员工对营销策略也是有影响的,只是这种影响是通过管理者来体现的。

关于 ANP 的解算相对比较烦琐,感兴趣的可查阅相关的参考文献。

5.4.3　模糊综合评价法

模糊综合评价法主要用于通过问卷调查进行的大众评价中。

在用问卷进行的调查中,评价对象在某一指标上的得分是不可能一致的,取值范围内的所有可能都会发生。为此就得考虑指标得分的概率分布了。

模糊综合评价法就是:指标是用模糊(或等级)打分的主观指标,且运用模糊数学的基本运算规则处理包含有概率分布指标得分的一种综合评价方法。

下面通过实例介绍模糊综合评价法的算法。

1)实例概述

现有一个对手机进行评价的实例。其评价指标体系较为简单,共含有三个评价指标,见表 5-5。

表 5-5　手机评判指标集

指　标	说　明
u_1	代表手机摄像效果
u_2	代表手机音响效果
u_3	代表手机价格

记为 $U=\{u_1,u_2,u_3\}$。这三个指标都采用相同的量度,即不存在指标不统一的问题,无须应用无量纲法进行数据处理。量度取值见表 5-6。

表 5-6　指标量度集

量　度	说　明
v_1	表示很好
v_2	表示较好
v_3	表示可以
v_4	表示不好

记为 $V=\{v_1,v_2,v_3,v_4\}$。

2)建立模糊矩阵

通过问卷对所选品牌进行问卷打分。例如对摄像效果,有 45% 的人认为该手机很好,35% 的人认为较好,15% 的人认为可以,5% 的人认为不好。调查全部结果记作 $u_1=(0.45,0.35,0.15,0.05)$。将全部三个指标的问卷调查值汇总如下:

①对于摄像:$V_{u1}=(0.45,0.35,0.15,0.05)$;

②对于音响:$V_{u2}=(0.4,0.35,0.2,0.05)$;

③对于价格：$V_{u3} = (0.05, 0.15, 0.35, 0.45)$。

将三个指标的打分记录整理在下面的模糊矩阵中，见表5-7。

表5-7　模糊打分矩阵

量度\指标	摄像效果	音响效果	价格
很好	0.45	0.4	0.05
较好	0.35	0.35	0.15
可以	0.15	0.2	0.35
不好	0.05	0.05	0.45

3）进行模糊计算

通过专家对手机的三个指标进行权重设置，得到手机评价三个指标的权重分配为 $W = (0.5, 0.15, 0.35)$，即摄像功能是大家最为看重的指标，而音响效果却只有 15%，是三个指标中最不在意的。对手机的评判结果为上述两个矩阵的相乘。

$$\begin{bmatrix} 0.45 & 0.4 & 0.05 \\ 0.35 & 0.35 & 0.15 \\ 0.15 & 0.2 & 0.35 \\ 0.05 & 0.05 & 0.45 \end{bmatrix} \times \begin{bmatrix} 0.5 \\ 0.15 \\ 0.35 \end{bmatrix} = \begin{bmatrix} 0.45 \\ 0.35 \\ 0.35 \\ 0.35 \end{bmatrix}$$

上面矩阵是按模糊数学的定义计算得出的。模糊数学定义：

（1）两数相加取大

（2）两数相乘取小

如：$0.45 = 0.45 \times 0.5 + 0.4 \times 0.15 + 0.05 \times 0.35 = 0.45 + 0.15 + 0.05$

上面算出的结果按权重形式再做归一化处理，最终结果为：$(0.30, 0.23, 0.23, 0.23)$。

通过上述处理，得到的模糊综合评价结果为：摄像、音响、价格都很好的占比最大，达 30%，同时其他三个分的比重都一样，都是 23%。

5.4.4　数据包络分析法（DEA）

公正的评价首先是评价对象之间是可比的。如拿不同载油量的车比较哪个续航里程长，显然这是不合理的。数据包络分析法就是考虑在不同（输入）条件下，对输出结果进行合理评价的问题。

对具有相同类型的企业单位或部门（DEA 中称为决策单元）进行评价，评价用的指标同时考虑了决策单元的"投入"和"产出"两个方面。投入就是指决策单元在生产活动中投入的资金总额、劳动力、各种固定资源的折旧等；产出则是决策单元在这些投入的前提下所产生的能表明生产成效的指标，如产品的数量、利润、知识产权等。根据投入和产出的指标量值来评价各决策单元的优劣，即所谓评价企业单位（或部门）间的相对有效性。

数据包络分析方法（Data Envelopment Analysis，DEA）是 1978 年由美国运筹学专家 A. Charnes 和 W. W. Cooper 等以相对效率概念为基础演化出来的一种效率评价方法。它将企业生产过程复杂的评价问题转化为投入产出比的效率比较问题。它根据多项投入指标和多项产出指标,利用线性规划的方法,对具有可比性的同类型决策单元(Decision Making Units,DMU)进行相对有效性评价的一种数量分析方法。

1)DEA 的基本概念与术语

首先看一下 DEA 中的一些基本概念。

①决策单元(DMU):就是效率评价的对象,可以理解为一个将一定"投入"转化为一定"产出"的经营实体;

②技术效率:指在保持决策单元投入不变的情况下,决策单元的实际产出与理想产出的比值;

③规模报酬(Returns to scale):规模报酬是指当生产要素增加了一倍,如果产量的增加正好也是一倍,则称为规模报酬不变(Constant Return to Scale,CCR),如果产量增加多于一倍,则称为规模报酬递增(Increasing Return to Scale,IRS),反之如果产量增加少于一倍,就称为规模报酬递减(DRS);

④DEA 强有效:任何一项投入的数量都无法减少,除非减少产出的数量或者增加其他至少一种投入的数量;任何一项产出的数量都无法增加,除非增加投入的数量或减少其他至少一种产出的数量;

⑤DEA 弱有效:无法等比例减少各项投入的数量,除非减少产出的数量;无法等比例增加各项产出的数量,除非增加投入的数量。这种情况下,虽然不能等比例减少投入或增加产出,但某一项或几项(但不是全部)投入可能减少,所以称为弱有效;

⑥生产前沿面:对于给定的生产要素和产出价格,选择要素投入的最优组合和产出的最优组合,即投入成本最小、产出收益最大的组合。它所对应的生产函数所描述的生产可能性边界就是生产前沿面。

2)DEA 的特点

DEA 特别适用于具有多输入,特别是多输出的复杂系统的评价,这主要体现在以下几点。

①与其他评价方法不同,它不直接对数据进行综合,决策单元的最优效率指标与投入和产出的指标量纲无关,因此一般情况下应用 DEA 建立模型前无须对数据进行无量纲化处理。

②没有确定指标权重的环节,以决策单元输入输出的实际数据求得最优权重,因而免除了需要确定权重这个主观评价环节,具有很好的客观性。

③假定每个输入都关联到一个或者多个输出,而且输入/输出之间确实存在某种关系,使用 DEA 方法则不必确定这种关系的显性表达式。

④DEA 方法是纯技术性的,与市场(价格)可以无关。只需要区分投入与产出,不需要对指标进行无量纲化处理,可以直接进行技术效率与规模效率的分析而无须再定义一个特殊的函数形式,而且对样本数量的要求不高。

3)DEA 模型

经过多年的研究和实践,数据包络分析的方法已经成为多行业评测各领域的相对效率值的有效性的重要研究方法。逐步由最初的"规模报酬不变模型(CCR)"发展、升级出如BCC、ST、CCW、CCWH 等多种模型。如前所述,所谓规模报酬不变是指投入的增量会产生出相同增量的产出。下面主要介绍 DEA 的基础型:CCR 模型。

假设有 t 个被评价的同类对象,称为决策单元 DMU,每个决策单元均有 m 个投入变量和 n 个产出变量。用如下的输入矩阵与输出矩阵表示:

输入矩阵:

$$\begin{matrix} x_{11} & x_{12} & \cdots & x_{1j} & \cdots & x_{1n} \\ x_{21} & x_{22} & \cdots & x_{2j} & \cdots & x_{2n} \\ \vdots & \vdots & & \vdots & & \vdots \\ x_{m1} & x_{m2} & \cdots & x_{mj} & \cdots & x_{mn} \end{matrix}$$

输出矩阵:

$$\begin{matrix} y_{11} & y_{12} & \cdots & y_{1j} & \cdots & y_{1n} \\ y_{21} & y_{22} & \cdots & y_{2j} & \cdots & y_{2n} \\ \vdots & \vdots & & \vdots & & \vdots \\ y_{s1} & y_{s2} & \cdots & y_{sj} & \cdots & y_{sn} \end{matrix}$$

其中,x_{ij} 表示第 j 个 DMU 对第 i 种输入的投入量,$x_{ij}>0$;y_{rj} 表示第 j 个 DMU 对第 r 种输出的产出量,$y_{rj}>0$;

再用 v_i 表示第 i 种输入的一种度量(或称"权");u_r 表示第 r 种输出的一种度量(或称"权"),$i=1,2,\cdots,m$;$r=1,2,\cdots,n$。对应于一组权系数(这里可以理解为权重)。

$$v = (v_1,\cdots,v_m)^T, u = (u_1,\cdots,u_n)^T$$

在 DEA 模型中,x_{ij},y_{rj} 为已知数据,可以根据历史资料得到,v_i,u_r 则为变量。汇总上述变量,各字母的定义如下:

x_{ij}——第 j 个决策单元对第 i 种类型输入的投入总量,$x_{ij}>0$;

y_{rj}——第 j 个决策单元对第 r 种类型输出的产出总量,$y_{rj}>0$;

v_i——对第 i 种类型输入的一种度量,权系数;

u_r——对第 r 种类型输出的一种度量,权系数;

i——$1,2,\cdots,m$;

r——$1,2,\cdots,s$;

j——$1,2,\cdots,n$。

单个 DMU 的效率评价是指输出除以输入的总量,可表达为:

$$h_j = \frac{u^T y_j}{v^T x_j} = \frac{\sum_{r=1}^{n} u_r y_{rj}}{\sum_{i=1}^{m} v_i x_{ij}}, j = 1,2,\cdots,t$$

其中,$x_j = (x_{1j},\cdots,x_{mj})^T, y_j = (y_{1j},\cdots,y_{nj})^T, j=1,2,\cdots,t,t$ 为有效 DMU 数。

可以适当地选取权系数和,使其满足:

$$h_j \leqslant 1, j = 1,2,\cdots,t$$

对第 j_0 个决策单元进行效率评价,一般说来,hj_0 越大表明 DUM$_{j0}$ 能够用相对较少的输入而取得相对较多的输出。可以考察当尽可能地变化权重时,hj_0 的最大值究竟是多少。所有能获得 hj_0 最大值的权重变量的组合构成了一条曲线,称为"前沿面"。可以理解这个前沿面就是 DEA 评价的"标准",而 DEA 方法的基本思想则可表达为:通过对(评价对象所代表的)特定类型生产的投入与产出数据的分析,确定出该类生产有效(最佳)的生产前沿面。而对具体 DMU 的评价则是看其与"标准"生产前沿面的距离,这个距离反映了该 DMU 是否为 DEA 有效,这一 DEA 方法的思想如图 5-10 所示。

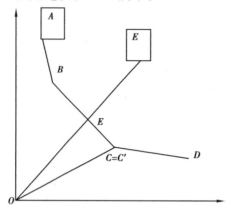

图 5-10   DEA 方法的基本思想

在图 5-10 中,有两个待评价的 DMU,分别为 C 和 E。经计算得出该类生产有效率的 DMU 为 A、B、C、D,由它们构成的生产前沿面为 ABCD 连线。设 E′与 C′分别为 OE 与 OC 在生产前沿面 ABCD 上的交点,则 E 的效率值为 OE′/OE<1,E 表示无效率的 DMU 而 C 的效率值为 OC′/OC=1。

在对 n 个 DMU 进行评价时,就是看 DUM_{j_0} 在 n 个 DUM 中来说是不是相对最优的。现在对第 j_0 个 DMU 进行效率评价($1 \leq j_0 \leq t$),以权系数 v 和 u 为变向量,第 j_0 个 DMU 的效率指数为目标,以所有的 DMU(也包括第 j_0 个 DMU)的效率指数为约束,构建如下的最优化模型:

$$(P) \begin{cases} \max \dfrac{u^T y_0}{v^T x_0} \\ s.\,t.\ \dfrac{u^T y_j}{v^T x_j} \leq 1, j = 1,2,\cdots,t \\ u \geq 0, v \geq 0, u \neq 0, v \neq 0 \end{cases}$$

其中,$x_0 = x_{j_0}, y_0 = y_{j_0}, 1 \leq j_0 \leq t$。

对该分式规划进行 Charnes–Cooper 变换,令

$$s = \frac{1}{v^T x_0} > 0, \quad \omega = sv, \quad \mu = su$$

则有等价的线性规划问题:

$$(P_{C^2R}) \begin{cases} \max\ h_{j_0} = \mu^T y_0 \\ s.\,t.\ \omega^T x_j - \mu^T y_j \geq 0, j = 1,2,\cdots,t \\ \omega^T x_0 = 1 \\ \omega \geq 0, \mu \geq 0 \end{cases}$$

其对偶规划为(DC2R),并引入松弛变量为:

$$(D_{C^2R})\begin{cases} \min \theta \\ s.t. \sum_{j=1}^{t} \lambda_j x_j \leqslant \theta x_0 \\ \sum_{j=1}^{t} \lambda_j y_j \geqslant y_0 \\ \lambda_j \geqslant 0, j=1,2,\cdots,t \end{cases}$$

$$(D_{C^2R}^1)\begin{cases} \min \theta \\ s.t. \sum_{j=1}^{t} \lambda_j x_j + S^- = \theta x_0 \\ \sum_{j=1}^{t} \lambda_j y_j - S^+ = y_0 \\ \lambda_j \geqslant 0, j=1,\cdots,t \\ S^-,S^+ \geqslant 0 \end{cases}$$

其中 θ 无约束。

θ 为第 i 个 DMU 的技术效率值,满足 $0 \leqslant \theta \leqslant 1$。当 $\theta=1$ 且时,则称 DMU 为 DEA 有效,当 $\theta<1$ 时,DMU 为非 DEA 有效。

4）DEA 分析流程

DEA 的分析流程如图 5-11 所示。

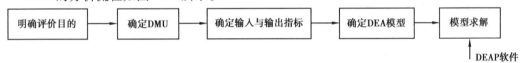

图 5-11　DEA 方法分析流程图

运用 DEA 分析的步骤:

①明确评价目的。数据包络分析主要用于决策单元的效率评价,在应用前需要思考以下几点:哪些决策单元能够在一起评价? 通过什么样的输出/输入指标体系进行评价? 选择什么样的数据包络分析模型进行评价?

②确定 DMU。可以通过两个方面着手来确定可行的决策单元:一是用 DMU 的物理背景或活动空间来判断,即 DMU 具有相同的外部环境、相同的输入、输出指标和相同的目标任务等;二是用 DMU 活动的时间间隔来构造。

③确定输入与输出指标。数据包络分析的评价指标需要考虑两个方面:一是输入变量;二是输出变量。a. 要考虑到能够实现评价目的。通常可将各决策单元的效用型指标作为系统的输出指标,将成本型指标作为系统的输入指标。b. 能全面反映评价目的。c. 要考虑到输入向量、输出向量之间的联系。搜集和整理数据资料。数据包络分析是一种实证分析方法,因此需要相应的数据资料。评价指标中可以包含人文、社会、心理等领域中的非结构化因素(主观指标)。

④确定 DEA 模型。根据实际情况选择规模报酬不变模型,或规模报酬可变模型。

⑤模型求解。利用 DEA 规划模型的求解结果,判断各决策单元的 DEA 有效性。

最后依据评价结果,找出非有效性决策单元及其无效原因,提出改进措施,形成最终的评价结果报告。

【本章小结】

评价既重要,又普遍存在。它存在于所有工程管理和决策制订中,同时评价又极具挑战,是一个复杂的系统化流程。它的目的是按照评价目的对评价对象获得客观的评价,其流程包括评价方案设计、专家组织、评价实施、数据处理等多项工程管理活动,同时评价又必须由人来执行,管理过程中包括评价专家和评价组织者在内的所有利益相关人行为,是保证评价客观公正的关键。

在评价过程中最具难度的是评价指标体系设计,即评价模型的建立。可以说这是整个评价方案的核心,是评价科学性、整体性的主要影响因素。

由于评价过程包括了多项工程活动,每一活动又对应多种方法,因此任何一种评价方法,即使是所谓的综合评价方法,也不能包打天下。真正的综合评价是需要根据具体的评价问题,合理的分析,是所有适合方法的集合。

【习题与思考题】

1. 为什么说评价是科学研究与工程实践的基本活动之一?

2. 在霍尔系统工程模型中,评价处在哪个轴心? 并与该轴心的哪些点相关?

3. 为什么讲评价是系统目标(或目的)的组成部分? 定义了系统目标但没有相应的评价指标会导致什么后果?

4. 在系统工程中评价指标可以起到什么作用?

5. 决策与评价的关系是什么?

6. 评价问题的复杂性是由什么因素导致的?

7. 分别以体育比赛、三好学生评选、优秀工程项目选择为例,分析其所对应的评价要素都是哪些。

8. 国家自然科学基金项目的评审属于哪一类专家评价? 指出各相关的评价要素。

9. 评价的基本原则是什么?

10. 什么是评价主体? 评价对象又是指什么?

11. 什么是客观评价? 什么是主观评价? 主观评价指标与客观评价指标又各具什么特征?

12. 专家评价与大众评价是如何定义的? 都有什么方法与之相对应?

13. 综合评价的定义是什么?

14. 择优与筛选的操作有何不同?

15. 评价的基本原则有哪些? 哪一个是最基本的?

16. 评价过程中都采用了哪些方法来保证评价的客观性?

17. 什么是评价目的、评价关注和评价指标? 它们之间是什么关系?

18. 评价指标都有哪些属性?

19. 为什么说评价指标体系是评价的核心? 一个评价指标体系分为几层? 最上一层是

什么? 最下一层是由什么组成的? 除最上和最下两层外,中间层是由什么组成的? 中间层可以多层吗?

20. 什么是评价模型?

21. 请描述评价指标体系建立的过程,并指出这一过程分为几个阶段。简述过程中每一步所对应的科学方法。

22. KPI 是一个企业运行的评价指标体系吗? 请问这个评价指标体系是固定的吗? 如果不是,都有哪些会产生变化?

23. 德尔菲法的基本思想是什么? 在评价过程中主要是起什么作用?

24. 什么是相对打分? 什么是绝对打分?

25. AHP 的基本思想是什么? 在评价过程中主要是起什么作用?

26. 去量纲法用于解决评价中的哪个问题? 具体的操作是如何进行的?

27. 请建立供应商选择模型,建立评价指标体系并确定权重。

28. 请从投资者的角度描述投资项目选择的考虑因素,建立评价指标体系并确定权重。

第6章

决策分析方法

教学内容：介绍管理决策的基本模式和常见的管理决策类型、风险决策分析和不确定型决策分析、大数据驱动决策、博弈论与冲突分析。

教学重点：风险决策分析方法及其应用、博弈论和冲突分析方法及其应用。

教学难点：冲突分析建模及稳定性分析。

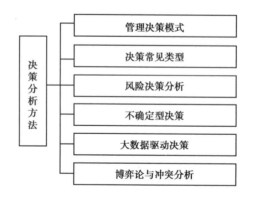

PPP（Public-Private Partnership）模式是一种政府与社会资本合作，共同提供公共产品或服务的项目运作模式。政府与社会资本通过签订协议来明确相关权利和义务，实现收益共享、风险共担，最终形成长期的合作伙伴关系，提高公共产品或服务的供给能力和供给质量。采用 PPP 模式可以有效缓解政府的资金压力，并且可以通过引入市场竞争机制来增强公共基础设施市场的活力。

20 世纪 80 年代，我国开始引入 PPP 模式。许多基础设施项目和一些奥体场馆项目均采用了 PPP 模式，这在一定程度上解决了我国由于缺乏资金导致基础设施落后的问题。

PPP 项目在我国经历了理论探索阶段、试点推广阶段以及调整改革阶段,最终步入高速发展阶段。2013 年底,我国借鉴国际经验,同时立足于我国国情进行完善和改进,开始在国内推广 PPP 模式,并于 2014 年 9 月发布推广 PPP 模式的文件(财金〔2014〕76 号)。此后,多项鼓励政府和社会资本合作的政策和文件相继出台,PPP 模式逐步成为当下公共服务的主要供给方式之一。PPP 模式很好地适应了我国经济步入新常态的具体国情,在我国经济由高速增长转向中高速增长的过程中发挥了重要作用。然而,PPP 项目因其不确定性大、周期长、投资规模大,且参与方众多、利益诉求难以统一等问题,导致在合作过程中往往存在庞杂的冲突问题,其中最为显著的是政府和社会资本之间的冲突。

　　某市于 2016 年发起一个公路改造项目,该项目涉及道路 400 余条,改造总长度约 700 千米,由社会资本方负责项目的投融资、建设和运维,其特许经营期为 12 年,运营期满后由社会资本方无偿移交给政府。政府作为公路改造项目的供给主体,追求公共利益的最大化,而社会资本追求的则是个人利益最大化。政府与社会资本之间的冲突主要集中在两个方面,一方面是成本与质量之间的平衡,另一方面是工程进度的快慢。首先,在基础设施建设领域,政府看重的是工程质量和便民程度,而较少地考虑工程成本,政府可以在边际效益递减的现实情况下继续增加投资,追求较为完美的工程质量和群众满意度。然而,对于社会资本而言,投资就是为了追求利润,所以社会资本会按照收益最大化的原则进行投资,追求工程质量与成本之间的精细平衡,而较少地关注便民程度和群众满意度。其次,政府对于工程进度也有着较高的要求,希望能尽快完工,然而缩减工程进度往往意味着需要增加投资或协调多个施工方之间的关系,这会给社会资本带来较大的压力。当双方在这两个关键问题上无法达到一致时,政府和社会资本对于 PPP 合作模式的积极性便会下降,政府会重新考虑自建,社会资本也会选择退出。

　　在这种情况下,政府和社会资本能否就成本与质量以及工程进度等关键问题达成一致?若政府借助对合作协议的主导权对社会资本进行施压,则社会资本为了保证个人利益最大化会选择退出;若社会资本借助市场力量不断压低工程成本与质量,则政府为了公共利益最大化会选择自建。那么,政府与社会资本会采取何种行动?是达成有效的合作协议,共同以 PPP 模式开展公路改造项目?还是无法达成合作协议,社会资本选择退出,政府进行自建?如何调解两者之间的冲突,事件又该朝着怎样的方向发展?本章冲突分析将为解决类似冲突问题提供决策支持。

6.1　管理决策模式

　　决策作为人类固有的行为之一,存在于人类的一切实践活动之中。从古至今,小到个人生活工作,中到组织发展,大到国家乃至全球事务,无一不与决策有关。

6.1.1 决策分析的基本过程

自古以来,决策就一直贯穿人类历史的全过程。我国历史上,许多著名的政治家、思想家、军事家留下了令人称道的决策范例以及著作,比如田忌赛马、诸葛亮巧借东风、《孙子兵法》《资治通鉴》等。但由于当时人类认识事物的水平有限,因此早期的决策活动普遍缺乏科学理论方法的指导。

进入20世纪特别是第二次世界大战以后,运筹学、计算机科学、概率论、系统理论、行为科学等多门学科的出现和应用,标志着决策学研究进入了飞速发展的时期。到20世纪60年代,形成了一门专门研究人们如何科学做出正确决策的学科——决策学,标志着决策进入了科学化阶段。其中,最具代表性的就是著名的美国经济与管理学家赫尔伯特·西蒙(Herbert Alexander Simon)提出的现代决策理论,西蒙认为"管理就是决策",自此奠定了决策在现代管理中的重要地位。

到目前为止,人们对决策大致有两种理解:一种是狭义的理解,认为决策就是拍板、决定或抉择,认为决策就是人们在不同的备选行动方案中选出一个最佳方案;另一种是广义的理解,认为决策是一个过程即决策分析,提出决策是一个发现问题、分析问题和解决问题的过程。本课程将决策视为一种过程即决策分析,提出决策是管理的重要职能,是决策者对系统方案所做决定的过程和结果,是决策者的行为和职责。管理决策分析就是为了帮助决策者在复杂多变的环境下如何正确决策而提供的一整套推理方法、逻辑步骤和具体技术,以及利用这些方法和技术选出满意行动方案的过程。

按照赫尔伯特·西蒙(Herbert Alexander Simon)的观点,决策过程由情报活动、设计活动、抉择活动、实施活动这四个具有逻辑顺序及反馈环的活动构成。本书将上述四个阶段进一步细分,将决策分析分为以下七个基本过程,具体如下:

①发现决策问题:决策是用来解决问题的,只有发现问题才有决策活动存在的必要;

②确定决策目标:在一定的环境和条件下,解决问题后希望达到的目的;

③设计备选方案:设计出能完成目标、解决问题的不同方案;

④方案分析与评价:依据一定的决策准则或判断标准对多个备选方案逐一进行分析与评价,从而获得各个备选方案的优劣顺序;

⑤方案抉择:从各个备选方案中选定一个最终要实施的方案;

⑥方案实施:通过具体的执行组织运用拥有的资源去实施所选定的方案;

⑦信息反馈:对以上每一个决策过程及时获取反馈信息,从而对其进行修正或进入下一个决策循环。

6.1.2 管理决策的基本范式

为了说明管理决策的基本范式,决策理论家萨凡奇(Sovage)曾以一名家庭主妇做鸡蛋煎饼为例子说明决策的基本范式。该例子具体内容如下:

一名家庭主妇准备用6个鸡蛋和一碗面粉做鸡蛋煎饼。她的做法是先把鸡蛋打到碗里,然后再向碗里搅入面粉。当她已经向碗里打了5个鸡蛋(假设这5个鸡蛋的质量都是好的)准备打第6个鸡蛋时,由于不知道第6个鸡蛋的质量是好是坏,她将面对以下两种可能的鸡蛋质量状态：

　　状态 θ_1：第 6 个鸡蛋的质量是好的；

　　状态 θ_2：第 6 个鸡蛋的质量是坏的。

　　由于第 6 个鸡蛋质量状态的不确定性，这时她将面临以下三种可供选择的应对方案：

　　方案 A_1：将第 6 个鸡蛋直接打入已有 5 个鸡蛋的碗里；

　　方案 A_2：将第 6 个鸡蛋打入另外一个碗里以便检查其质量好坏；

　　方案 A_3：将第 6 个鸡蛋扔掉。

　　当然，根据第 6 个鸡蛋不同的质量状态，以上三种应对方案有着不同的结果，下面将根据三种打蛋方案和第 6 个鸡蛋的质量状态来制成表格，从而得到每一种方案在不同鸡蛋状态下的结果，见表 6-1。

表 6-1　打蛋方案的结果表

状态 结果 方案	好蛋 θ_1	坏蛋 θ_2
A_1	做成 6 个鸡蛋的煎饼	将 5 个鸡蛋污染，只能做没有鸡蛋的煎饼
A_2	做成 6 个鸡蛋的煎饼，但要付出多洗一个碗的劳动	做成 5 个鸡蛋的煎饼，但要付出多洗一个碗的劳动
A_3	做成 5 个鸡蛋的煎饼，但要浪费一个鸡蛋	做成 5 个鸡蛋的煎饼

　　从该例子可以得出，管理决策问题的基本范式为：

$$W_{ij} = f(A_i, \theta_j) \quad i = 1, 2, \cdots, m; j = 1, 2, \cdots, n$$

式中　A_i——决策者可采用的第 i 种策略或方案，属于决策变量，是决策者的可控因素；

　　　　θ_j——决策者和决策对象（决策问题）所处的第 j 种环境条件或自然状态，属于状态变量，是决策者的不可控因素；

　　　　W_{ij}——决策者选择的第 i 种方案在面对第 j 种自然状态下的结果，一般通过损益值、效用值等进行表示。

6.1.3　人机协同决策模式

　　人机协同决策模式，即人和机器共同合作决策，为了完成决策任务而进行的有序配合。其中参与决策活动的人称为人件，它既可以是提供各项信息支持的人员，也可以是最终方案抉择的决策者。在决策活动中人件所负责的决策任务称为人件服务，计算机软件所承担的决策任务称为软件任务，将两者统一到决策系统中的模式被称为人机协同决策模式。

　　人和机器在不同方面各有特点，如人善于定性推理，能够妥善处理突发意外情况，同时具有较强的学习能力和随机应变能力，富有创造性，在非程序化问题中，只能依靠人做出判断去解决问题；而机器善于定量计算，能够处理复杂的数值计算问题，且能存储大量信息，在恶劣危险的环境下仍能工作，具有人无法比拟的能力。因此，只有人机各自充分发挥优势，各尽其用,才能达成人机协同决策模式的高智能性。

基于人机各自不同的特点,在人机协同决策模式中,人件和机器的合作形式有分工和协作两种。一是分工,即人和机器依据自身各自的优势,做适合自身的任务,在同一个决策过程中取长补短,最终共同完成决策任务。如在面对一些定量信息时,机器可以依据知识库中存储的理论知识、已有的人类经验、模型库中的决策数学模型等进行决策,并处理极为复杂的数值计算;而人往往更擅长处理一些定性信息,面对实际变化情况,依据自身直觉、经验和智慧作出决策。二是协作,即针对部分决策问题,人和机器共同作为决策主体进行决策选择,再对两者的决策方案通过综合分析得到更优的结果。面对同一信息,由于人和机器处理问题的思路和方法不同,决策方案可能并不完全相同,从而能更好地结合人的智慧和机器智能的各自优势,提高决策的可靠性。

决策支持系统(Decision Support System)能够提高决策效率,在决策中发挥着重要作用。然而,随着物联网、云计算、人工智能等新兴技术的快速发展,以及决策者参与意识的普遍提高,传统决策支持系统的敏捷性越来越难以满足决策者的需求,从而产生了其与决策者的矛盾,并且愈演愈烈。在这样的背景下,除了传统决策支持系统(Decision Support System)结合人工智能发展成为智能决策支持系统(Intelligent Decision Support System)外,人机协同决策系统(Human-Computer Collaborative Decision System)也应运而生,两者的区别见表6-2。

表6-2 人机协同决策系统(HCCDS)与智能决策支持系统(IDSS)的主要区别

决策系统 特点	HCCDS	IDSS
应用技术	AI的相关理论方法、认知决策、多模态人机交互、人件建模、人件服务的生成、自学习等	AI的知识推理技术、DSS的模型和数据管理等
设计特点	将人件和软件通过新兴技术赋能为人件服务和软件服务,并将其纳入到决策系统进行统一调度和管理	着重把AI的知识推理技术和DSS的系统结构、基本体系框架有机地结合起来
功能体现	增加了系统直觉(即体现了决策活动中人的直接参与),增强了系统敏捷性,提高了可解决的决策问题的复杂程度	主要作用是决策支持,具备理性决策能力,主要是逻辑推理和符号推理

6.2 决策常见类型

现实世界中,存在着各种各样的决策类型。对各类不同的决策进行分类,既有利于人们深入认识其特点和规律,也有利于人们正确地应用不同的决策理论方法,从而实现决策过程和结果的科学化与合理化。因此,有必要从不同的角度对决策进行分类。

6.2.1 战略决策与战术决策

按照决策的重要程度和影响范围不同,可将决策分为战略决策和战术决策。

战略决策是指对组织重大发展方向和目标而做出的决策,是关系到组织生存和发展的重大决策。比如,企业的目标市场选择与定位、新产品开发等重大决策。这类决策的正确与否往往直接关系到组织的兴衰成败,因此战略决策通常由组织最高层领导做出,对决策者综合能力的要求往往较高。战略决策具有影响时间长、涉及范围广等特点,是战术决策的依据。

战术决策是指为了实现战略决策所制定的目标而对组织局部的活动做出的具体决策。比如,企业日常的原材料采购、生产和销售计划安排、库存管理控制、员工的招聘与培训等。这类决策通常是由组织中层管理人员做出的,往往不直接决定组织的命运,但会影响战略目标的实现程度。

6.2.2　程序化决策与非程序化决策

决策问题按照其结构化程度的不同,可分为程序化决策和非程序化决策。

程序化决策也称为结构化或常规决策,是指决策的问题是经常出现的一类结构化程度较高的问题,已经有固定程序、规则和经验来处理该类决策问题,可以按照既定程序和规则进行决策,不必实施新的决策方案。比如,企业员工出现旷工如何解决、企业生产的一批产品质量出现问题如何处理等,就属于程序化决策问题。

非程序化决策也称为非结构化或非常规决策,是指决策的问题是新颖的、结构不清的一类决策问题,这类问题尚未发生过,没有现成的办法、规则、经验等去解决,而只能依靠决策者做出新的判断去解决。比如,企业面对新型冠状病毒疫情如何生存与发展、由于意外突发事件不得不开辟新的销售市场等,就属于非程序化决策。

6.2.3　确定型、风险型与不确定型决策

根据管理决策问题所面对的自然状态是否确定以及自然状态的发生概率是否已知,可将决策分为确定型决策、风险型决策、不确定型决策。

确定型决策是指决策问题所处的环境完全可以确定,即提出的每个备选方案只有一种已确定的结果,此时决策者通过比较不同备选方案的结果就可以选出最优方案。确定型决策是客观环境或自然状态完全确定下的决策活动,决策者对该类决策问题的条件和结果有着充分的认识,因此这类决策的关键在于如何选择出确定状态下的最优方案。当备选方案数量较多时,该类决策通常可以采用运筹学中的线性规划、整数规划、目标规划等方法进行分析与解决。

风险型决策是指决策问题所处的环境有几种可能的自然状态和相应的后果,即决策者所提出的各个备选方案在实施过程中会出现几种不同的结果,而且每种结果的发生概率也可以估测出来。风险型决策是面向未来的,因而选择何种方案均存在一定的风险,常用的方法有期望收益值、期望效用值、决策树法、贝叶斯决策法等。

不确定型决策是指决策问题所处的环境出现某种自然状态和结果的概率都难以估计,即决策者所提出的各个备选方案在实施过程中可能会出现几种不同的结果,但每一种结果的发生概率无法知道。不确定型决策的常用方法包括乐观准则法、悲观准则法、折中准则法、后悔值准则法、等可能性准则法。但是,这些决策准则并不能保证获得问题的最优答案。而且,不同决策者的经验、性格偏好、对待风险的态度、生理和心理状态等因素存在不同,可

能会采用不同的决策准则来处理同一个决策问题,因而会带来不同的决策结果。因此,具体采用何种决策准则,需要根据决策问题的自身特点并结合决策者本人的态度而定。

6.2.4　个体决策与群体决策

按照决策主体数量的不同,可将决策分为个体决策和群体决策。

个体决策是指单个决策者凭借其智慧、经验以及所掌握的信息等进行的决策。该类决策具有决策速度快、效率高等优点,通常适用于常规性或者时间要求紧迫的决策问题。但是,个体决策往往带有较大程度的主观性和片面性,因而对涉及全局的重大战略决策问题不宜采用。

群体决策是指由多个决策者通过一定的会议机制方法,比如头脑风暴法、德尔菲法、名义群体法等进行的决策。该类决策的最大优点是能够充分发挥多个决策者的集体智慧与经验,便于大家从不同的角度和立场发表看法和意见,从而在一定程度上保证了决策的全面性和正确性,因而适宜于全局性的重大决策问题。但是,群体决策的最大缺点就是决策过程较为复杂,耗费时间较多,若组织不当很容易受部分权威人士的影响,从而流于形式。

6.2.5　静态决策与动态决策

按照决策过程的动态性,可将决策分为静态决策和动态决策。

静态决策也称为单阶段决策,是指针对某个决策问题只需要做一次抉择活动的决策。动态决策也称为多阶段决策或序贯决策,是指为了解决某一个决策问题需要在一系列不同阶段上分别做出不同抉择的决策。而且,不同阶段做出的抉择结果存在一定的关联性,即前一阶段做出的抉择结果会直接影响后一阶段的决策,而后一阶段的决策状态又依赖于前一阶段做出的抉择结果,从而各个阶段的决策形成一个完整的决策过程。

6.2.6　定性决策与定量决策

按照解决决策问题的量化程度,可将决策分为定性决策和定量决策。

定性决策是指依据决策者自身或者相关专家智慧、经验、直觉来进行的决策,解决这类问题常用的方法有德尔菲法、头脑风暴法、哥顿法以及电子会议等。定性决策问题中,决策选择强依赖于决策者的主观意志。

在定量决策中,决策者运用数学及统计学理论构建反映不同变量及其关系的数学模型,并通过模型的计算和求解,选择出最佳决策方案。定量决策问题能够很好地被量化,决策者可以依赖数理工具进行严密计算、推理、预测,其决策选择更具准确性和可靠性。因此,在现代管理决策中最常见的是定量决策。传统的定量决策通常依赖决策树、聚类分析、数据包络分析、模糊规划等数学模型以及统计学理论进行决策分析。随着大数据及计算机技术的发展,衍生了机器学习、人工智能、数据驱动等理论工具,它们的出现充实了决策支持理论,推动了大数据决策、人机协同决策以及智能决策支持系统的蓬勃发展,为决策者提供了决策新思路。

除了上述决策类型外,还可以根据其他标准进行划分。比如,按照决策目标的数量不同,可将决策分为单目标决策和多目标决策;按照决策者在组织中所处地位的不同,可将决策分为高层决策、中层决策和基层决策;按照决策的思维方式不同,可将决策分为基于逻辑思维的理性决策和基于形象思维的行为决策;按照决策问题属于个人问题还是组织问题,可将决策分为个人决策和组织决策;按照决策过程是否有竞争对手,可将决策分为非竞争型决策和竞争型(对抗型)决策。其中,竞争型决策分析常用的方法是博弈论,该部分内容将在本章第6节重点阐述。

6.3 风险决策分析

6.3.1 决策表示方法

在现实生活与生产经营管理过程中,人们所做出的许多决策都具有一定的风险性。例如,如果水果店每天销售数量是不确定的,在进货时就存在风险:进货多于市场需要量时,卖不出去的水果可能得降价;进货不足时,该挣到的利润没有挣到也会有机会损失。因此,店主需要决定每天究竟进多少货,也就是存在不同的备选方案,决策者的目标必然是希望自己的收益最大化,虽然水果在每天的销售中只会有一种行情,但是在决策时可以根据以往的销售情况进行归类,如认为可能存在行情好、行情一般、行情差等自然状态,根据以往的资料可以判断出近期各种行情出现的概率,每个进货方案在不同市场行情下可以得到各种收益或损失值,即确定方案的损益值。

通过对上述问题的分析,可看出风险决策问题具有以下特点:①存在决策者期望达到的明确目标;②存在两个或两个以上不以决策者主观意志为转移的自然状态,但可以根据过去的经验或有关资料等估算出不同自然状态的发生概率;③存在两个或两个以上的备选方案;④不同备选方案在各个自然状态下的损益值可以计算出来。在明确决策目标、自然状态及概率、备选方案和损益值后,就可以选择某种决策准则进行决策分析。

风险型决策问题通常可以用决策表和决策树两种形式展现出来,它们可以清楚地反映出决策中包含的方案、状态和概率以及方案的损益值,因而在风险型决策中被广泛使用。

1)决策表

决策表是一种表格,它的行表头表示备选方案 A_i,列表头表示自然状态 θ_i 及其发生概率 P_i,行与列相交处表示每个方案在不同自然状态下的损益值 W_{ij},见表6-3。

表6-3 决策矩阵表

自然状态及概率 / 方案	θ_1	θ_2	...	θ_n
	P_1	P_2	...	P_n
A_1	W_{11}	W_{12}	...	W_{1n}
A_2	W_{21}	W_{22}	...	W_{2n}
...	...	...	...	...
A_m	W_{m1}	W_{m2}	...	W_{mn}

2）决策树

决策树是用树形图的方式,把各种备选方案、可能出现的状态和概率以及损益值表示出来,更加直观地反映决策分析过程。其形式如图 6-1 所示。

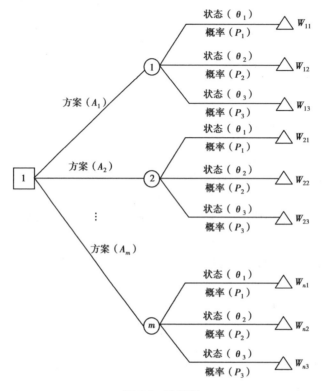

图 6-1　决策树

□表示决策节点,其后引出的分支叫做方案分支。分支的数量与备选方案数相同,分支上要注明方案名称。图 6-1 中有 $A_1,A_2,\cdots,A_m$ 共 m 个方案,在决策节点后面就要引出 m 个方案分支。

○表示状态节点,其后引出的分支叫做状态分支。分支的数量与自然状态数相同。在每一个分支上下分别注明状态名称和概率。图 6-1 中有三个自然状态:$\theta_1,\theta_2,\theta_3$,其对应概率分别为 P_1,P_2,P_3。

△表示结果节点,表示每个方案在不同自然状态下的结果,即损益值。例如,图 6-1 中的 W_{11} 表示方案 A_1 在 θ_1 状态下的损益值。

画图时,从左向右描绘。决策节点□之后需要引出方案分支,每个方案支后面有状态节点○,并引出状态分支,标明该状态发生的概率,在状态分支末端,画上△表示结束,并标明该状态下的损益值。

6.3.2　决策准则

由于决策者的经历和所处地位不同,在决策中评价方案结果的标准也会有差异。这些差异构成了决策方案评价的各种准则,最常用的有期望收益值准则、期望效用值准则和最大可能准则。

1)期望收益值准则

期望值是概率论中离散随机变量的数学期望。按此定义,期望收益值为:

$$E(A_i) = \sum_{j=1}^{n} P(\theta_j) W_{ij}$$

式中 A_i——第 i 个方案;

$P(\theta_j)$——第 j 种自然状态 θ_j 的概率;

W_{ij}——第 i 个方案在第 j 种自然状态 θ_j 下的损益值。

期望收益值准则就是通过计算每个备选方案的期望收益值,根据决策目标比较期望收益值的大小,确定最优方案。在“效益最大”的决策目标下,期望收益值最大的备选方案是最优方案;当方案的损益值是损失值,而且决策目标是损失最小时,期望值最小的备选方案是最优方案。

在以决策表表示的风险决策问题中,运用期望收益值准则的过程是:按行计算各状态下的损益值和概率值乘积之和,得到期望收益值,在决策矩阵表最右边增加一列,填上各行的期望收益值;比较各行的期望收益值,根据决策目标,选出最优决策方案。

【例 6.1】 某建筑项目需要决定下个月是否开工动土。如果开工后天气好,施工单位就可以按期完工,并且可获得 5 千元的利润;如果开工后天气坏,施工单位将会损失 2 千元;如果不开工,不论气象条件好坏,施工单位都会有误工损失 1 千元。根据历史气象统计资料,预计下月天气好的概率是 0.4;天气坏的概率是 0.6。项目以利润最大化为目标,是否应该开工?

解 方案“开工”的期望收益值 = 0.4×5 000+0.6×(−2 000) = 800(元);不开工的期望收益值 = (0.4+0.6)×(−1 000) = −1 000(元)。所以选择开工为最优决策方案。相关计算结果见表 6-4。

表 6-4 各方案的期望收益值

状态与概率 方案	天气好 P_1:0.4	天气坏 P_2:0.6	期望收益值
开工	5 000	−2 000	800
不开工	−1 000	−1 000	−1 000

在决策树表示的风险问题中,运用期望收益值准则的过程是:从右向左计算期望收益值。将每个方案分支所包含的状态分支上的概率值与末端节点损益值相乘,将所有乘积相加,计算各方案的期望收益值,标在各状态节点上。比较各方案枝上的期望收益值,根据决策目标,选出最优方案,将期望收益值标在方案节点上。将未选中的方案支上划两条短线,表示修枝,舍弃该方案。

【例 6.2】 有一石油钻探队在钻探作业开始前可以先做地震试验,然后决定是否开始钻井作业,其中地震实验的费用为 0.3 万元/次,钻井成本为 1 万元,出油收入为 4 万元。根据历史资料,地震试验结果是好的概率为 0.6,不好的概率为 0.4;结果好钻井出油的概率为0.9,不出油的概率为 0.1;结果不好但钻井出油的概率为 0.1,不出油的概率为 0.9。钻探队也可以不做试验而单纯依靠过往经验来决定是否钻井,这时出油概率为 0.55,不出油的概率为 0.45。试用决策树进行决策。

解　先从左往右画决策树。首先考虑是否实验,画出决策节点 $\boxed{\text{I}}$。其后引出实验和不实验两种方案分支。试验方案分支后面画出状态节点①,引出实验结果"好"和"不好"两个状态,并标出其概率。在状态分支"好"后面需要做第二次决策,标出决策节点 $\boxed{\text{II}}$,引出方案分支"钻井"和"不钻井"。"钻井"方案引出状态节点②,引出状态分支,"不钻井"方案只有一种状态。同理,在试验结果不好的情况下也要做是否钻井的决策,在不做试验情况下也要做是否采钻井的决策,依次标出决策节点、方案分支、状态节点和状态分支。在最右端标出"△",写出相应的损益值。决策树如图 6-2 所示。

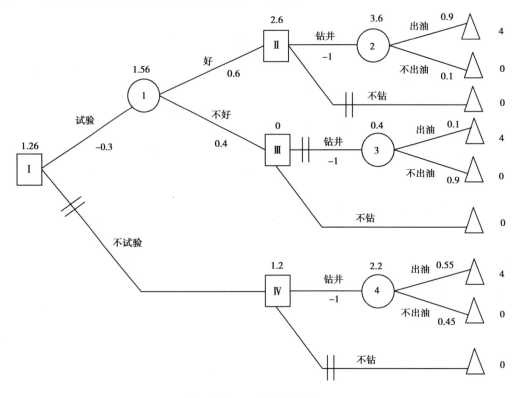

图 6-2　多级决策树

接着,根据期望收益值公式 $E(A_i) = \sum_{j=1}^{n} P(\theta_j) W_{ij}$,从右往左依次计算状态节点和决策节点上的期望收益值,并进行对比,剪枝。

节点②的期望收益值 $=4\times0.9+0\times0.1=3.6$ 万元;扣减钻井费用 1 万元,该方案的期望收益值为 2.6 万元,高于试验结果好却不钻井的收益。因此,决策节点 $\boxed{\text{II}}$ 的期望收益值 $=3.6-1=2.6$ 万元,对"不钻井"方案剪枝。

节点③的期望收益值 $=4\times0.1+0\times0.9=0.4$ 万元,扣减钻井费用 1 万元后,该方案的期望收益值为 -0.6 万元,低于试验结果好却不钻井的收益。因此,决策节点 $\boxed{\text{III}}$ 的期望收益值为 0,对"钻井"方案剪枝。

节点④的期望收益值 $=4\times0.55+0\times0.45=2.2$ 万元。扣减钻井费用 1 万元后,该方案的期望收益值为1.2万元;不试验不钻井的收益为0。因此,决策节点 $\boxed{\text{IV}}$ 的期望收益值为1.2万,对"不钻井"方案剪枝。

节点①的期望收益值=2.6×0.6+0×0.4=1.56万元,扣减试验费用0.3万元后,该方案的期望收益为1.26万元,大于不试验方案的收益1.2万元。因此,决策节点 $\boxed{\text{I}}$ 的期望收益值为1.26万元,对"不试验"方案剪枝。

最终决策结果:试验,如果试验结果好就钻井,如果试验结果不好,就不钻井。这样决策的最大期望收益值是1.26万元。

由此可见,对于较复杂的多阶段决策问题,用决策树进行决策较为直观、简洁和有效。

2)期望效用值准则

很多时候,方案的后果可以用货币值衡量,但也存在不能用货币度量的情况。不管后果如何,规范化的决策分析技术都要求使用统一的衡量标准。因此,需要建立一种适用于综合货币单位和非货币单位后果指标的决策准则,以便反映决策者的价值观念。效用值就是为了解决上述问题而建立的一种概念。

(1)效用和效用值

效用是表示某物具有的效力和作用,是某人对某事物价值的一种主观测度,表示决策者对风险的态度、对事物的倾向和对某种后果的偏爱程度等主观因素的强弱程度。效用值是由丹尼尔·伯努利(Daniel Bernoulli)提出的,他认为人们对财富的真实价值的考虑与其财富的拥有量之间有对数关系。效用值表示不同决策者对方案后果的不同偏好程度。在某些情况下,不同的决策者会对同样的货物价值量产生不一样的评价,其个人的效用值也不尽相同。效用值能够将决策者对待风险的态度量化处理,用 $U(x)$ 表示效用值,其中 $U(x) \in [0,1]$,即以某决策事件中决策者可能获得的最大收益的效用值作为1,可能的最大损失值的效用值为0。

设决策问题中最小损益值为 m,最大损益值为 M,则对于任意损益值 x 的效用值可以通过以下问题得到:如果方案有 P 的概率出现损益值 M,$(1-P)$ 的概率出现损益值 m,概率 P 的数值应为多少才能认为这种情况与确定的出现概率为1的损益值 x 等价? 即

$$U(x) = PU(M) + (1 - P)U(m)$$

接着不断将风险事件与确定事件进行等价提问,确定其他中间点对应的效用值。

【例6.3】 现有一投资方案,通过对方案期望效益分析可知,可能出现的最大收益为30万元,最小收益为-10万元。通过对投资者的询问了解到投资者的效用函数,投资者认为:①"以0.5的概率获得30万元,0.5的概率失去10万元"和"稳得0元"是无差别的;②"以0.5的概率获得30万元,0.5的概率得0元"和"稳得8万元"是无差别的;③"以0.5的概率获得0元,0.5的概率失去10万元"和"肯定失去6万元"是无差别的。试确定收益值为0元、8万元、-6万元时的效用值。

解 设 $U(x)$ 表示 x 万元的效用值,并令 $U(30)=1,U(-10)=0$

可以计算出

$$U(0) = 0.5U(30) + 0.5U(-10) = 0.5 \times 1 + 0.5 \times 0 = 0.5$$
$$U(8) = 0.5U(30) + 0.5U(0) = 0.5 \times 1 + 0.5 \times 0.5 = 0.75$$
$$U(-6) = 0.5U(0) + 0.5U(-10) = 0.5 \times 0.5 + 0.5 \times 0 = 0.25$$

（2）效用曲线

将决策者对不同损益值对应的效用值连接起来，可以得到一条光滑的曲线，即效用曲线。效用曲线一般可以分为三种类型：保守型、冒险型、中间型，如图6-3所示。

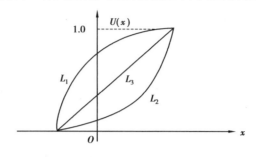

图6-3　效用曲线的类型

曲线 L_1 向上凸起，表示决策者对风险反应敏感，相对于财富增长，更在乎财富的损失，是保守型决策者的效用曲线；

曲线 L_2 向下凹进，表示决策者对收益增加反应敏感，更看重财富的增长，是冒险型决策者的效用曲线；

曲线 L_3 是一条效用值与损益值成正比的直线，表明决策者循规蹈矩，严格按照期望收益值准则做决策，是中间型决策者的效用曲线。

（3）效用值准则

由于决策者所处地位、经验、性格不同，他们对风险型决策问题带来的风险后果所持的态度有很大差别。决策只能从多种备选方案中选择一个，不具备平均意义上的结果，这实际上就反映了决策者对不同后果的偏好。期望收益值反映的是平均意义上的结果，效用则反映了决策者对待风险的态度。例如，某人用10元买福利彩票，有一半可能性除还本外还得到10元，有一半可能性不中奖，根据期望收益值准则，期望收益值为0。这时，购买者会认为买不买都可以，很有可能会尝试购买。但如果需要花500元去购买，盈亏机会仍相同，且收益和亏损都是500元，这时虽然期望收益值仍是0，但购买者一般不会再尝试购买，因为会有一半的可能性失去500元。这时，购买者的决策准则不能用期望收益值解释，而效用值准则可以更好地解释此现象。

期望效用值准则其实是反映决策者价值观念的准则，通常通过比较效用值或效用的期望值来进行决策。

【例6.4】　某企业需要决定是现在还是明年扩大生产规模，由此带来的损益值、市场状态及概率见表6-5。

表6-5　方案决策信息

状态及概率 方案	行情好	行情一般	行情差
	0.2	0.5	0.3
现在扩大	10	8	−1
明年扩大	8	6	1

对此企业来说,损失 1 万元的效用值是 0,获利 10 万元的效用值是 1。肯定得 8 万元与 0.95 概率得 10 万元和 0.05 概率失去 1 万元无差别;肯定得 6 万元与 0.8 概率得 10 万元和 0.2 概率失去 1 万元无差别;肯定得 1 万元与 0.4 概率得 10 万元和 0.6 概率失去 1 万元无差别。试用期望效用值准则进行决策。

解 $U(10)=1$; $U(-1)=0$;

$U(8)=0.95 \times U(10)+0.05 \times U(-1)=0.95$;

$U(6)=0.8 \times U(10)+0.2 \times U(-1)=0.8$;

$U(1)=0.4 \times U(10)+0.6 \times U(-1)=0.4$;

"现在扩大"方案的期望效用值:

$E(U)_1=0.2 \times U(10)+0.5 \times U(8)+0.3 \times U(-1)=0.2 \times 1+0.5 \times 0.95+0.3 \times 0=0.675$

"明年扩大"方案的期望效用值:

$E(U)_2=0.2 \times U(8)+0.5 \times U(6)+0.3 \times U(1)=0.2 \times 0.95+0.5 \times 0.8+0.3 \times 0.4=0.71$

因此,选择"明年扩大"方案。

3)最大可能准则

根据概率论的相关理论,某个事件的概率越大,其越有可能发生。选择概率最大的状态进行决策,该状态下的最大收益对应的方案就是决策方案。

【例6.5】 水果店根据市场行情进货。据统计,近一个季度以来,市场销售的状况有 10 箱,11 箱,12 箱,其发生概率分别为 0.25,0.45,0.3。损益值见表 6-6。试用最大可能准则决策。

表 6-6 各方案的损益值表

状态与概率 方案	售出 10 箱	售出 11 箱	售出 12 箱
	0.25	0.45	0.3
A_1:购进 10 箱	240	240	240
A_2:购进 11 箱	230	260	260
A_3:购进 12 箱	220	250	280

解 自然状态"售出 11 箱"的概率最大($P_2=0.45$),因此考虑按这种市场销路进行决策。比较得知,购进 11 箱的收益最大,所以 A_2 是最优决策方案。

6.4 不确定型决策

不确定型决策是指在决策过程中提出的每个备选方案在实施过程中会出现几种不同的结果,而且每一种结果的发生概率也无法知道。不确定型决策通常具备以下特点:①存在决策者期望达到的明确目标;②存在两个或两个以上不以决策者主观意志为转移的自然状态,而且每个自然状态的发生概率均不可知;③存在两个或两个以上备选方案;④可以求出不同备选方案在各个自然状态下的后果值。因此,不确定型决策高度依赖决策者的经验和性格,决策者可根据决策问题的特点和自身决策偏好确定最优方案。

6.4.1 决策准则

1）乐观准则

根据乐观准则,决策者对客观情况持非常乐观的态度,努力争取获得最好结果的机会。首先计算每个备选方案在所有自然状态下的最大收益值,然后利用"大中取大"的原则,选出这些最大收益值中的最大值,该最大值对应的方案就是最优方案。

【例6.6】 某电子产品有三种促销策略,产品销售的市场情况有三种:行情好 θ_1,行情一般 θ_2,行情差 θ_3。每种策略在不同市场情况下的收益见表6-7。试用乐观准则决策。

表6-7　某电子产品的促销策略、市场情况及损益值

方案	市场情况		
	θ_1	θ_2	θ_3
促销策略 A_1	50	15	−5
促销策略 A_2	30	25	0
促销策略 A_3	10	10	10

解 在乐观准则下,A_1 策略的三种市场情况中 θ_1 状态下有最大收益50,A_2 策略的三种市场情况中 θ_1 状态下有最大收益30,A_3 策略的三种市场情况对应的收益值均是10。max(50,30,10)=50,所以 A_1 为最终决策方案。

2）悲观准则

根据悲观准则,决策者对客观情况持比较悲观的态度,从最坏结果着想。首先计算各备选方案在所有自然状态下的最小收益值,利用"小中取大"原则,选出这些最小收益值中的最大值,该最大值对应的方案就是最优决策方案。悲观准则实际上是从最坏处考虑,在最坏的情况下选择一个相对好的,因而是一种保守的、稳妥的决策过程。

在悲观准则下,例6.6中 A_1 策略的三种市场情况中 θ_3 状态下有最小收益−5,A_2 策略的三种市场情况中 θ_3 状态下有最小收益 0,A_3 策略的三种市场情况对应的收益值均是10。max(−5,0,10)=10,所以 A_3 为最终决策方案。

3）折中准则

用乐观系数 $\alpha(\alpha \in [0,1])$ 将乐观与悲观结果进行折中,也就是对两种结果进行加权平均。决策者根据自身的风险偏好以及对以往经验数据的掌握情况,给出乐观系数 α,计算出所有方案的折中收益值,最大折中收益值对应的方案就是最终决策方案。折中收益值按照以下公式计算:

$$E(A_i) = \alpha \max\{W_{ij}\} + (1-\alpha)\min\{W_{ij}\}$$

式中　$E(A_i)$——方案 A_i 的折中收益值;

　　　W_{ij}——方案 A_i 在状态 θ_j 下的损益值。

在例6.6中,假设乐观系数为0.7,则

$E(A_1) = 0.7 \times 50 + (-5) \times (1-0.7) = 33.5$

$$E(A_2) = 0.7 \times 30 + 0 \times (1-0.7) = 21$$

$$E(A_3) = 0.7 \times 10 + 10 \times (1-0.7) = 10$$

$\max(33.5, 21, 10) = 33.5$，因此，$A_1$ 为最终决策方案。

4）等可能性准则

决策者认为各种自然状态出现的概率是相等的，即不存在哪种状态发生的可能性更大或更小。因此，对 n 种自然状态，每种自然状态出现的概率就是 $\dfrac{1}{n}$。这实际上就成了风险型决策问题，采用风险型决策中的期望收益值准则，分别计算各方案的期望收益值，期望收益值最优的方案就是决策方案。

在例 6.6 中，应用期望收益值准则法，则：

$$E(A_1) = (50 + 15 - 5) \times 1/3 = 20$$

$$E(A_2) = (30 + 25 + 0) \times 1/3 = 55/3$$

$$E(A_3) = (10 + 10 + 10) \times 1/3 = 10$$

$\max(20, 55/3, 10) = 20$，因此，A_1 为最终决策方案。

5）最小后悔值准则

假定每个自然状态下不同方案的最大损益值定义为该状态的理想目标，某方案在某一自然状态下的后悔值等于该状态的理想目标值减去该方案在该状态下的损益值。后悔值反映了没有达到理想状态的机会损失，将后悔值构成的矩阵称为"后悔值矩阵"。由损益值矩阵建立后悔值矩阵，找出每一方案的最大后悔值，从中选出最小后悔值，它所对应的方案为选定的决策方案。

例 6.6 的后悔值矩阵见表 6-8，$\min(15, 20, 40) = 15$。因此，A_1 为最终决策方案。

表 6-8 后悔值矩阵

方案	市场情况			最大后悔值
	θ_1	θ_2	θ_3	
促销策略 A_1	0	10	15	15
促销策略 A_2	20	0	10	20
促销策略 A_3	40	15	0	40

6.4.2 鲁棒优化方法

鲁棒性（Robust）即强健性，是指系统在受到干扰或者出现不确定因素时，仍然能够保持自身的特征行为。鲁棒优化（Robust Optimization）是研究不确定优化问题的方法之一，它以最坏情况为基础，寻求最坏情况下的最佳决策。与随机优化的区别在于，随机优化中不确定参数的概率分布是已知的，而鲁棒优化的相关不确定参数位于确定的集合范围内，没有明确的概率分布，集合内所有的可能值都具备同等重要性。

在决策领域中，决策具备鲁棒性意味着决策在面临诸多不确定因素时，决策方案仍然有效，并且在之后的各种情况下，决策方案都具备可行性。对于不确定型决策而言，存在两个或两个以上发生概率不可知的自然状态。决策者想要做出合理有效的决策选择就必须知道各种策略在不同状态下的收益，以及不同状态下各种策略收益与最优策略收益值的差距。受不确定性因素的影响，决策者很难得到所有状态下的最优满意解或者期望最优满意解，因此策略好坏的评判依据为在所有状态下得到的效益值都可以接受的满意解。鲁棒优化方法即为寻找这种策略的优化方法。

依据决策者的风险偏好，鲁棒优化可以细分为绝对鲁棒优化（Absolution Robust Optimization）、偏差鲁棒优化（Regret Robust Optimization）、相对鲁棒优化（Relative Robust Optimization）、P-鲁棒优化（P-Robust Optimization）等。

绝对鲁棒优化是运用悲观准则的一种优化方法，其得到的鲁棒解 A_i 符合在最不利情况下投资所得收益最高或者损失最小，即：

$$\max_{A_i} \min_{\theta_j} W_{ij} \text{ 或 } \min_{A_i} \max_{\theta_j} W_{ij}$$

在例6.6中，上式可写为

$$\max_{A_i \in \{A_1, A_2, A_3\}} \min_{\theta_j \in \{\theta_1, \theta_2, \theta_3\}} W_{ij}$$

当市场上出现 $\theta_1, \theta_2, \theta_3$ 三种情况时，各种促销方案下最不利的收益分别为 $\min\{50, 30, 10\} = 10$，$\min\{15, 25, 10\} = 10$，$\min\{-5, 0, 10\} = -5$，对应的促销方案为 A_3, A_3 和 A_1，因此上式可以进一步写成：

$$\max_{A_i \in \{A_1, A_2, A_3\}} \{10, 10, -5\} = 10$$

对应最终决策方案为 A_3，绝对鲁棒优化的鲁棒解表明：无论出现何种市场情况，其收益不会小于10。

偏差鲁棒优化是运用最小后悔值准则的一种优化方法，其鲁棒解 A_i 符合在所有状态下与最优目标值的最大偏差值最小，即：

$$\min_{A_i} \max_{\theta_j} (W_{ij} - W_j^*)$$

其中，$W_j^* = \max_{A_i} W_{ij}$，表示状态 j 下的最优目标值。同样以例题6.6为例，上式可写为：

$$\min_{A_i \in \{A_1, A_2, A_3\}} \max_{\theta_j \in \{\theta_1, \theta_2, \theta_3\}} (W_{ij} - W_j^*)$$

当策略分别选取 A_1, A_2 和 A_3 时，对应的 $W_{ij} - W_j^*$ 分别为15, 20和40，见表6-8。因此，选择 A_1 促销策略。偏差鲁棒优化的鲁棒解表明：当选择 A_1 促销策略时，各种市场情况下收益的差值不会超过15。

相对鲁棒优化的鲁棒解 A_i 符合在所有状态下与最优目标值的最大相对偏差值最小，即：

$$\min_{A_i \in \{A_1, A_2, A_3\}} \max_{\theta_j \in \{\theta_1, \theta_2, \theta_3\}} \frac{W_{ij} - W_j^*}{W_j^*}$$

在例6.6中，促销方案 A_1, A_2 和 A_3 的相对最大后悔值分别为15/50, 20/25和40/10，因此，选择 A_1 促销策略。相比于偏差鲁棒优化，相对鲁棒优化消除了收益值量纲对计算结果的影响。

P-鲁棒优化的鲁棒解 A_i 在任意状态下，各状态对应的目标值与最优目标值的偏差值可以控制在给定范围内，即：

$$\frac{W_{ij} - W_j^*}{W_j^*} \leqslant P, 对任意\ \theta_j$$

或者

$$W_{ij} - W_j^* \leqslant c, 对任意\ \theta_j$$

其中,P 和 c 是预先给定的常数,反映决策者对风险的态度,P 和 c 越大,决策者可容忍的风险越大,而当 $P < \min\limits_{A_i} \max\limits_{\theta_j} \dfrac{W_{ij}-W_j^*}{W_j^*}$ 或 $c < \min\limits_{A_i} \max\limits_{\theta_j}(W_{ij}-W_j^*)$ 时,该问题无解。从上式可以看出,P-鲁棒优化比相对或偏差鲁棒优化更为松弛。以例题6.6为例,P-鲁棒优化可构造为:

$$\max_{A_i} W_{ij}$$

s. t.

$$\frac{W_{ij} - W_j^*}{W_j^*} \leqslant P$$

可知当 $P \in [15/50, 20/25)$ 时,此时只能选择促销策略 A_1,因此 P-鲁棒优化与相对鲁棒优化的鲁棒解相同,目标函数 $\max\limits_{A_i} W_{ij} = 15$。而当 $P \in [20/25, 40/10)$ 时,$\max\limits_{A_i} W_{ij} = 20$,因此选择促销策略 A_2。当 $P \in [40/10, +\infty)$ 时,$\max\limits_{A_i} W_{ij} = 40$,选择促销策略 A_3。对于复杂的决策问题,可通过二分法等一维搜索方法选取 P 或 c 值。

对鲁棒优化模型进行求解时,可通过强对偶定理对鲁棒优化模型的内层问题进行对偶转化,从而将原始 min max 问题转换为 min 问题或将原始 max min 问题转换为 max 问题。值得注意的是,鲁棒优化模型的求解难度依赖于状态变量 θ_j 所属不确定集合的选择,即便是线性鲁棒优化模型,其经对偶处理后的模型仍旧有可能不是线性规划模型,因此需要用到非线性优化方法。

6.5　大数据驱动决策

6.5.1　大数据驱动决策的概念

2011 年 5 月麦肯锡发布了一份题为《大数据:下一个创新、竞争和生产率的前沿》的报告,首次指明了大数据时代的到来。大数据是以容量大、类型多、存取速度快、应用价值高为主要特征的数据集合。大数据共有四个主要特征,在业界内也被称为 4V 特性,分别是:

①数据体量大(Volume):移动互联网和智能移动终端的使用,使得人人都能成为数据制造者,每时每刻都在产生巨量的数据,动辄 TB 级别,甚至 PB 级别的体量。

②数据类型多(Variety):大数据时代,数据已不仅仅是数字,而是包含文字、图片、视频、音频,以及各类传感器监测到的信号等。

③数据价值大(Value):数据是信息的载体,大量的数据内部蕴含着大量的信息,其背后隐藏的价值同样是巨大的,但价值密度稀疏,需要采取手段挖掘有效价值。

④数据通量高(Velocity):数据通量高是指产生数据的速度很快,这要求对数据的收集与分析处理的过程也必须迅速,以及时满足用户的需求。

大数据决策通常是指以大数据为主要驱动的决策,大数据决策相较于传统的决策在信息情境、决策主体、假设条件和方法流程等决策要素上都发生了巨大的变化。

第一,在信息情境方面,决策涵盖信息范围实现了从单一领域转变为跨域融合的"跨域转变"。传统的管理决策通常是将强相关的特定信息情境作为决策问题的输入信息,经信息情境分析做出决策选择。受大数据特性以及大数据融合分析技术的影响,大数据决策可以有效突破领域边界,使得决策问题从领域内部延伸至领域外部,因此大数据决策的准确性更强。

第二,在决策主体方面,大数据决策实现了单一主体向多维主体的"主体转变"。在传统决策中,决策主体经历了由个体决策到群体决策、由决策者独立决策到决策支持系统辅助决策者共同决策的转变。在大数据环境下,决策受众也可以影响决策选择,比如消费者要求产品定制,与此同时人工智能技术的发展促使智能系统广泛参与到决策过程中,决策主体转变为人、组织与人工智能的结合,且人工智能系统的决策主导地位越来越高。

第三,在假设条件方面,大数据决策实现了从有经典假设向宽假设甚至无假设的"假设转变"。传统决策受限于信息情境通常会对决策问题提出假设条件,进而对含有假设条件的决策模型进行决策选择。然而大数据技术的发展能够帮助决策者识别假设条件与现实情况的差异,从而对决策模型进行修正,使得决策更加准确有效。因此,大数据为决策者放宽或消除了那些为简化决策问题而做出的假设条件。

第四,在方法流程方面,大数据决策实现了决策流程从线性、阶段化向非线性的"流程转变"。传统决策通常依据决策基本过程线性展开,而大数据时代的决策问题复杂多样,决策情境呈现多维交互、全要素参与的特征,线性决策过程对这类决策问题的适用性很差,能实现多维整合、同步分析的非线性流程更为适用。与此同时,大数据"流"的特性能实现各要素间的动态交互呈现,依据非线性、非单向的决策动态变化对决策进行修正。

6.5.2 大数据驱动决策过程

大数据理论及技术的发展能够将大数据转化为可用于决策的依据,从而为解决现代决策问题提供了路径。大数据决策过程如下:

①发现并识别决策问题。明确决策问题,辨析决策问题是否适合采用大数据决策。精准计算、快速响应的问题,比如地图导航、春运网购火车票等,这类问题采用大数据决策的优势能得到最大化凸显。除此之外,需要人机相互协同的决策类问题也适合采用大数据决策。

②确定决策目标。依据决策问题设置决策目标。

③构建"全样本"数据源以辅助决策。大数据决策中,各数据变量之间可能存在相关关系。因此在采集大数据时,要拓展数据采集源,尽可能地采集"全样本"数据。

④大数据驱动决策分析。该步骤包含"数据获取和存储—数据集成—数据分析—数据可视化及释义"四个层面。数据获取和存储阶段需要对数据进行获取并实现数据存储;在数据集成阶段实现对多源异构数据的整合处理;在数据分析阶段,应用不同的数据分析方法识别数据规律,预测数据趋势;数据可视化及释义阶段主要将数据分析结果可视化,使决策主体能快速掌握数据分析结果。

⑤决策选择。在自动化决策过程中,机器可以通过决策模型直接得到决策选择;在人机协同决策中,将数据分析可视化结果与决策问题具体场景相结合,通过多元决策主体进行互动交流以形成决策方案。

⑥决策方案实施。决策者通过具体的行动,调用组织资源,落实决策方案。

⑦决策反馈。决策反馈是一个总结反思的过程,它能够推动决策的持续改进。现有的反馈评估方式主要有三种:一是对决策者信息处理能力的评估;二是对决策过程的评估,即评估决策过程在各个环节是否发挥作用;三是决策绩效评价,对决策成效的评估和测量可以判定决策模型是否符合实际决策问题。

6.5.3 大数据驱动决策分析的特点

1)不确定性

大数据环境下,客观事物的多样性、随机性、动态性和无序性奠定了数据本身的不确定性。此外,决策者对数据分析处理需求的差异性,进一步加剧了大数据驱动决策过程中的不确定性。因此,大数据驱动决策中的不确定性分析和处理显得尤为重要。传统不确定性决策分析方法大多建立在随机变量概率分布已知的假设上,限制了对现实问题的刻画,因此需要提出大数据环境中概率不确定和机理模型无法建立情形下的决策分析方法。

2)数据的多源性

数据的多源性是大数据的重要特点之一。一方面,大数据的数据源往往类型多样且分散,来源广泛、类型繁杂的数据需要被有机集成,以保证数据质量及可信度。另一方面,由于多源性数据中存在大量的数据噪声和数据缺失等问题,导致了大数据的信息密度较低,有效信息难以被挖掘,需要通过对多源数据的交叉共享和融合分析降低数据中的冗余信息,从而提高决策质量。例如,在城市规划决策时,决策者不仅需要收集路网结构、交通流量信息,还要掌握地区人口分布、人口结构、POI(Point of Interest)数据等,通过对这些多源数据进行融合分析,确定城市规划决策方案。

3)数据的相关性

相关性是大数据的另一重要特点,海量、多源、多类型的数据决定了变量间复杂的关联关系。样本中各变量之间的相关性不仅包括数据内部的潜在关联,同时包括变量之间的隐含关系。如何实现数据的相关性识别成为当前研究的热点。由于大数据具有非线性、多维度的特征,简单应用相关系数来挖掘变量关系往往会丢失变量之间内含的一些逻辑关系。因此,近年来针对大数据的这种特点,提出了包括典型相关分析、基于交互信息的关联分析和基于距离的关联分析等方法,将关联分析与其他方法结合使用,从而使分析的结果更加具有可信性,用智能的方法为决策者提供更加有效的数据信息。

4)数据的动态性

动态性是大数据的典型特点。现实生活的复杂多变性和各类信息的实时更新决定了大数据动态增长的特性,而传统基于历史数据挖掘的分析方法往往只具备历史有效性。现实场景中大数据的动态性主要体现在数据样本、样本特征描述信息及数据类别的动态增长三个方面。因此,在大数据驱动决策分析过程中,不仅要基于历史数据获取知识,更要实现对实时动态变化的数据的增量分析。通过对数据的增量分析,实现在线场景下的知识获取和决策调整,进一步保证决策的可靠性。

6.5.4 大数据驱动决策分析方法

大数据环境下,由传统假设驱动向数据驱动的转变促使了相应决策分析方法的产生。大数据驱动决策分析是在合适决策技术的支持下,对海量、异构数据进行获取和存储、集成、分析、可视化及释义的过程,从而为大数据环境下的决策提供更有力的保障。具体的决策分析方法如下:

1)数据分析方法

大数据驱动决策的核心在于数据分析,数据分析方法主要包括统计分析、人工智能方法等。

(1)统计分析

统计分析是针对大数据相关性和多源性的特点,通过数据的收集、分析和推导,揭示目标数据之间关联关系、变化规律和发展趋势,进一步将信息转化成数值描述的方法。典型的统计分析方法主要有回归分析、分类分析等,以其高效性被应用于不同领域。大数据环境下,为了克服传统统计方法的局限性,并行统计、统计计算和统计学习等方法被提出以适应大规模数据的管理需求。一个著名的大数据决策案例是沃尔玛公司利用基于机器学习的统计方法获取并分析用户交易数据,从而制定良好的定价和广告策略。

(2)人工智能方法

针对大数据自身的不确定性、多源性、相关性和动态性特点,人工智能方法被广泛应用到大数据驱动决策过程中,通过对数据和信息的提取、分析和学习,实现对不确定性问题的表征,多源数据的融合及关联性分析,同时可以通过在线学习的方法实现对大数据的增量分析,从而得到可靠的决策结果。典型的人工智能方法包括数据挖掘、机器学习和模糊逻辑等。数据挖掘适用于从给定数据中揭示出隐含的、先前未知并有潜在价值的信息,为决策提供支撑;机器学习能够从经验数据中自动挖掘有用的知识,实现对无法准确定义决策问题的描述;模糊逻辑通过模拟人脑的推理思维模式,实现对模型未知或不确定系统的表征,成为大数据不确定性决策分析的有效工具。人工智能方法因其强大的学习、推理、计算能力,被广泛应用到医疗、工程和自然科学等多个领域。

2)可视化分析方法

可视化分析是指利用图像处理等技术将不同的数据类型通过可视的、交互的方式进行展示的方法。它能有效融合计算机强大的计算能力和人的认知能力,更加形象、直观地描述数据间的相互关系和潜在信息,进一步提高对大规模复杂数据集的洞察能力。不同于传统的信息可视化,在大数据可视分析过程中仅有数据可视化表征还不足以支持问题分析推理的全过程,还需要支持可视化分析的人机交互技术,主要包括支持可视分析过程的多尺度、多层次的交互算法、核外算法及视觉隐喻方法等,通过数据转换和视觉转换的方式,实现对大规模、高维度、多源、动态演化信息的自动分析挖掘和实时决策。

3)大数据处理平台

大数据决策时数据存储和计算规模较大,常常需要依托专门的大数据处理平台进行。大数据处理常用的工具如下:①Hadoop。Hadoop 是业内公认的能够进行大数据处理的标准开源软件,它能够进行分布式批处理计算以及数据存储,常用于大数据的挖掘和分析。

Hadoop擅长日志分析,可以进行高级的数据处理分析以及用户特征建模,实现商品推荐、协同过滤等目标。②HPCC(High Performance Computing and Communications)。HPCC也被称为数据分析超级计算机,能够实现并行批数据处理、数据转换查询和数据仓库管理等功能。③Storm。Storm被称为实时版的Hadoop,能够进行分布式实时计算,常用于对实时性要求较高的场景中,是流计算技术中的主流,被阿里巴巴等知名互联网企业广泛应用。

6.6 博弈论与冲突分析

6.6.1 博弈论

决策是决策主体为各种事件出主意、做决定的过程,决策主体可以是单一个人或单一团体。当决策者面对的是一个非人性化的自然的环境时,决策者不需要考虑自己的策略选择对别人的影响,也不考虑别人的策略选择对自己的影响。然而在实际生活中,常常会出现如田忌赛马、围棋比赛、象棋比赛等问题,在该问题中决策者面对的是一个理性的人,决策者的决策收益和决策选择会受到对方决策选择的影响,学者将这类互动局势下的决策问题称为博弈问题,也就是说,只要涉及多个决策主体的互动,就会有博弈。

博弈论也叫对策论,是研究利益冲突各方在彼此相互作用下如何做出正确决策以及有关决策均衡问题的理论。它既是现代数学的一个新分支,也是运筹学的一个重要内容,其本质是一种决策方法,目的是在既定博弈规则的约束下求解均衡并选择行动,被广泛应用在管理、经济、军事等众多领域中。

1)博弈模型的基本要素

一个标准的博弈应当包括参与人、策略、收益、次序和信息结构五个基本要素。

（1）参与人

参与人又被称为决策主体,是在博弈中独立承担结果的决策者。在一场博弈中,至少有两个或两个以上的参与人。博弈参与人可以是独立个人,也可以是团体组织。只要在同一个博弈中统一进行决策、统一行动、统一来承担结果,不管组织规模有多大,哪怕是一个国际组织,都可以作为博弈中的一个参与方。博弈规则一旦被确定下来,博弈各方的地位就是平等的,各方必须严格按照规则办事。此外,博弈对手的不同会影响到博弈结果。

（2）策略

策略是博弈参与人提出的用以解决问题的手段、计谋、计策的集合,也就是指参与人在何种条件下选择何种行动或计策。在不同的博弈局中,可供参与人选择的策略在内容和数量上不尽相同。在同一个博弈中,不同参与人的策略空间也不同。

（3）收益

收益是指参与人在博弈中做出决策行动后的得失,收益可以是正向的,也可以是负向的。从博弈论的定义中可以知道,双方或者多方进行博弈的目的就是实现自己的利益最大化,都是在利益驱使下进行博弈决策。收益越大,对博弈参与方的吸引就越强烈,博弈的过程也就越激烈。

（4）次序

次序是博弈参与人进行决策的先后顺序。在同一博弈中，若存在多个参与人，为了公平公正，有时会要求所有参与人一次性同时做出决策，而很多情况下各参与人会先后做出策略选择，并且参与人要做多次的策略选择，因此会有决策次序问题。后次序参与人的决策常常会受到前一个参与人决策的影响，因此界定一个博弈必须要明晰其决策次序，次序不同，博弈结果也是不同的。

（5）信息结构

博弈环境和博弈方的信息是影响参与人决策和博弈结果的重要因素，信息的差异会导致策略选择和博弈结果的不同。博弈过程中最重要的信息是博弈收益信息，即各个参与人要明确自己的损益诉求。此外，博弈参与人是否了解其他参与人的行动进程信息也包含在内。

2）博弈的分类

目前对博弈的分类有不同的分类标准，但主流的分类方式还是依据博弈参与人的次序、参与人对其他参与人的了解程度和博弈性质进行分类。

①按参与人的次序，可分为静态博弈和动态博弈。动态博弈是指在博弈过程中参与人的决策有先后顺序，且后决策的参与人能够观察到之前的参与人所做的策略选择，比如象棋、围棋博弈。静态博弈是指在博弈中参与人同时决策或虽非同时决策但后决策者并不知道先决策者的策略选择，比如摇骰子比大小。静态博弈和动态博弈不是绝对的，二者可以相互转化。

②按博弈参与人对其他参与人了解的程度，分为完全信息博弈和不完全信息博弈。完全信息博弈是指在博弈过程中，每一位参与人都准确知道其他参与人的特征、策略集合及收益。反之，则是不完全信息博弈。

③按照博弈性质可分为合作博弈和非合作博弈。合作博弈是指博弈过程中明确存在协议约束，各参与人依据协议规定在协议范围内进行的博弈，其强调的是团体理性，在保证集体利益最大化的情况下，侧重研究各参与人之间达成合作时的收益分配问题。非合作博弈是指在策略环境下，把所有人的行动都看作个体行动，主要强调个体进行自主决策，而与该策略环境中其他个体或组织无关，侧重研究各参与人如何行动使自己收益最大化，即策略选择问题。区别于非合作博弈的是，合作博弈强调联盟内部的信息互通以及存在有约束力的协议。

除此之外，博弈论还有很多分类，比如从参与人数量来看可分为双人博弈和多人博弈；按照博弈策略空间的大小可以分为有限博弈和无限博弈。

3）工程管理决策中的博弈分析

（1）水电工程业主安全监督中的博弈决策

2015年8月，国家发展和改革委员会颁布了《电力建设工程施工安全监督管理办法》，明确规定建设单位对电力建设工程施工安全负全面管理责任。实行工程总承包模式的建设单位可以通过合同约定的方式将生产安全管理责任转接给总承包单位，建设单位只保留法定的安全监督责任。在不考虑第三方监管以及后续影响时，总承包单位和建设单位的可选策略为合作（严格安全履责）或者不合作（不严格安全履责）。总承包单位和建设单位是完全理性主体,追求自身利益最大化,因此两者的理性选择是不严格安全履责策略。建设单位选择严格安全履责策略时,建设单位需要付出一定的人力物力资源,合计需要付出 c 单位的成本,反之则不需要付出成本。当建设单位严格安全履责时,一定能发现总承包单位的安全违规行为,并对其安全违规行为采取罚款等惩罚措施,惩罚系数为 k。总承包单位安全违规操作会产生安全隐患,当总承包单位选择严格安全履责时,需要对安全隐患进行补救,其补救成本为 m;当总承包单位选择不严格安全履责,而建设单位严格安全履责时,建设单位会发现这一安全隐患,在要求总承包单位补救安全隐患的同时,还要付出 km 的惩罚成本。

在行动顺序上,承包单位和建设单位的策略选择没有先后顺序,并且对彼此的策略集合都有准确了解。假设建设单位 A 和总承包单位 B 选择合作的概率分别为 p_A 和 p_B。该策略组合的收益见表6-9。

表6-9 水电工程安全监管博弈模型——收益矩阵

策略		总承包单位 B	
		合作(p_B)	不合作($1-p_B$)
建设单位 A	合作(p_A)	$-c,-m$	$km-c,-km-m$
	不合作($1-p_A$)	$0,-m$	$-m,0$

对于建设单位而言,选择合作和不选择合作的期望收益分别为:

$$\omega_A(p_A=1) = (-c) \times p_B + (km-c) \times (1-p_B) = km - km \times p_B - c$$

$$\omega_A(p_A=0) = 0 \times p_B + (-m) \times (1-p_B) = m \times p_B - m$$

令 $\omega_A(p_A=1) = \omega_A(p_A=0)$,可得 $p_B^* = 1 - \dfrac{c}{(k+1) \times m}$。当总承包单位合作的概率 $p_B < p_B^*$ 时,建设单位的最优策略选择是合作;当总承包单位选择合作的概率 $p_B > p_B^*$ 时,不合作策略是建设单位的最优策略;当总承包单位选择合作的概率 $p_B = p_B^*$ 时,建设单位可以随机选择合作或是不合作。

对于总承包单位而言,其选择合作和不选择合作的期望收益分别为:

$$\omega_B(p_B=1) = (-m) \times p_A + (-m) \times (1-p_A) = -m$$

$$\omega_B(p_B=0) = (-km-m) \times p_A + 0 \times (1-p_A) = -km \times p_A - m \times p_A$$

当 $\omega_A(p_B=1) = \omega_A(p_B=0)$,可得 $p_A^* = \dfrac{1}{k+1}$。如果建设单位的合作概率 $p_A < p_A^*$ 时,总承包单位的最优策略是不合作;当建设单位的合作概率 $p_A > p_A^*$ 时,总承包单位的最优策略是合作。当建设单位的合作概率 $p_A = p_A^*$ 时,总承包单位可以随机选择合作或是不合作。

上述博弈决策问题可以看作合作博弈。建设单位和总承包单位为博弈参与人,两者签订工程项目合作协议,从而以项目同盟的方式进行博弈,合作与不合作为博弈策略选择,任何一方选择不合作将会受到项目合作协议规定的惩罚。通过对该决策问题中收益的定量分析可以找到博弈模型的混合战略纳什均衡点,从而为博弈参与人的决策选择提供理论依据。

(2)风力发电技术研究中的博弈决策

在能源危机和可持续发展战略的驱动下,我国政府积极发展太阳能、风能、水能等可再生能源。我国风能理论上可开发总量充足,但实际开采量较低,究其原因是国内风电场总装机容量少,且风力发电机组设备较为落后,导致风能的转化率和利用率低下。因此,风电企业大力推进风力发电技术研究和开发。假设现阶段只有 A 公司和 B 公司开展这一技术研究和开发。A 公司新进入该领域,公司规模小且研发实力较弱;B 公司是该领域的领导者,研发实力雄厚。据此可以构建一个简单的博弈模型,A 公司和 B 公司作为博弈的参与人,各个参与人的可选策略为自主研发或者外部引进。策略选择收益如下:

①参与人任何一方自主研发成功的收益为 12;如果双方同时研发成功,均分收益。

②如果双方都自主研发,B 公司需要投入的成本为 3;A 公司由于整体科技水平落后,在该技术实现与 B 公司同样的水平需要付出的成本为 5。

③如果一方率先研发成功,在得到全部收益的同时可以将技术转让给另一方从而得到 3 单位的额外收益。

④技术引进成本为 2,收益为 5。如果博弈双方都选择技术引进,由于行业内该技术未被突破实现,没有技术可供博弈双方引进,因此双方收益均为 0。

当 A 公司和 B 公司都选择自主研发时,A 公司的总收益为 1,B 公司的总收益为 3。当 A 公司自主研发,B 公司选择技术引进时,A 公司的总收益为 10,B 公司的总收益为 3。以此类推,可以得到收益矩阵见表 6-10。

表 6-10　风力发电技术研发博弈模型——收益矩阵

策略		B 公司	
		自主研发	技术引进
A 公司	自主研发	1,3	10,3
	技术引进	3,12	0,0

上述决策博弈问题是一个非合作博弈。在该博弈决策中,只有 A、B 两家公司作为博弈参与人,双方在决策时均为自主决策,且不论选择何种策略都不会受到外部第三方的惩罚。从该收益矩阵可以看出,不论 A 公司选择自主研发还是技术引进,B 公司选择自主研发的收益都至少高于技术引进,因此自主研发就是 B 公司的占优策略。当 B 公司选择自主研发时,技术引进就成为 A 公司的占优策略。

6.6.2　冲突分析

1)冲突分析的基本概念

冲突指的是个体与个体、个体与集体或集体与集体之间,由于目标导向不同,对待同一问题有着不同的认识、看法和观念,又或是存在情绪和情感上的差异而客观存在的不一致或不能相容的状态,冲突有着各种各样的表现形式。

冲突广泛地存在于社会生活中。在政治方面,国外执政党同在野党之间的冲突,国内政策落实时各省市之间的冲突;在经济方面,各企业、公司和利益集团争夺市场,划分市场份额的冲突,企业内部各部门之间的利益冲突;在文化方面,中西在饮食、时间观念等方面的冲突,企业在跨国经营中因社会观念和地域不同引起的冲突。也就是说,冲突无处不在,从公司选址决策到劳资冲突,从医患关系的紧张到日常两个人的吵架,冲突渗透在日常生活中的各个角落。

冲突分析是在经典对策论和偏对策理论基础上发展起来的,它是一种对冲突行为进行正规分析的决策分析方法。冲突分析应用数学模型来描述冲突现象,提取冲突事态的本质和特点,并分析各种可能和必然的冲突结果,从而为决策者提供有说服力的决策依据。冲突分析通过对许多难以定量描述的现实冲突问题的逻辑分析,进行冲突事态的结果预测以及过程分析,达到帮助决策者科学周密地思考冲突问题的目的。冲突分析是分析和解决多人决策或竞争问题的有效工具之一,已经在政治、经济、军事、社会等众多领域获得了广泛的应用。

由冲突分析的概念可以发现冲突分析方法具有以下特点:

(1)具有严谨的数学和逻辑学基础

冲突分析方法是 20 世纪 80 年代提出的一种研究冲突事态的方法,其数学基础是 20 世纪 20 年代初的对策论和 20 世纪 70 年代初的偏对策理论,通过巧设函数、构建模型等方法,冲突问题的研究得到了很大的发展。

(2)适于解决一些难以定量分析的现实问题

冲突分析方法能够最大限度地利用信息,提取冲突过程中的本质和特点,因此对于系统工程中需要考虑社会因素影响的决策问题或是无法定量分析的问题,用冲突分析方法进行分析会显得更加快捷高效。

(3)事前分析与事后分析相结合

冲突分析不仅可以预测冲突事件的结果,而且可以描述和评估冲突事态发展的过程。通过冲突分析,决策者可以多角度获取和分析信息并做出最为合理的决策。

(4)具有很强的实用性

在冲突分析的过程中,几乎不需要应用复杂的数学理论和方法,因此其较易被理解和掌握。

2)冲突分析的基本要素

冲突分析的基本要素有以下 5 个方面。

(1)时间点

即冲突开始出现的标志性事件的发生时间。冲突问题随着事件的演化,相互局势也在不断地发生变化,因此需要一个确定的时刻,便于事件的明晰和冲突的分析。但是时间点本身并不参与模型的建立,也就是说,这个时间点是冲突分析开始的起点,也是分析能够得到有用信息的终点。

(2)局中人

即参与冲突的利益相关者和行为主体。当争论和矛盾出现后,可能的个体或集体会结合自身参与冲突的动机、目的和基本的价值判断采取独立的行动,进而影响局势的发展。根据冲突分析的概念,局中人至少有两个或两个以上,局中人数量记为 N。

(3)可选行动

即在冲突发生后,两个或两个以上的局中人根据对冲突问题的认识和分析,可能采取的行动,记第 i 个局中人可能采取的行动有 O_i 种。

（4）局势

即为冲突分析问题的解。各局中人所采取行动的组合构成冲突事件的局势,组合的数量记为 $M = 2^{\sum_{i=1}^{N} o_i}$。

（5）局势偏好顺序

即各局中人按照自己的目的或想要达到的目标,对可能的局势排出的优先顺序。

3）冲突分析的一般过程

随着冲突分析理论的不断发展与完善以及应用的不断深入,学者们逐渐建立并完善了冲突分析的主体内容与一般过程。冲突分析的过程一般包括以下四个阶段:背景的描述和分析阶段、建模阶段、稳定性分析阶段、稳定后分析阶段。

（1）背景的描述和分析阶段

进行冲突分析的第一步是需要对冲突事件有一个全面清晰的认识和理解。在深刻理解冲突事件的基础上,对冲突事件进行准确的描述之后,才能够对复杂的冲突事件展开正规有效的分析。在本阶段中,主要针对冲突事件进行以下方面的描述:①冲突事件的发生时间及起因;②冲突事件的主要矛盾,即事件争论的焦点问题;③冲突事件演化的主要阶段和过程;④冲突涉及的局中人及他们在冲突中的动机、目的和价值判断;⑤局中人在冲突事件中的地位及相互关系;⑥局中人可能在冲突中采取的行动。

（2）建模阶段

在对冲突事件的信息进行初步整理、描述和分析之后,便需要建立冲突分析模型。冲突分析模型是一种数学模型,用来对冲突分析基本要素之间的关系和演化过程进行模拟。建模阶段的主要任务是根据第一阶段对冲突事件的描述,分析冲突中存在的局中人、局中人可能采取的行动、可行局势以及局中人针对不同局势的偏好信息。其中,所有局中人可选行动的一种组合就形成一个局势。

在建模阶段需要注意的一点是并非所有的局势都是可行的,由于所有的局势都与局中人的行动选择有关,因此有些局势是不可能出现或者被采用的,称这样的局势为不可行局势。不可行局势出现的原因有:①不符合逻辑推理;②不符合行动选择的优先级;③不符合局中人合作的可能性;④不符合递阶要求。

（3）稳定性分析阶段

在建立冲突分析模型之后,便需要对冲突系统进行稳定性分析,这是冲突分析过程中最为关键的一步。在本阶段中,冲突分析人员的任务是根据冲突系统在可行局势之间的转移情况,利用局中人的偏好信息,分析个体局势稳定性,判断局中人是否应该从当前所处的局势下移开,并进一步得出所有局中人的全局稳定局势,即全局平衡点,从而使冲突系统达到稳定的状态。

所谓全局稳定局势,即冲突中的所有局中人都可以接受的局势。在这个局势的基础上,不论对已采取的行动进行何种变更,一定会有局中人不接受新得到的局势,从而达不到稳定的状态。即在全局稳定局势下,没有任何一个局中人愿意对已采取的行动进行变更。

在本阶段中,想要得到最终的稳定局势,需要基于两个先决条件:①每个局中人都将朝着对自己最有利的局势改变行动;②每个局中人在决定采取自己的行动时,都会充分考虑到其他局中人可能的反应以及这个反应对自身的影响。

（4）稳定后分析阶段

冲突分析的目的并不只是简单地得到一个稳定的局势，而是要为决策者提供有实用价值的决策信息以及切实可行的决策方法。所以在得到稳定局势之后，冲突分析人员还需要根据不同局中人对风险的态度、相对偏好的改变以及冲突局势的演化对稳定性结果进行进一步的分析和评价。

总之，冲突分析的一般过程如图6-4所示。

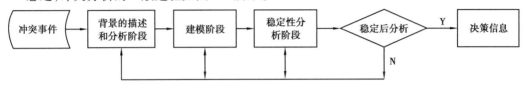

图6-4 冲突分析的一般过程

4）冲突分析案例——古巴导弹危机

（1）背景

1898年美西战争爆发，美国从西班牙手中夺得古巴。由于古巴岛战略位置的重要性，美国通过"租借"关塔那摩湾和松树岛（今青年岛），建立了一东一西的军事基地，并出台了《普拉特修正案》，从而控制了古巴，自此古巴成为美国的"傀儡"。1959年，卡斯特罗率起义军推翻了巴蒂斯塔统治，成立了古巴共和国。相比之前的古巴领导人，卡斯特罗更为强硬，他宣布美国租借关塔那摩湾不合法，不再接受租金，自此美古关系日益恶化。1961年4月，美国妄图入侵古巴以暴力推翻卡斯特罗政府，最终失败。

1962年美国对古巴实行经济、贸易和金融封锁，来自美国的强大压力迫使卡斯特罗只能向苏联寻求帮助。当时正值美苏冷战，为了对抗美国，古巴的求援正是苏联求之不得的事情，苏联抓住机会对古巴进行了大量的军事和经济援助。7月，苏联开始向古巴运送核武器，部署中程导弹；8月，美国发现苏联设在古巴的导弹发射场；10月，美国武装封锁了古巴。自此，使人类接近毁灭边缘的古巴导弹危机拉开帷幕。

（2）建模

根据上述案例背景，应用冲突分析方法对该冲突事件进行分析。

①时间点。选在1962年10月，此时冲突形势已经很明显，且冲突各方即将要采取可能的行动。

②局中人。该事件的局中人是美国和苏联，作为本次冲突事件实际参与者的古巴，并不存在与冲突相关的独立行动，所以不作为本次事件的局中人。

③可选行动。美国的可选行动有两种，空袭苏联设在古巴的导弹基地，或是在海上设置一个封锁圈，作为防止为古巴提供援助的一切舰只出入的禁区。

苏联也只有两种行动，从古巴撤除导弹基地，或是通过入侵西柏林、袭击美国军舰等方式使事态升级，加剧局势紧张化。

④可行局势。该冲突事件的全部局势集合见表6-11，共计16个局势。在表6-11中，"1"代表局中人采取某种行动，"0"代表局中人放弃某种行动。由"0"和"1"组成了二进制序列，其中每一列代表不同局中人采取行动的一种组合，也就是一种局势。在表6-11的最后一行中，填入一列二进制向量对应的十进制值 q，并作为该局势的编号。此处的转换方式

按照自上而下依次赋权的方式进行计算,第一位数的权值为 2^0,下面依次为 2^1,2^2,2^3。

表 6-11　古巴导弹危机的全部局势

美国	空袭	0	1	0	1	0	1	0	1	0	1	0	1	0	1	0	1
	封锁	0	0	1	1	0	0	1	1	0	0	1	1	0	0	1	1
苏联	撤除	0	0	0	0	1	1	1	1	0	0	0	0	1	1	1	1
	升级	0	0	0	0	0	0	0	0	1	1	1	1	1	1	1	1
局势编号 q 十进制代码		0	1	2	3	4	5	6	7	8	9	10	11	12	13	14	15

在全部的局势集合中,有一些局势为不可行局势,分别是编号为 12、13、14、15 的局势。这是因为苏联的两种行动在逻辑上是相互矛盾的,即苏联不可能既从古巴撤除导弹基地,又加剧局势的紧张化。所以,该冲突事件的可行局势见表 6-12。

表 6-12　古巴导弹危机的可行局势

美国	空袭	0	1	0	1	0	1	0	1	0	1	0	1
	封锁	0	0	1	1	0	0	1	1	0	0	1	1
苏联	撤除	0	0	0	0	1	1	1	1	0	0	0	0
	升级	0	0	0	0	0	0	0	0	1	1	1	1
局势编号 q 十进制代码		0	1	2	3	4	5	6	7	8	9	10	11

⑤局势偏好排序。在冲突分析中,对局中人进行局势偏好排序往往需要大量的调研分析。局势偏好具有一定的不确定性,这正是局势偏好排序的重点和难点。在局势偏好排序中,最希望得到的局势排在最左边,最不希望得到的局势排在最右边。

在该冲突事件的局势偏好排序中,避免事态扩大是双方共同的原则。在此基础上,美国力求迫使苏联从古巴撤除导弹基地,而苏联则非常希望能够保持现状。根据此原则,经过对美国和苏联的研究,确定出美国对局势的偏好排序为 $(4,6,5,7,2,1,3,0,11,9,10,8)$,而苏联对局势的偏好排序为 $(0,4,6,2,5,1,7,3,11,9,10,8)$。

(3)稳定性分析

将相关要素填入稳定性分析表,见表 6-13。

表6-13 古巴导弹危机的稳定性分析

	E	E											全局平衡点
	r	s	u	u	r	u	u	u	r	u	u	u	个体局势稳定性
	4	6	5	7	2	1	3	0	11	9	10	8	局势偏好排序
美国		4	4	4		2	2	2		11	11	11	单方
			6	6			1	1			9	9	改进
				5				3				10	局势
苏联	r	s	s	r	u	r	u	r	u	u	u	u	个体局势稳定性
	0	4	6	2	5	1	7	3	11	9	10	8	局势偏好排序
		0	6		5		7		7	5	6	0	单方改
									3	1	2	4	进局势

对该冲突事件主要进行以下6种局势的分析:

①单方改进局势(Unilateral Improvement,简称UI)。对某一局中人而言,构成单方改进局势有两个前提条件:首先只有该局中人单方面改进自己的行动方案,而其余局中人均不改变行动方案;其次该局中人只能将行动方案向对自己更有利的方向进行改进。单方改进局势的确定是稳定性分析的基础,在稳定性分析表中,每个可行局势的UI均列在该局势编号的下方,并按照优先程度的高低从上到下排列,见表6-13。如对处于局势7的美国而言,苏联的行动为撤除在古巴的导弹基地。当苏联的行动不变时,美国可以通过改变自己的行动,在局势4、5、6、7之间变动。根据上边的分析,这四个局势的偏好排序为(4,6,5,7),因此对美国而言,局势7的单方改进局势为局势4、5、6,局势5的单方改进局势为局势4、6,局势6的单方改进局势为局势4,局势4没有单方改进局势。

②合理稳定局势(Rational Stable)。某一局势不存在UI,即为合理稳定局势。实际分析时,在该类局势上方标记r。如对美国而言,局势2、4、11没有单方改进局势,所以这3个局势是合理稳定局势。

③连续惩罚性稳定局势(Sequentially Sanctioned Stable)。以局势q为例,某一局中人将局势q单方面改进到q',另一局中人会将q'单方面改进到q";但对第一个局中人而言,q"的偏好顺序小于或等于最初的局势q,则局势q对第一个局中人而言存在连续性惩罚。进行稳定性分析时,局势q可能存在多个UI,如果全部UI局势都可以形成连续性惩罚,那么局势q就是连续惩罚性稳定局势,在该类局势上方标记s。以局势6为例,美国可以单方改进到局势4,苏联又可以由局势4单方改进到局势0。从美国的角度出发,局势0的偏好顺序小于局势6,所以局势6存在连续性惩罚,美国便不会由局势6单方改进到局势4。因此对美国而言,局势6便为连续惩罚性稳定局势。

④非稳定局势(Unstable)。仍以局势q为例,对某一局中人而言,若其存在至少一个可单方改进的局势,并且改进后的局势不会对其产生连续性惩罚,则该类局势为非稳定局势,标记为u。表6-13中的局势0、1、3、5、7、8、9、10对于美国而言均存在至少一个可单方改进的局势,并且改进后的局势没有对其产生连续性惩罚,则它们均为非稳定局势。

⑤同时惩罚性稳定局势(Simultaneously Sanctioned Stable)。某一局势对冲突各方而言均为非稳定局势,则需进一步分析该局势是否为同时惩罚性稳定局势。仍以局势 q 为例,对于局中人 A 而言,局势 q 的其中一个 UI 局势为 a;对于局中人 B 而言,局势 q 的其中一个 UI 局势为 b。若对 A 而言,由局势 a 和 b 合成的新局势 p 不比 q 更优,称 q 的 UI 局势 a 存在同时性惩罚。如果 q 所有的 UI 局势都存在同时性惩罚,局势 q 便为同时惩罚性稳定局势(对于局中人 A 而言),记作 φ。由二进制编码可得,新局势 p 的编号为 $p=a+b-q$。

以局势 1 为例,局势 1 对美国和苏联而言均为非稳定局势,则需进一步分析该局势是否为同时惩罚性稳定局势。在局势 1 中,美苏所采取的行动分别是空袭和保持现状。对于美国而言,局势 1 的单方改进局势为局势 2;对于苏联而言,局势 1 的单方改进局势为局势 5。美苏改进后采取的行动分别为封锁和撤除,即为局势 6。运用公式可以得到相同的结果:$6=2+5-1$。对于美国而言,局势 6 比局势 1 更优,所以局势 1 不是同时惩罚性稳定局势;同理,对于苏联而言,局势 1 也不是同时惩罚性稳定局势。

⑥全局平衡点(全局稳定局势)。对冲突各方而言,当某一局势均为 (r,s,φ) 的组合时,那么该局势便为冲突各方的全局平衡点,即全局稳定局势,将此类结局标记为 E。

稳定性分析的整体流程如图 6-5 所示。

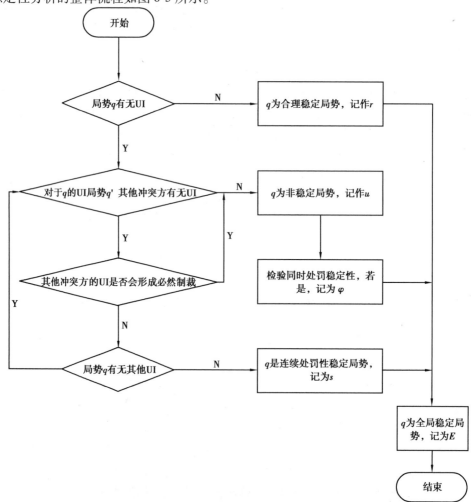

图 6-5　稳定性分析流程图

从稳定性分析表中可以得到,该冲突事件的全局稳定局势为 4 和 6。

（4）稳定后分析

经过冲突分析,获得了两个全局稳定局势,究竟是哪一个局势呢? 还需要做进一步的分析。

在冲突事件的开始,局势处于"0"的状态,由表 6-12 可知,对于苏联而言,局势 0 是合理稳定的,所以此时苏联不会采取任何行动。但是对美国而言,局势 0 存在单方改进局势,且最希望改进到局势 2,所以美国会单方面改进到局势 2。对美国而言,局势 2 为合理稳定局势,但是苏联可以进一步单方改进至局势 6。此时对冲突双方而言,均达到了稳定局势,即全局稳定局势。

然而对美国而言,局势 6 存在着单方改进局势,即局势 4,为什么美国没有进行改进呢? 因为由表 6-13 可知,如果美国由局势 6 改进到局势 4,存在着一个来自苏联的连续性惩罚,所以美国不会进行改进。

那么局势 4 有什么意义呢? 假设美国由局势 6 改进到了局势 4,即解除海上封锁,这时苏联对美国的连续性惩罚是改进到局势 0,即苏联再次在古巴设立了导弹基地,这明显是不符合实际情况的,因为苏联这样做会付出巨大的成本。所以在这样的情况下,美国可以改进到局势 4,并最终保持稳定,这也是符合冲突事件客观结局的。

古巴导弹危机由稳定局势 6 转向稳定局势 4 的原因是,苏联对于局势的偏好发生了改变。当苏联已经撤除导弹基地之后,对在古巴保有导弹基地的所有行动的偏好都会下降,所以稳定局势会随着局中人偏好的变化而进行改变。

【习题与思考题】

1. 什么是管理决策分析,它包括哪些基本步骤?

2. 管理决策的基本类型有哪些,除了本章介绍的类型外你还知道哪些?

3. 风险型决策和不确定型决策的区别是什么?

4. 某工厂要确定下一年度的产品生产计划,市场销售部门调查结果预测,未来一年该产品在市场上的销路为好、中、差的概率分别是 0.3,0.6,0.1,此外工厂的生产方式包括大批量生产、中批量生产和小批量生产,并且各生产方式的损益值都可以计算出来,见表 6-14,请问如何安排生产才能使企业的效益最大?

表 6-14 各状态的损益值 　　　　　　　　　　单位:百万元

自然状态 损益值 方案	市场销路		
	好	中	差
	$P_1 = 0.3$	$P_2 = 0.6$	$P_3 = 0.1$
大批量生产	100	60	40
中批量生产	80	80	50
小批量生产	60	60	60

5. 现有一生产企业,因为设备老旧,生产工艺落后,所以生产成本较高,企业决定将现有

工艺加以改进,并提出以下两种方案:一是自行研发,研发成功的概率为0.6;二是从国外引进先进技术,成功的可能性为0.8。以上两种方案无论是否成功,都需要考虑是否扩大生产规模。若自行研发或引进国外工艺失败,则仍延续现有工艺进行生产,并且产量保持不变。据估计未来这种产品价格下跌的可能性为0.1,保持现价的可能性为0.5,涨价的可能性为0.4,各状态的损益值见表6-15,请利用决策树法确定企业的决策方案,使预期收入最大。

表6-15　损益值表 单位:百万元

损益值 状态	方案 按原工艺生产	成功引进技术		成功自行研发	
		产量不变	产量增加	产量不变	产量增加
价格下跌	−120	−200	−350	−200	−350
价格不变	0	60	80	0	−300
价格上涨	120	180	300	250	700

6. 现有一石化企业对是否要从油田页岩中提取原油制品的方案进行决策,前期经过市场部门的调查得出未来石油价格可能会出现以下变动:低于现行价格(简称低价)、现行价格不变(简称现价)、高于现行价格(简称高价)、发生禁运进而石油价格暴涨(简称禁运)。经过企业管理层研讨得出以下可能的行动方案:

S_1:积极开展油田页岩的提炼研究

S_2:提高产量与开展研究相结合

S_3:维持现状不开展研究,只提高产量

各行动方案在不同自然状态下相应的损益值见表6-16。

表6-16　损益值表 单位:百万元

方案	自然状态			
	低价	现价	高价	禁运
S_1	−60	0	60	70
S_2	−100	−160	100	160
S_3	−400	−200	0	400

(1)请分别用乐观准则、悲观准则、等可能性准则、折中准则、后悔值准则确定采用哪种行动方案(已知乐观系数为0.7)。

(2)若已知以上四种自然状态出现的概率分别是0.15,0.6,0.2和0.05,请用期望收益值法决定应该采用哪种行动方案。

7. 某投资公司准备投资研发一种新型抗流感药物,投资公司前期调研结果显示该新型抗流感药物受市场欢迎的概率为0.3,投放市场后预计可获得10亿元的收入;市场反应平淡的概率为0.4,对应的预期收入为5亿元;市场反应冷淡的概率为0.2,对应的预期收入为1.5亿元;此外新药还有0.1的概率研制失败。现有三家制药企业A,B,C准备参与投标,投标规定新药研发前的准备费用由中标者承担,预计需要6千万元。以下是A,B,C三家制

药企业的效用函数,其中 M 表示预期收益:

$$U_A(M) = (M + 0.6)^{0.9} - 1$$
$$U_B(M) = (M + 0.6)^{0.8} - 1$$
$$U_C(M) = (M + 0.6)^{0.7} - 1$$

请你帮助这三家制药企业确定是否应该参与此次投标。

8. A、B 两家企业生产同种产品,已知两家企业均打算利用广告营销提高下一年度的销售利润。若 A 和 B 两家企业都做广告,则 A 企业可以增加 40 万元的利润,B 企业可以增加 16 万元的利润;若 A 企业做广告,B 企业不做广告,则 A 企业可以增加 50 万元的利润,B 企业可以增加 4 万元的利润;若 A 企业不做广告,B 企业做广告,则 A 企业可以增加 20 万元的利润,B 企业可以增加 24 万元的利润;若 A 和 B 两家企业都不做广告,则 A 企业可以增加 60 万元的利润,B 企业可以增加 12 万元的利润。

(1)请画出 A、B 两家企业的损益矩阵。

(2)请求出该问题的纳什均衡。

9. 利用冲突分析方法解决实际管理问题的适用条件是什么?

10. 考虑如下的墨西哥财政冲突模型:

局中人	行动
世界银行	①向墨西哥提供新贷款
	②促使美国向墨西哥提供更多的资金
墨西哥	①从世界银行获得贷款
	②拖欠未偿还的贷款
美国	①向墨西哥施加经济压力
	②增加给世界银行的资金
	③减少给世界银行的资金

针对如下的 5 种不可行结局,解释其含义,说明其类型。

①$(-1---1-)^T$　　　　②$(-----11)^T$

③$(--00---)^T$　　　　④$(1--1---)^T$

⑤$(0-1----)^T$

11. 结合我国实际,在冲突分析中应该如何考虑上级决策者或协调方的作用?

【章后案例分析】

根据案例的背景,采取冲突分析方法对本次冲突事件进行分析,并为决策者提供合理的决策方案。

1)建模

(1)时间点

本案例的时间点选择为 2016 年,当时公路改造项目已经被发起,政府和社会资本方即将面临是否要选择 PPP 模式合作这一问题。

（2）局中人

本次事件的局中人有两个，分别是社会资本方与政府。

（3）局中人的可选行动

社会资本方的可选行动有两种：一是合作，即采用 PPP 模式，与政府部门合作共同负责公共服务供给；二是不合作，即不参与公共服务供给。政府的可选行动也有两种：一是合作，即采用 PPP 模式，与社会资本合作共同负责公共服务供给；二是不合作，即自建，采用传统模式直接负责公共服务供给。

（4）可行局势

本次冲突事件共有 16 个局势，但由于不符合逻辑推理、公私合作等原因，其中一些局势为不可行局势，应该予以剔除。最终得到本次冲突事件的 9 种可行局势，可行局势集合见表6-17。

表 6-17   冲突事件可行局势集合

政府部门	与社会资本合作（PPP 模式）	0	1	0	0	1	0	0	1	0
	政府自建即不合作	0	0	1	0	0	1	0	0	1
社会资本方	与政府部门合作（PPP 模式）	0	0	0	1	1	1	0	0	0
	不参与公共服务供给即不合作	0	0	0	0	0	0	1	1	1
局势编号 q 十进制代码		0	1	2	4	5	6	8	9	10

（5）局势偏好排序

经过对社会资本方和政府部门的调查研究，根据局中人个人偏好及利益最大化等原则，利用层次分析法确定出了局中人的局势偏好排序。其中，政府部门对局势的偏好排序为(5,4,6,1,0,2,9,8,10)，社会资本方对局势的偏好排序为(0,5,10,8,9,2,1,4,6)，见表6-18、表6-19。

表 6-18   政府部门局势偏好排序

政府部门	与社会资本合作（PPP 模式）	1	0	0	1	0	0	1	0	0
	政府自建即不合作	0	0	1	0	0	1	0	0	1
社会资本方	与政府部门合作（PPP 模式）	1	1	1	0	0	0	0	0	0
	不参与公共服务供给即不合作	0	0	0	0	0	0	1	1	1
局势编号 q 十进制代码		5	4	6	1	0	2	9	8	10

表6-19　社会资本方局势偏好排序

政府部门	与社会资本合作(PPP 模式)	0	1	0	0	1	0	1	0	0
	政府自建即不合作	0	0	1	0	0	1	0	0	1
社会资本方	与政府部门合作(PPP 模式)	0	1	0	0	0	0	0	1	1
	不参与公共服务供给即不合作	0	0	1	1	1	0	0	0	0
局势编号 q 十进制代码		0	5	10	8	9	2	1	4	6

2) 稳定性分析

将相关要素填入稳定性分析表,见表6-20。表中第1行为全局平衡点,第2至第5行为政府部门的局势情况,即个体局势稳定性、局势偏好排序以及单方改进局势。第6至第9行为社会资本方的局势情况。

表6-20　公路改造项目采取模式的稳定性分析

	E									全局平衡点
政府部门	r	u	u	r	u	u	r	u	u	个体局势稳定性
	5	4	6	1	0	2	9	8	10	局势偏好排序
		5	5		1	0	2	9	9	单方改进局势
			4			1			8	
社会资本方	r	r	r	r	r	u	r	u	r	个体局势稳定性
	0	5	10	8	9	2	1	4	6	局势偏好排序
			0	5	10	5	0	10		单方改进局势
						9	8	2		

经过分析可以看出,全局稳定局势有1个,即局势5。

3) 稳定后分析

经过冲突分析,得到了1个全局稳定局势——局势5,即政府部门与社会资本方选择合作,采用PPP 模式开展此次公路改造项目。关于此次冲突事件的演化过程,具体分析如下:

在冲突事件的开始,双方处于局势0的状态,由表6-20可知,对于社会资本方而言,局势0是合理稳定局势,所以此时社会资本方不会采取任何行动。但是对政府而言,局势0存在着单方改进局势,即局势1,此时政府采取的行动为采用PPP 模式进行合作。然而,对于社会资本方而言,局势1并不是合理稳定的,且社会资本方更希望改进到局势5,即同样采用PPP 模式进行合作。此时,双方达到全局稳定局势。目前,该公路改造项目已经处于建设阶段,并且采用了PPP 合作模式,与模型所得到的全局稳定局势吻合,符合我们对冲突事件最终稳定局势的分析。

按照《关于规范政府和社会资本合作综合信息平台运行的通知》(财金〔2015〕166号)的要求,财政部政府和社会资本合作中心建立了全国PPP综合信息平台及项目管理库。截至2022年底,财政部PPP中心在库项目(含储备清单)约1.4万个,总投资20.9万亿元,以项目公司成立为标识的落地率约77%。按行业划分,市政工程、交通运输、城镇综合开发、生态建设和环境保护位居投资额和项目个数的前四位。上述情况,进一步印证了在基础公共服务领域,政府和社会资本采用PPP模式进行合作是互利共赢的稳定方案。

本案例改编自学术论文:刘彩霞,郭树荣,丛旭辉,等.基于冲突分析的PPP项目合作关系稳定性[J].山东理工大学学报(自然科学版),2018,32(6):10-14.

第 **7** 章

钱学森系统工程思想与我国工程管理教育

教学内容:介绍钱学森系统工程的研究历程。主要包括:钱学森系统科学学派和其提出的系统科学体系,即钱学森系统科学体系、开放复杂巨系统、从定性到定量综合集成方法论、综合集成研讨厅、大成智慧、思维科学与人工智能等;钱学森系统工程思想及总体设计部;钱学森引导我国工程管理学科发展。

教学重点:钱学森系统工程思想、系统工程方法论以及钱学森引导我国工程管理学科的发展。

教学难点:理解"集大成,得智慧"的大成智慧方法论内涵。掌握符合中国人思维和基于中国文化的综合集成研讨厅方法论。

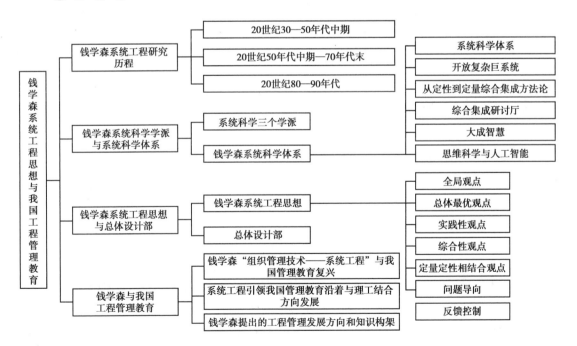

某动力研究设计院是集核反应堆工程研究、设计、试验、运行和小批量生产为一体的大型综合性科研基地。该核动力院为核电、研究堆等领域提供着专业化的技术服务,开展了配套设备供货、反应堆换料设计与论证、辐照技术与辐照效应检验、工程改造及核岛大修及日常维修等各个方面的工作,并逐渐向产业化发展,初步形成了民用同位素生产及其配套的多种医用治疗机、工业用探伤机产品体系。由于产品属于单件小批定制生产,设计更改频繁、流程长、工期难以控制、涉及单位多、系统复杂,因此,工程管理困难。为此,研究院领导倡导发扬"航天精神",深入学习钱学森的系统工程思想,希望通过从学习钱学森的系统工程思想出发,运用系统理论与方法解决核反应堆工程设计与施工中的问题。请同学们分析应该如何考虑在该单位利用系统工程思想与方法提升设计与施工的工程管理绩效。

　　钱学森光辉的一生都是在为科学和技术事业而奋斗。他在发展我国火箭导弹的过程中形成了自己独特的系统工程思想,创建了我国系统工程学派,构建了基于马克思主义哲学框架下的知识体系,发展了适合中国文化的大成智慧综合集成方法论,并引导建立了中国现代管理学科和工程管理教育。他晚年关注人体科学,专注于人机工程与人工智能,在人工智能独步天下的今天看来仍是先知先觉,体现出他在把握科学发展趋势方面的功力和敏锐的洞察力。他提出将系统工程思想与方法用于治国理政的建议得到了党中央的高度重视,并已经逐步付诸实施,体现出系统工程理论与方法强大的生命力。"钱学森之问"也激励着教育工作者不断反思,努力为国家培养具有正确世界观、人生观和价值观的有用之才。钱学森留下的宝贵的财富,将激励从事工程管理工作的后来者奋力前行。长期在钱学森身边工作的钱学森秘书于景元教授、中国科学院数学与系统科学研究院的顾基发教授在上海理工大学召开的纪念钱学森100周年诞辰纪念大会上对钱学森的系统贡献做了系统的总结。西安交通大学汪应洛院士则在该纪念会上对钱学森对我国的管理教育尤其是工程管理教育的引导做了系统性论述。

7.1　钱学森系统工程研究历程

7.1.1　20世纪30—50年代中期

　　20世纪30—50年代中期,钱学森是在美国度过的。在美国完成学业后,他有机会跟随自己的导师冯·卡门教授开展火箭导弹研究,并赴德国学习导弹研制。由于这一经历,钱学森成为我国后来研制"两弹一星"团队中唯一直接接触过导弹的科研人员。由于后期美国盛行麦卡锡主义,他在美国从事导弹研制的工作受到阻碍,他转而专注自然科学的研究。主要从事自然科学技术研究,特别是在应用力学、喷气推进以及火箭与导弹研究方面,取得了成就。与此同时,1954年钱学森撰写出版了《Engineering Cybernetics》(《工程控制论》),这不仅是对控制学科的重大发展,也是对系统科学发展的重大贡献。

　　钱学森创建的工程控制论是控制论的一个领域,它用于解决机械系统、生物系统和化学系统中控制工程的问题。美国通用电气公司在20世纪60年代中曾用工程控制论设计了控制拟人机,该机被美陆军部队使用,可以模拟操作者腿的运动。

《工程控制论》是钱学森于 1954 年所著的英文著作,由美国 McGraw-Hill 出版。1958 年由戴汝为、何善堉翻译成中文版,由科学出版社出版。2007 年在原版基础上再加上他另外两篇文章由上海交通大学出版社进行再版。这是控制论的一部经典著作,有德文、俄文译本。俄文版 1956 年出版,德文版 1957 年出版。本书曾荣获中国科学院 1956 年一等科学奖。部分国外大学如美国、德国、俄国、挪威等为研究和学习工程控制论开设了大学及研究生课程。挪威还有工程控制论系,俄国有专门工程控制论所。

7.1.2　20 世纪 50 年代中期—70 年代末

以"两弹一星"为代表的大规模科学技术工程,既是高度复杂的科学技术问题,也是异常复杂的组织管理问题,这就需要有一套科学的组织管理方法与技术。正是在这个阶段他实践了有关系统工程的多项技术方法,例如运用计划协调技术指导整个型号的研制,运用军事运筹学考虑导弹的论证、试验、使用和将控制论用在导弹的控制和导航上等,同时在组织形式上形成总体设计部,并且在这些基础上提出系统工程。

作为一个有远见的科学家,他在当时已预见到运筹学不单要研究现有武器装备的运用,而且更要研究未来武器装备的规划与运用。因此,他在国防部第五研究院创建了我国第一个军事运筹学研究机构——"作战研究处",开辟了运筹学面向我国武器装备规划、论证的一个发展方向。这可以说是我国国防系统分析研究工作的起源。钱学森在开创我国航天事业的同时,也开创了一套既有中国特色又有普遍科学意义的系统工程管理方法与技术。

7.1.3　20 世纪 80—90 年代

在 1980 年,钱学森明确地提出系统科学的三个层次,一个桥梁的体系,并把自动控制、信息工程纳入到直接改造客观世界的系统科学体系中。技术科学包括了运筹学、控制论、信息论,还有大系统理论。把贝塔朗菲的一般系统论（Bertalanffy：General system theory，1968）、普里高津的耗散结构理论（Prigogine：Dissipative theory，1971）和哈肯的协同学（Haken：Synergy，1977）等一切有关系统的理论概括综合起来,成为一门基础理论——系统学,这就是系统科学的基础科学。1986 年 1 月起,他亲自参加和组织系统学讨论班,同时他还参与了人体科学和思维科学的讨论班活动。

20 世纪 80 年代的十年中,钱学森进行创建系统学、开展系统工程应用的研究活动,在大量的理论研究和实证研究的基础上,终于取得了里程碑意义的原创性成果,1990 年他和于景元、戴汝为发表了《一个科学新领域——开放的复杂巨系统及其方法论》文章。

20 世纪 90 年代是"开放的复杂巨系统及其方法论"深化的十年。钱学森特别重视结合思维科学的研究和国际上"信息革命"的进展,深化"以人为主,人机结合"。人机结合,即人必须和信息网络结合在一起工作,人离开了信息网络的终端机将无法工作,这一天很快就要到来了。经过多方面的深化研究,钱学森正式提出了"大成智慧工程和大成智慧学",这是开放的复杂巨系统理论和方法论的进一步发展。

7.2 钱学森系统科学学派与系统科学体系

7.2.1 系统科学三个学派

自 20 世纪 60—70 年代以来,在系统工程发展的基础上,系统科学在世界范围内有不同发展,其中主要是以贝塔朗菲、普里高津和哈肯为代表的欧洲学派,以圣塔菲研究所霍兰为代表的美国学派和以钱学森为代表的中国学派。系统科学的代表人物及其主要的理论和方法见表 7-1。

表 7-1 系统科学学派理论与方法

	欧洲学派	美国学派	中国学派
代表人物	Bertalanffy（1968） Prigogine(1971) Haken(1977)	Santa-Fe Institute Holland(1994)	钱学森(1990)
主要理论	一般系统论 耗散结构 协同学 突变论 超循环理论	复杂自适应系统(CAS) 突现(Emergency) 体系(SOS) 体系系统工程(SOSE)	开放复杂巨系统(OCG) 系统学(Systematology) 微分动力体系 思维科学(Noetic Sc.)
研究方法	微分动力方程 奇异吸引子 突变 自组织,有序,分形	复杂网络 多主体仿真 遗传算法	综合集成方法论(MS) 研讨厅(HWMSE) 大成智慧(ME) 事理

7.2.2 钱学森系统科学体系

欧洲系统学派从 20 世纪 70 年代开始,进行多领域的探索,取得了多方面的成就。其中系统工程"新三论",包括耗散结构理论、突变论和协同学,主要是欧洲学派的研究成果。欧洲学派主要研究自然界系统的演变规律,是处理物理和化学等比较"死"的物化对象。美国学派则以圣塔菲研究所霍兰教授的复杂适应性系统为核心,重点解决具有一定自主决策能力的"活"的对象,例如多智能体。以钱学森为代表的中国学派则比较多地考虑"人和社会"这样的对象。钱学森非常注意吸取欧美学者的长处,同时又注意有批判地接受自己新的创造。钱学森的主要的系统科学贡献包括:

1）系统科学体系

系统科学与系统工程的关系是每位从事系统工程人员首先遇到并会提出的问题。哲学是统领其他学科的学科。钱学森提出:马克思主义哲学处于最高层次,指导着其他学科,如图 7-1 所示。系统论是关于系统的一般性理论基础,指导系统学。控制论、运筹学与信息论作为系统工程的三大基础理论,指导着各个领域的系统工程实践。例如,工业系统工程、农业系统工程、交通系统工程、国防系统工程等。这个体系找准了中国的系统工程在整个学科体系的位置,同时也对系统工程的理论基础和技术基础给出了明确的定位。

图7-1 钱学森关于马克思主义哲学框架下的系统学科体系

2)开放复杂巨系统

面对自然界和社会错综复杂的系统,提出了"开放复杂巨系统"的概念,并且归纳出其主要特征:

①系统本身与系统周围环境有物质、能量和信息交换,所以系统是"开放的"。

②系统所包含的子系统有很多,成千上万,甚至上亿万,所以是"巨系统"。

③子系统的种类繁多,有几十、上百、甚至几百种,所以是"复杂的"。

④开放的复杂巨系统有许多层次。

钱学森关于开放复杂巨系统的描述,概括了复杂系统的研究对象,成为后期系统工程向复杂系统领域延伸的基础,也为当今社会各类复杂工程系统和社会系统的研究奠定了基础。大型复杂工程系统如三峡水利工程、跨地区电网、港珠澳大桥以及各类社会经济系统等都是复杂巨系统。

3)从定性到定量综合集成方法论

系统工程本身是指导其他学科的方法论。钱学森特别注意系统工程实践方法论问题。1986 年,钱学森倡导的"系统学讨论班"正式开始学术活动。研讨班邀请的专家涉及工程、气象、数学等自然科学,也包括哲学、心理和行为等社会科学。多学科交叉是研讨会的突出特点。钱学森将这种研讨方法提炼为"综合集成方法",也称"定性定量相结合的综合集成方法"。就其实质而言,是将专家群体(各种有关专家)、数据和各种信息与计算机技术有机结合起来,把各种学科的科学理论和人的经验知识结合起来。这三者本身也构成了一个系统。这个方法的成功应用,就在于发挥这个系统的整体优势和综合优势。

20 世纪 80 年代中期,航天部 710 所承担了一项名为"财政补贴、价格、工资综合研究以及国民经济发展预测"的课题。国家要求利用价格和工资这两个经济杠杆将对农民的补贴由暗补改为明补。这个问题涉及面广,影响深远,仅仅靠经验是不够的,特别需要进行定量研究来为决策者提供依据。不同领域的专家(经济学家、管理学家和系统工程专家)通过研讨,进行了跨学科、跨领域和跨层次的多轮合作,就当时经济改革中的难点和热点进行深入的讨论,运用系统模型,对控制变量(工资和价格)进行优化,寻求满意解,并最终给出可行的调整政策,从而定量地回答了如何利用价格和工资变量解决农民补贴问题,并给出了最优的调整时间,很好地完成了任务。各类不同的领域专家共同分析,相互启发、互相补充,感性加理性,经验加科学分析,提出改进意见,渐次逼近,最后形成结论。这种在中国人习惯的定性的经验基础上形成的定性定量相结合的方法,形成了中国人独特的系统工程方法论。

综合集成方法在方法学方面应该与 Meta-analysis 有关,国内有人译为蒐(Sou)萃分析。钱学森在对上述提法进行批判的基础上提出,综合集成用了英文 Meta-synthesis,这是在向国际学术界发出中国的声音,它非常必要。

此外,钱学森等在最早的文献中,曾使用了"定性定量相结合的综合集成方法",但在1990年5月给于景元的信中指出:"原来称作是'定性定量相结合的综合集成方法'请考虑可否改称为从'定性到定量综合集成法'。"这种先定性注重定性的方向性,后进行定量注重变量间量化关系的研究方法论,已经成为我国各个领域常用的系统工程基本方法论。钱学森在方法论方面细微的调整,使得该方法论的操作性更加符合事物认识规律,显示出科学大家的风范。

4)综合集成研讨厅

钱学森把"从定性到定量综合集成方法"进一步称作"综合集成研讨厅体系"。钱学森在不同的领域进行了应用与实践,包括:

①几十年来世界学术讨论的 Seminar;

②C3I 作战模拟;

③从定性到定量综合集成法;

④情报信息技术;

⑤"第五次产业革命";

⑥人工智能;

⑦"灵境";

⑧人机结合智能系统;

⑨系统学;

……

他在1992年3月给王寿云的信中指出:这个研讨厅体系的构思是把人集中于系统之中,采取人机结合,以人为主的技术路线,充分发挥人的作用,使研讨的集体在讨论问题时互相启发,互相激活,使集体创见远远胜过一个人的智慧。通过研讨厅体系还可把今天世界上千百万人的聪明智慧和古人的智慧(通过书本的记载,以知识工程中的专家系统表现出来)统统综合集成起来,以得出完备的思想和结论。

1995年由钱学森等联合致中央领导的信中指出:研讨厅体系实际是由机器体系、知识体系和专家研讨厅体系在一个先进的会议厅中进行综合集成汇总的结果。

很多人认为"综合集成研讨厅"就是请专家开会,实际上这是误解。"综合集成研讨厅"方法论是有模型的。由国家自然科学基金委员会管理科学部与信息科学部联合资助的、由戴汝为、于景元、顾基发主持的重大项目:"支持宏观经济决策的人机结合的综合集成体系研究"(1999—2004),一直受到钱学森的关心,该项目就是在这个方法论和设计研讨厅的指导下,结合经济系统所进行的方法体系研究,如图7-2所示。

该项目由不同的部门包括航天部710所、清华大学、西安交通大学、上海交通大学、中国科学院系统所、北京师范大学、中国科学院自动化所以及宏观院等组成。与会专家首先就议题进行研讨,同步分析,即所谓的定性综合集成。根据提出问题各自分工进一步做定量研究,通过异步分析,依据模型建立与分析,即所谓的定性与定量相结合综合集成,再进一步开会讨论。反复多次,最后通过从定性到定量的综合集成形成共识。

5)大成智慧

"大成智慧"是钱学森方法论的直观表达,"集大成,得智慧",体现出综合集成研讨厅方

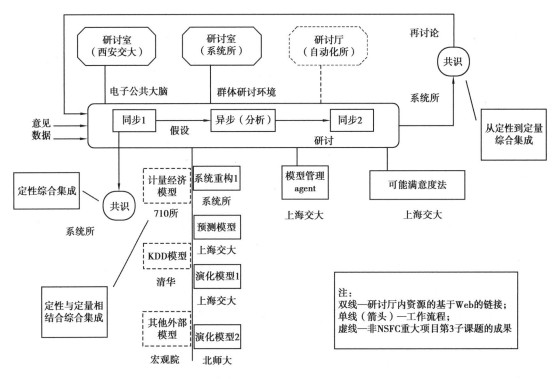

图 7-2　从定性到定量综合集成研讨应用案例

法和效果。钱学森认为从定性到定量综合集成法和定性到定量综合集成研讨厅体系所表述的概念还要深化。他把人类几千年来的智慧成就集其大成,把计算机科学技术、人工智能技术、作战模拟技术、思维科学、学术交流经验,加上马克思主义哲学,合成为"大成智慧工程,Meta-synthetic Engineering"。这个词能够体现吸取中国传统文化的精华的中国味道。

6）思维科学与人工智能

20 世纪 80 年代初,钱学森倡导开展思维科学的研究。他把思维学细分为四类:

①抽象（逻辑）思维学,抽象思维是可以用计算机来代替人脑工作的那部分思维。

②形象（直感）思维学,形象思维建立在经验或直感的基础上,主要研究人类根据经验或直感产生智能的行为,以及如何用计算机实现这一过程,并使之上升为理论。

③灵感（顿悟）思维学,灵感思维是形象思维的扩展,由直感的显意识扩展到灵感的潜意识,这部分有时也可划归创造思维学。

④社会思维学,研究人作为一个集体的思维,以及如何利用人类过去积累的知识,思维活动,实际上具有集体性质。

思维学还可划分为:逻辑思维、微观法;形象思维、宏观法;创造思维、微观与宏观结合。从思维科学的观点来看,创造思维才是智慧的源泉,逻辑思维和形象思维都是手段。

人工智能已成为国际上的一大热门,但学术思想却处于混乱状态。在这样的背景下,钱学森站在科技发展的前沿,提出创建思维科学（Noetic Science）,把 20 世纪 30 年代中国哲学界曾议论过、有所争论,但在当时条件下没法讲清楚的主张,科学地概括为思维科学。比较突出的贡献为:钱学森在 20 世纪 80 年代初提出创建思维科学技术部门,认为思维科学是处理意识与大脑、精神与物质、主观与客观的科学,是现代科学技术的一个大部门。钱学森提出把思维科学作为一个部门,从组织上奠定其研究的基础。从 40 年后的今天看,人工智能以思维科学为基础学科迅速发展,可见钱学森对科学发展趋势的前瞻性是一般科学家难以企及的。推动思维科学研究是计算机技术革命的需要。钱学森把思维科学划分为思维科学的基础科学、思维科学的技术科学及思维科学的工程技术三个层次。思维科学的基础科学是研究人有意识的思维规律的学问,称为思维学。

钱学森主张发展思维科学要同人工智能、智能计算机的工作结合起来。人工智能的理论基础就是思维科学中的基础科学思维学。研究思维学的途径是从哲学的成果中去寻找,思维学实际上是从哲学中演化出来的。他还认为形象思维学的建立是当前思维科学研究的突破口,也是人工智能、智能计算机的核心问题。

钱学森把系统科学方法应用到思维科学的研究中,提出思维的系统观,即首先以逻辑单元思维过程为微观基础,逐步构筑单一思维类型的一阶思维系统,也就是构筑抽象思维、形象(直感)思维、社会思维以及特异思维(灵感思维)等;其次是解决二阶思维开放大系统的课题;最后是决策咨询高阶思维开放巨系统。

7.3 钱学森系统工程思想与总体设计部

7.3.1 钱学森系统工程思想

综合钱学森的系统工程实践,其系统思想可以归纳如下:
①全局观点;
②总体最优观点;
③实践性观点;
④综合性观点;
⑤定量定性相结合观点;
⑥问题导向;
⑦反馈控制 。

钱学森在漫长的系统工程实践中不断探索,逐步形成了钱学森系统工程思想。整体性是系统的最突出的特点,全局观点是系统思想的最根本的思想。系统整体由局部构成,但整体不是局部的简单加和。一个单位、一个部门甚至一个国家的管理,首要的问题是从整体上去研究和解决问题,这就是钱学森一直大力倡导的"要从整体上考虑并解决问题"。只有这样才能把所管理的系统整体优势发挥出来,收到 1+1>2 的效果,这就是基于系统论的系统管理方式。全局最优还是局部最优是考虑是否有系统观的基本点。在现实中,从微观、中观直到宏观的不同层次上,都存在着部门分割条块分立,各自为政,自行其是,只追求局部最优而置整体于不顾。这里有体制机制问题,也有部门利益问题,还有还原论思维方式的深刻影响。这种基于还原论的管理方式,使得系统的整体优势无法发挥出来,其最好的效果也就是 1+1=2,很可能还会 1+1<2。钱学森在工程控制论中有一个重要的观点,也是系统工程区别于其他工程的基本思想,即"通过工程控制协调的方法,即使用不太可靠的元器件也可以组成一个可靠的系统"。实践性是钱学森在系统工程实践中特别坚持的观点。系统工程具有哲学方法论性质,他希望从事系统工程工作的人员能够在实践中找到系统工程的用武之地。

在钱学森的指导下,我国成立了多个以行业为主体的系统工程分会,如工业系统工程、农业系统工程、交通运输系统工程等 20 多个系统工程分会。综合性观点是指"综合就是创造"。其他学科坚持发明创造。发明创造是有限的,而综合性创造是无限的。定量定性相结合或先定性后定量,从定性到定量是钱学森综合集成方法的基本思想。问题导向是钱学森系统工程的重要思想之一。1962 年 3 月,"东风 2 号"导弹发射失败。钱学森组织研究团队认真分析问题,以问题为导向,细致分析事故原因。一方面,发现是由于没有充分考虑导弹弹体是弹性体,飞行过程中由于弹性振动导致导弹体与姿态控制系统发生耦合,从而导致导弹体局部发生问题,同时,由于火箭发动机推力增强后,弹体强度不够,最终导致发射失败。另一方面,仔细调查发现,控制系统没问题,发动机没问题,放在一起形成系统后就出现了问题,钱学森也总结出设计综合的概念,即要从局部与整体的关系角度考虑问题,也就是系统观把握问题。问题导向已经成为系统工程的一个基本思想。在当前党中央治国理政方面都有具体的体现。反馈控制是控制论的基本观点。钱学森在工程控制论中大量使用了反馈控制的思想与方法,反馈控制是系统工程的基本控制思想。

系统工程采用先决定整体框架,后进入详细内部设计的程序。系统工程试图通过将构成事物的要素的秩序加以适当的配置来提高整体的功能,主张可采用不太可靠的元素构成高可靠性的系统,其核心思想是综合就是创造。传统工程则坚持发明创造。系统工程是软科学,软科学的特征是人(决策者,分析者)的重要作用。软科学强调多次反馈,反复协商,强调信息的作用。

7.3.2　总体设计部

总体设计部与两条指挥线是钱学森领导两弹一星研制过程中的重要组织方式。总体设计部结构如图 7-3 所示,其中核心是决策部门。决策部门根据提出的问题,形成经验性假设和判断,在此基础上由专家体系和机器体系完成对系统描述、建模与仿真甚至进一步实验,经过仿真结果与目标的多次比较,反复迭代,最终逐步逼近目标。其结果反馈给决策部门,经过决策,驱动执行体系。检查执行情况后进一步反馈给决策部门做下一步决策。两条指挥线指技术指挥线和行政指挥线。

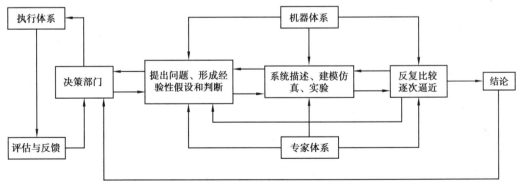

图 7-3　钱学森总体设计部原理

要把系统工程应用到实践中,必须有个运用它的实体部门,如航天系统中每种型号都有一个总体设计部,应用社会系统工程也需要有个实体部门,这个部门就是钱学森提出的运用综合集成方法的总体设计部。这个总体设计部与航天型号总体设计部比较起来已有很大不同,有了实质性发展,但从整体上研究与解决问题的系统科学思想还是一致的。

为了把社会系统工程应用到国家层次上的组织管理,钱学森曾多次提出建立国家总体设计部的建议。1991年3月8日,钱学森向当时的中央政治局常委集体,汇报了关于建立国家总体设计部的建议,受到中央领导的高度重视和充分肯定。

目前国内还没有这样的研究实体,有的部门有点像,但研究方法还是传统的方法。总体设计部也不同于目前存在的各种专家委员会,它不仅是个常设的研究实体,而且以综合集成方法为其基本研究方法,并用其研究成果为决策机构服务,发挥决策支持作用。从现代决策体制来看,在决策机构下面不仅有决策执行体系,还有决策支持体系。前者以权力为基础,力求决策和决策执行的高效率和低成本;后者则以科学为基础,力求决策科学化、民主化和程序化。这两个体系无论在结构、功能和作用上,还是体制、机制和运作上都是不同的,但又是相互联系相互协调的,两者优势互补,共同为决策机构服务。决策机构则把权力和科学结合起来,变成改造客观世界的力量和行动。

从我国实际情况来看,多数部门是把两者合二而一了。一个部门既要做决策执行又要作决策支持,结果两者都可能做不好,而且还助长了部门利益。如果有了总体设计部和总体设计部体系,建立起一套决策支持体系,那将是我们在决策与管理上的体制机制创新和组织管理创新,其意义和影响将是重大而深远的。

7.4 钱学森与我国工程管理教育

钱学森院士是杰出的人民科学家,也是我国系统工程卓越的奠基人、推动者、实践者。钱学森不仅在我国国防和经济建设中树立了丰功伟绩,而且在构建和开拓系统工程并结合国情推动我国工程管理教育和管理学科发展方面,作出了巨大贡献。

7.4.1 钱学森"组织管理技术——系统工程"与我国管理教育复兴

1978年9月钱学森、许国志、王寿云在文汇报发表长篇文章"组织管理技术——系统工程",当时十一届三中全会尚未召开,组织管理归属于意识形态领域,管理学科视为禁区。钱学森在此背景下将西方通行的组织管理技术冠以系统工程的名称介绍给公众,在学术界引起相当大的轰动。为了弄清钱学森这篇文章影响巨大的背景,还得了解我国大学管理教育在改革开放前的发展情况。汪应洛院士亲历了这一过程,对此有详细的总结。下面分"十七年"及"文革"两阶段来说明。

第一阶段:新中国成立后到"文革"开始的十七年

新中国成立初期提出"一边倒"的方针,全面学习苏联,大学教育也毫无例外地仿效苏联模式。

1952年按计划经济思路设置大学及院系专业,原有大学根据国民经济需要,多数调整为对口专业部委所属学校。

1949年前全国大学的管理教育已具有相当规模,如西安交通大学已形成理、工、管三足鼎立,1935年上海沪江、复旦、暨南、光华等私立大学均设有高等管理系科,在校学生已达3 000多人。

1952 年院系调整后,各大学仿效苏联,不设管理专业,管理学科成为批判对象。值得提出的是,当时的大学管理教育与苏联大学一样,幸存了两棵"幼苗",一棵是理工科大学所设立的"生产组织与计划"课程,另一棵是财经院校和综合性大学所设立的"工业企业管理"课程。这两门课主要讲企业管理技术层面的内容,包括各种生产组织方式和计划编制等,这些生产管理技术被纳入生产力范畴而得以幸存。

20 世纪 50 年代形成了两支相应的教师队伍,分别来源于哈尔滨工业大学和中国人民大学。1952 年教育部聘请苏联专家在哈工大和人民大学举办研究生班,由全国各所大学推荐教师参加,三年学成后返回原校,成为各校"生产组织与计划"和"工业企业管理"这两门课程的教学骨干。

1956 年前后,一批留美学者冲破阻挠回到祖国,其中有一些运筹学、质量管理方面的专家,回国后传播先进管理组织并受到有关主管部委的重视。不过,1958 年大跃进运动后,中苏关系趋于紧张,报刊展开对苏联管理模式"一长制"的批判,提倡"两参一改三结合"和"鞍钢宪法",强调群众运动,两门管理课程在教学中的地位进一步削弱。

从中苏关系公开破裂的 1964 年开始到"文革"结束的十几年时间里,大学管理教育逐渐消失。"四人帮"要把所有的规章制度通通冲掉,搞出不用规章制度管理的企业,大学也已不复存在任何管理教学活动。在这种管理教育"万籁俱寂"和宏观政治环境仍然遵循"以阶级斗争为纲"的情况下,钱学森领头发表"组织管理技术——系统工程"的文章。这篇文章从科学的系统观,而不是从意识形态来论述管理问题,无论是企业或大型工程项目都是由"人、物、设备、财、任务和信息"六要素构成的系统,组织建构和经营运转这个体系就是系统工程,提出由系统工程、运筹学、系统科学组成的科学体系能解决所有组织管理的技术问题。文中论述了西方"工时定额""计划协调技术"、运筹学等管理科学形成和发展过程。该文的最后一部分专门谈组织管理的人才问题,明确提出要办组织管理方面的高等院校,建议恢复工程院校原有的工业企业管理课,举办理工结合的组织管理科学技术大学,不是办一所或几所,而是要办几十所以至上百所。

1979 年冬,清华大学、大连工学院(现大连理工大学)、天津大学、华中工学院(现华中科技大学)和西安交通大学率先成立了系统工程研究所,随后不少理工科大学也相继成立,这批系统工程研究所成为管理学院和管理学科重建的前奏,上述五所大学后来都属于全国首批 10 所管理学院之列,系统工程研究所的教研人员也成为兴建管理学院的主要力量。特别是,系统工程当时能在全国迅速兴起,有赖于留美回国的学者钱学森、华罗庚、许国志、刘源张等打下的工作基础,他们回国后即在科学院建立运筹学研究室,开展质量控制、统筹法、线性规划、投入产出等技术和方法的介绍,所以钱学森倡导"系统工程"后在科技界也得到热烈支持。

钱学森发出建立组织管理高等院校的倡议后,大学要求重建管理学科的呼声高涨,由于 7.21 指示:"大学还是要办的,我主要指的理工大学"的影响犹在,教育主管部门按照管理教育作为工科教育的组成部分来采纳重建的建议。1979 年清华大学等 11 所理工科大学申请成立"管理工程"专业,得到国家教委批准,大学的管理教育从此恢复。这时管理专业的骨干师资力量来自 17 年间哈工大、人大培养出的"两课"教师和一批曾经留美的老教师。1980 年国家教育委员会成立了管理工程专业教学指导委员会。此前,机械工业部也成立了管理工程教材指导委员会。1984 年下半年全国有 10 所大学包括清华大学、大连工学院、上海交通大学、西安交通大学、华中工学院、天津大学等成立管理学院,此后,随着思想进一步解放,更多的大学包括综合性大学相继设立管理学院。

1981年我国恢复研究生教育后,"管理工程"作为工科的专业跨入硕士、博士学位教育系列,即使现在,管理学科学者能成为院士的,也是归属中国工程院的工程管理学部,而且还需经另一工程学部通过。从上述管理教育和学科发展的轨迹来看,无论是20世纪50年代保留两门课程,还是大学管理教育的恢复和学科的发展历程,都表明理工科对管理教育和学科的强烈影响。可以说"我国的管理科学是依托于自然科学和工程科学发展起来的",理工和管理密切结合成为我国管理教育和学科的特色。

7.4.2　系统工程引领我国管理教育沿着与理工结合方向发展

由于理工特色,我国管理界在和国际同行交流中显示出差异。西方大学的管理学科,只有 Management studies 或 Business studies,而我国分成管理科学和工程与工商管理两个并列的一级学科。

例如,系统工程和工科课程内容融合到管理教学中,管理教师队伍中有不少来自自动化学科,这在西方大学管理教学中是少见的。这种理工特色固然是与我国管理教育发展路径相关,自然科学和工程技术比人文社会科学发展环境宽松,约束较少。然而,按照钱学森的见解,他从系统观剖析管理学科的知识域,认为管理学科发展正需要和理工密切结合,这种特色符合管理学科发展的规律。钱学森指出:"系统工程的任务是改进我们的组织管理,提高效率,系统工程采用了什么好方法来达到这个目的呢?是科学的方法,是定量计算的方法,所以是数学的方法,也就是100~200年来近代科学和现代科学技术都在采取的途径,不能满足于定性,要定量。"钱学森指出:"系统工程是各门组织管理技术的总称,系统工程不能光谈系统,要有具体分析一个系统的方法,要有一套数学理论,要定量地处理系统内部关系。"

钱学森还把定量和科学方法的发现作为近百年来管理科学发展的标志性事件。他说:"管理科学萌芽于20世纪初,第一发现就是'工时定额'这门学问,研究在一定设备和条件下,某道工序的最合适加工时间,第二个发明是甘特线条图,再后来出现了质量控制,这时数理统计和数学引入了经营管理领域,这是件大事。1940年后逐渐发展起来的各种组织管理协调和优化技术,并纳入一门名为'运筹学'的科学系统",并指出"系统工程发展离不开电子计算机",否则"尽管有高超的运筹理论,系统工程还是无法发展的"。可见钱学森把科学方法和定量分析看成是系统工程即组织管理技术不可分割的内容。钱学森对于自然科学在社会科学的应用抱有信心。他提到"控制论"的奠基人维纳曾说过"把自然科学中的方法推广到人类学、社会学、经济学方面去,希望能在社会领域取得同样程度的胜利",这是一种"过分乐观"。钱学森接着说:"系统工程的现代发展,证明维纳在1948年的这番预言是保守的。系统工程在自然科学、工程技术和社会科学之间构筑了一座伟大的桥梁,现代数学理论和电子计算机技术,通过一大类新的工程技术——各类系统工程,为社会科学研究添加了极为有用的定量方法、模型方法、模拟实验方法和优化方法、系统工程应用于企业管理已成为现实,并将应用于更巨大的社会系统。"

钱学森看得很清楚,管理是一门科学又是一门艺术,从思维角度来说,管理者既要运用逻辑思维又要运用形象思维。所以,他提出解决复杂系统问题的方法是"从定性到定量综合集合方法",即以形象思维为主的经验判断(体现艺术)到以逻辑思维为主的精密论证过程(体现科学)。然而,钱学森仍然强调组织管理的科学方法和定量分析,其中原因有二,即知识继承和知识探索的需要。人们求知的方法主要有以逻辑思维为主的科学方法和以形象(直感)思维为主的思辨方法。对于思辨方法还难以用语言或其他符号清楚地、合乎逻辑地表达出来。钱学森说过"我们还不清楚形象思维的规律,就是图形的识别也还是个大问题,不知道人脑是怎么识别图形的","也不知道创造思维的规律,无法教学生,只能让学生自己去摸索,也许摸会了,也许摸不会"。他还指出中医不是现代科学,属于自然哲学,虽含丰富经验但包括了许多猜想的因素,中医治病确实有疗效,但是怎么回事,恐怕老中医自己也说不清楚。这些自己也说不清楚的经验,难以构成众人的共同知识,难以进课堂,只能靠先知者终生带一、两个徒弟,让他们亲身体验领悟。

7.4.3　钱学森提出的工程管理发展方向和知识构架

钱学森按照他的工程技术—技术科学—基础科学的科学技术体系结构理论,从系统观来审视并创新性地提出管理学科的知识构架。

他把系统工程即组织管理技术列为工程技术层次。工程技术的理论基础是技术科学。作为系统工程基础理论的技术科学便是运筹学。系统学则属于基础科学层次。组织管理技术要讲求它的"实践性和实际效果,按具体的环境和条件解决实际问题","要具体、要可行的措施,也就是实干"。

他不同意把系统工程称作系统工程学,原因之一是"想强调系统工程是要改造客观世界的,是要实践的"。因此,要提高组织管理效率,只有原则、设想还不够,要"把传统的组织管理工作总结成科学技术,并使之定量数值化",要有可以分析一个系统的科学方法和技术。钱学森在介绍组织管理技术发展历程中总是强调各种具体方法和技术,如前面提到的"工时定额"和生产调度计划、甘特图(Gatt 图)、计划协调技术(PERT)、统计检验、模拟实验技术以及华罗庚在 20 世纪 60 年代推广的"统筹方法"等。而且预计各个部门的系统工程如企业系统工程、工程系统工程、军事系统工程、农业系统工程、环境系统工程等,都会探索出符合专业特点的各种组织管理技术和方法。钱学森根据知识经济发展的需求,提出将知识工程、人工智能引入系统学,知识系统工程作为一门新的学科分支应运而生。钱学森认定运筹学是系统工程的共同理论基础,属于技术科学层面的学科,它"包括系统工程的特有数学理论:线性规划、非线性规划、博弈论、排队论、库存论、决策论、搜索论"等,并指出"除了运筹学,系统工程的共同理论基础还有计算数学",此外,每个系统还有其特有的专业理论基础,如工程系统工程的特有专业基础是工程设计,企业系统工程是生产力经济学等。同时,钱学森把运筹学和物理学媲美,物理学处理物质运动,运筹学则是处理事理,作为"事理",运筹学还是一门年轻的科学,其整个发展也才数十年,比不上物理学的几百年的历史。

因此,运筹学还很不成熟很不系统,"还有大量的研究工作要做,使它更加系统、更加严密、更加完整",使之成为"事理学"。系统学是研究系统结构与功能(系统的演化、协同与控制)一般规律的科学,就是要把各门科学当中一切有关理论综合起来,成为一门基础科学(systematology)。钱学森多次评论贝塔朗菲的"一般系统理论",普利高津的耗散结构理论和哈肯的协同学以及 Santa Fe 的复杂系统理论,肯定他们的贡献,同时认为"耗散结构理论、协同学都是过往烟云,留下的将是系统学"。

钱学森从系统观出发为组织管理学科梳理出的三层次的知识结构,如图7-4所示。对于组织管理学科的知识领域给出清晰的界定,同时,指明了学科的发展空间和前景。

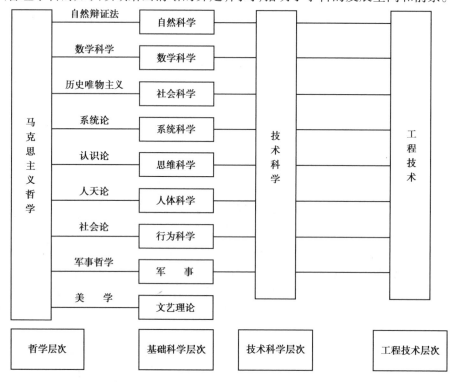

图7-4 钱学森工程技术—技术科学—基础科学三层次知识结构

有一种关于管理学科发展的论调,认为学科专业设置迟早要和国外接轨,都要纳入工商管理的范畴,而管理科学和工程将逐渐萎缩。从钱学森对管理学科的论述以及他的有关理工结合培养组织管理人才的建议来看,把管理学科的科学和工程的内容单独列为一级学科,正是把握了管理学科发展的要旨,既是继承知识的需要,又是探索新知识必由之途。不必以西方大学为蓝本对号入座,但求促进管理教育和学科的发展。

中国管理教育和管理学科40多年来巨变的种种事实证明,钱学森是管理教育和管理学科复兴的旗手。同时,他高瞻远瞩地指明管理教育和理工科密切结合的发展路径,独创地提出管理学科的发展方向和知识构架。

今天重温他关于系统工程、组织管理和各种论说,不仅是缅怀他的功绩,更重要的是要深入学习和研究钱学森关于系统工程—运筹学—系统学三层次科学技术体系的学说。因为它指引着学科发展方向,按照此方向探索前进才可能有效地发展中国管理学科的理论、技术和方法,并促进工程管理教育的发展。

【本章小结】

本章介绍了钱学森系统工程研究历程,包括20世纪30—50年代他在美国学习和研究阶段,20世纪50—70年代他组织研制两弹一星和20世纪80—90年代他退居二线开始系统总结其系统工程和系统科学方面的理论和方法。钱学森提出的中国系统科学学派与欧洲学派和美国学派成为世界三大系统工程学派之一。他提出的系统科学体系,包括开放复杂巨系统、从定性到定量综合集成方法论、综合集成研讨厅、大成智慧、思维科学与人工智能等,丰富而全面。钱学森系统工程思想及总体设计部在研制两弹一星的过程中取得了成功。在解决社会经济问题时也显示出解决中国问题方法论上的突出效果,并且在近年来国家治国理政方面被广泛应用。在工程管理教育方面,钱学森引导了我国工程管理学科发展。他提倡我国管理教育要与理工结合,区别于西方的管理教育。了解到这一过程,就能深刻理解在我国开展工程管理教育为什么离不开系统工程。他提出的以马克思主义哲学为指导的科学—技术—工程三个层次的知识结构,是指导我们解决工程、技术和科学问题的重要基础,今天和以后都必将对工程管理问题的解决产生重要的影响。

【习题与思考题】

1. 钱学森系统工程历程经历过哪几个阶段?

2. 综合集成方法论的内涵及其原理是什么? 为什么综合集成要先定性后定量分析?

3. 系统工程基本思想有哪些?

4. 举例说明问题导向与反馈控制系统思想对工程管理系统有何应用。

5. 系统工程与传统工程有何区别?

6. 我国的管理教育与西方有何不同? 系统工程与工程管理教育有什么关联?

7. 钱学森关于系统科学知识体系是什么? 如何理解"技术科学"的作用?

8. 钱学森系统思想在当前的治国理政哪些方面有体现?

第8章

系统工程案例1

——中国商飞公司商用飞机系统工程的探索与实践

教学内容:通过对中国商飞公司的商用飞机系统工程的探索与实践的案例介绍,理解高端复杂产品研发是如何运用系统工程解决复杂性难题。

教学重点:商用飞机产品复杂性分析和运用系统工程的必要性、商用飞机产品对象的组成和全生命周期划分、需求工程在复杂产品系统工程实施过程中的作用。

教学难点:商用飞机全生命周期划分、需求分析与需求工程、NFRP 正向设计模型。

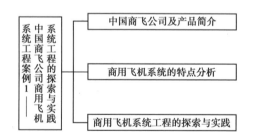

8.1 中国商飞公司及产品简介

中国商飞公司(简称"中国商飞")是实施国家大型飞机重大专项中大型客机项目的主体,也是统筹干线飞机和支线飞机发展、实现我国民用飞机产业化的主要载体,主要从事民用飞机及相关产品的科研、生产、试验试飞、民用飞机销售及服务、租赁和运营等相关业务。

目前中国商飞通过多年型号探索,逐步构建了覆盖中短程新支线、干线单通道、远程双通道的商用飞机的产品谱系,如图 8-1 所示,主要包括:

①ARJ21 新支线飞机:是我国首次按照国际民航规章自行研制、具有自主知识产权的中

短程新型涡扇支线客机,座级78~90座,航程2 225~3 700千米,ARJ21-700飞机于2014年12月30日取得中国民航局型号合格证,2017年7月9日取得中国民航局生产许可证。目前,ARJ21新支线飞机已正式投入航线运营,市场运营及销售情况良好。

②C919 **大型客机**:是我国按照国际民航规章自行研制、具有自主知识产权的大型喷气式民用飞机,座级158~168座,航程4 075~5 555千米。C919飞机于2015年11月2日完成总装下线,2017年5月5日成功首飞,目前正在进行多机多地的试飞取证工作,目前已有累计28家客户,815架订单。

③CR929 **远程宽体客机**:是中俄联合研制的双通道民用飞机,广泛满足全球国际间、区域间航空客运市场需求。CR929远程宽体客机采用双通道客舱布局,基本型命名为CR929-600,航程为12 000千米,座级250~350座。此外还有缩短型和加长型,分别命名为CR929-500和CR929-700。

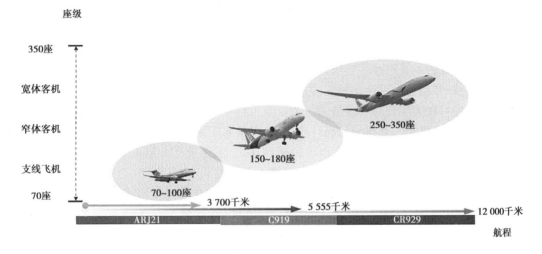

图8-1　中国商飞民用飞机谱系

8.2　商用飞机系统的特点分析

商用飞机具有高度复杂、要求众多、科技水平高、综合难度大、投资成本巨大、研制周期长等特点,属于典型的**高度复杂、技术高端的系统**,实现研制一款成功的商用飞机产品有较高的行业门槛,要突破技术水平、管理能力、产业链、市场开拓、经营模式等诸多难关。

8.2.1　高端复杂性

商用飞机是具有代表性的大型复杂的工程系统,其工程研制涉及到近千万零部件的集成、几百个专业的综合、产业链上几十万人、十年以上跨度的集体努力,涉及几百亿美元的成本投入。

据公开数据报道,空客的A380客机从1988年即开始策划和开展相关研究,2000年项目正式启动,2006年底取得TC证书并已投入使用,整个周期的研发费用超过250亿美元。中国商飞C919飞机的研制涉及全球15个国家和地区,200家一级供应商,形成了16家中外合资企业进行配套,全国22个省市,200家企业,20万人参与项目研制。

商用飞机产品的复杂性主要体现在涉及的系统、设备、零组件数量上。通常针对一般的系统复杂性,往往采用逐层分解的通用管理办法(如产品分解结构、工作分解结构等),分解的层级可以表征系统的复杂度。一般复杂产品的层级在3~6层。而商用飞机产品的产品分解结构需要达到7~10层,才能把一架高度复杂飞机层层分解到几百万个零件上。

商用飞机是一个跨学科高度综合的复杂系统,由几十个不同领域的系统组成,比如结构、飞控、电源、航电、发动机、环控等,每一个专业系统又都属于一个高度综合的复杂系统,涉及机械、结构、电、液等多学科的综合,飞机各系统之间的交联关系高度复杂,如在波音777飞机上,代表飞机上不同设备之间的信号交联的物理导线总长度达到了219千米,传输信号参数超过百万之多。

商用飞机属于公众交通工具,商用飞机系统日常在包括高/低温、低压、振动、潮湿、液体污染、冰雹、雷电等严酷的环境下运行,必须保证整个飞机每天工作10小时以上,运营三十年且安全性、可靠性高,确保公众利益安全。同时,商用飞机也是一件商品,应把能够给航空公司带来盈利作为设计目标,应尽量地减重、减排、燃油消耗低、维修成本低,提高经济性,从而实现盈利的目的。这对产品的技术水平提出了非常苛刻的要求,促使飞机需要应用很多高尖端的科技,并把它们以全局最优的目标综合到飞机上,才能达到产品的需求,这也构成了商用飞机项目作为实现难度最高的一类复杂工程项目的原因。

因此,商用飞机产品是典型的高科技产品,也是属于重大成套技术装备中先进的交通运输装备。商用飞机对科技发展具有巨大的带动作用,其工业产业链长、辐射面宽、连带效应强。据统计,商用飞机产品的研制与生产能够带动新材料、现代制造、先进动力、电子信息、自动控制、计算机等领域关键技术的群体突破,能够拉动众多高技术产业发展,还将加快流体力学、固体力学、计算数学、热物理、化学、信息科学、环境科学等诸多基础学科的重大进展。

按照国际上通常的认识,航空产业在10年内的投入产出比为1∶80。商用飞机销售额每增长1%,对国民经济增长拉动0.714%。航空产品的研制与生产除了带动涉及机械学、电子学、信息学、材料学等众多学科,也覆盖制造、金融、服务、培训等多个领域,航空产业是关系到国家安全和国民经济发展的战略性产业。

高度复杂的大型装备,决定了需要大范围长链条的产业链作为支撑,而商用飞机产业更是一个全球化的产业。如今,没有一家公司能独立完成商用飞机的所有部分的研制工作,商用飞机的产业链横向跨越了"研发—制造—服务"的全业务领域,纵向形成了"飞机主机商—系统集成商—设备供应商—软硬件提供商"等多层次的分工体系,实现了国家范围乃至全球范围的高度分工协作。

8.2.2 运用系统工程的必要性

钱学森在《论系统工程》中对系统工程定义如下:"把极其复杂的研制对象称为系统,即由相互作用和相互依赖的若干组成部分结合成具有特定功能的有机整体,而且这个系统本身又是它所从属的一个更大系统的组成部分……系统工程则是组织管理这种系统的规划、研究、设计、制造、试验和使用的科学方法,是一种对所有系统都具有普遍意义的科学方法。"

由于商用飞机产品这一系统具有高端和高度复杂的特点,导致了整个产品研制过程的复杂性,一个商用飞机产品的研制项目需经历市场分析、需求捕获、概念方案设计、初步设计、详细设计、试制验证、适航取证、生产提速和交付运营等阶段,每个阶段还需要经历多个子阶段,涉及上百个专业的协同工作,整个时长一般都是以 10 年为单位。整个产品开发中涉及的资源开销巨大,数万名人员必须完成几百万项工作,这里面就涉及飞机及各个系统的需求分析、设计综合、建模仿真、原理性试验、产品试制、实验室集成试验、地面试验、飞行试验等具体技术工作,而这些工作大部分是需要跨团队协调完成的,涉及制造商内部各单位和部门,以及主机商和供应商之间的非常复杂的协调关系。

以 ARJ21 飞机项目为例,仅飞机的试验验证工作,就需要完成 300 项适航符合性地面试验,528 个验证试飞科目,安全飞行 2 942 架次,5 258 小时,完成了 3 418 份符合性报告,398 个适用条款,整个符合性报告厚度高度超过 30 米,相当于 10 层楼的高度。

中国商飞公司在 ARJ21、C919 和 CR929 等型号项目的研制探索中,认识到系统工程方法运用到商用飞机产品这一类高端复杂产品系统研制工作中的关键重要作用,并摸索一套符合商用飞机特点的系统工程模式与方法,用于解决商用飞机研制中的高端复杂性的问题。

8.3　商用飞机系统工程的探索与实践

中国商飞公司系统工程理论方法的应用与探索实践,是以"复杂民机产品系统"为核心,贯穿从"概念设计"到"最终退役"的飞机产品的全生命周期,通过跨学科的全生命周期过程集成和面向复杂系统的产品集成方法,形成一组协同高效的产品概念设计、产品定义与实现、批生产运行与产品运行支持、退役与报废飞机产品的全生命周期系统工程过程方法集,用于组织跨企业、跨部门、跨专业的人、财、物、技术等资源的全局优化协同,把产品研制活动的全部目标聚焦于最大限度地满足客户和利益攸关方的需要,从而成功实现产品和项目的目标。

8.3.1　系统对象的系统分析

商用飞机系统工程活动始于理解产品对象的背景环境系统,在此环境下充分理解、捕获并定义利益攸关方需要。

如图 8-2 所示,民用飞机产品系统属于民用航空运输系统的一部分,而民用航空运输系统属于交通运输系统的一部分。

民用航空运输系统属于典型的系统之系统(SOS),由民用飞机、飞行机组、乘客、维修组织、地面服务系统、空中交通管理系统、民用机场系统等组成,还包括各类人员组织,如民用飞机制造商和供应商、航空公司、维修维护公司、航材公司以及航油公司、餐食提供、飞机清洗、除冰等各类地面使能服务等公司。

民用飞机产品系统是由使飞机能够有效执行其预计功能的使能产品和飞机自身所组成的有机整体,民用飞机产品本身按照复杂系统的层次化特点,应逐级进行层级划分分解,民用飞机内部系统组成可以参考 ATA2200 等国际通用标准的方式进行分解,分成各类系统、子系统、设备、软硬件,以及部段、部件、零组件,如图 8-3 所示。

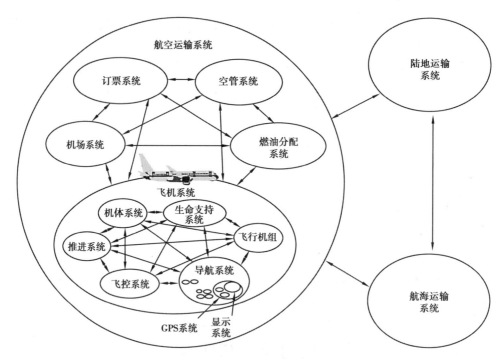

图 8-2 民用航空运输系统(典型的系统之系统)

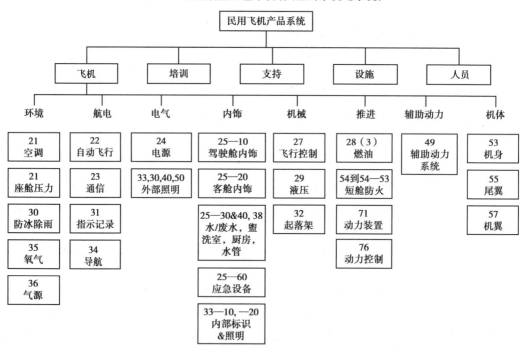

图 8-3 民用飞机产品系统内部组成

8.3.2 产品全生命周期

产品的全生命周期(Life-Cycle)是一个产品从摇篮到坟墓的全过程,而商用飞机的生命周期主要分成**研制**和**运营**两个大阶段。

研制阶段是一个从无到有的过程,其主体过程是一个自上而下的设计分解和自下而上的集成过程,呈现出一个 V 型研制过程形态,如图 8-4 所示。

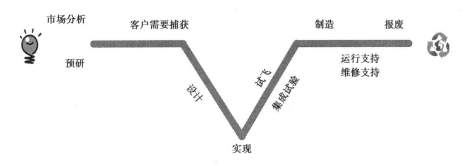

图 8-4 民用飞机全生命周期概览

在 V 的左边,飞机设计过程是不断迭代细化的,将数量众多的产品需求和目标进行综合权衡,并在给定的约束条件下提出最优设计方案。在明确项目关键需求和指标后,飞机设计将从确定好的飞机顶层需求为起点出发,根据产品功能架构按专业进行分配,通过在概念设计、初步设计和详细设计阶段各专业人员来逐步细化并迭代有关工作,最终到达实现将顶层一份飞机级需求转化为成千上万份各类设计文档的终点,形成一张张的设计图纸和一行行的软件代码。

在完成详细设计后,产品进入实施和验证阶段。这时候,V 型的研制过程走向了右半侧。

进入产品样机制造工作是从"首件切割"开始的,标志着设计阶段产生的图纸要逐步开始实体化。与此同时,还要开展各系统、各层级的试验工作,包括针对软硬件层面的功能、性能试验以及鉴定试验,以及多设备组成系统的集成试验。在各系统集成商完成系统集成试验后,会将系统交付给主机商来开展系统集成实验室的试验,如针对航电、飞控、起落架、电源等系统,主机商一般会提前搭建航电实验室、铁鸟试验台等多个实验室,并且飞机的试验机总装工作并行开展。在完成大部段装配和系统件安装等工作之后,进行总装并下线推出。这时一般会举办隆重的下线仪式,飞机将首次以完整外形的状态,向社会、客户和所有利益攸关方进行展示,随即开展大量的飞机地面试验,这里就包括对整机进行全机静力试验等。同时,实验室试验也并行开展,通过充分的试验为飞机冲向蓝天做好充分的准备。在此过程中,也会对发现的大量问题进行修复和迭代。在飞机最终被认定达到首飞状态后,便将进行首飞。首飞是飞机研制中一个非常重要的节点,标志着这款飞机已经从最早的概念和大量的设计图纸,变成了一个可以飞行的实体产品。

首飞之后,后续多架机大量的试飞活动将紧锣密鼓同时开展。飞机要经历一系列失速、大侧风、最小离地速度等高风险的试飞活动来充分证明是符合适航条款要求,并最终满足客户需求。在完成所有既定的飞行试验后,基本的设计阶段完成。最终,飞机就将进入交付和批量生产初期的提速阶段。随着客户接收了飞机并开始投入运营,对应的客户服务体系也将逐步投入使用。

此后,研制阶段彻底结束,如果市场反应比较良好,后面就进入了长达几十年的运营阶段,在运营阶段内,主机商不断地开展持续批产、交付、对航空公司的运营支持,直至飞机退役和整个型号退出市场。一方面,飞机制造商按照订单进行批量生产和交付,作为客户一方的航空公司接受到飞机的运营和维修维护,同时飞机制造商应提供运营支持等服务工作;另一方面,飞机经过较长时间的运行,逐步老化,考虑飞机的处置、退役和残值回收,并且飞机型号也随着时间的推移、市场的变化和升级或竞争产品进入市场后被逐步淘汰,生产线关停,型号退出历史舞台。

鉴于民用飞机产品的生命周期中不同阶段的活动的特点,以项目研制过程为侧重点与核心,考虑一个阶段内多个过程的高度关联性和完整性,把民用飞机系统研制的生命周期划分成 4 个阶段,如图 8-5 所示。

需求分析与概念定义			产品与服务定义		制造、取证		产业化	
概念开发	立项论证	可行性论证	初步设计	详细设计	全面试制	试飞取证	产品与服务验收	持续运营/退役

图 8-5　民用飞机系统生命周期划分

1)需求分析与概念定义阶段

逐步形成一个可行的产品概念方案,并启动项目的过程。从市场和商机分析开始,构思酝酿产生飞机与服务产品方案、对方案进行经济和技术可行性分析,最终正式形成项目的过程,在这个过程中形成产品基本概念和可行性方案。具体可以细分为概念开发阶段、立项论证阶段以及可行性论证阶段三个子阶段。

2)产品与服务定义阶段

在项目立项、可行性获批之后,整个研制阶段即从开始飞机研制到最终形成飞机产品的全过程,是开发一个满足客户需求的产品系统的过程,这个阶段针对民用飞机这一类高度复杂的产品的特点,主要采用一个"V"字形的、自顶向下的研制过程。其中的产品与服务定义阶段是位于这个"V"字形研制过程的左边,主要是基于概念方案的需求定义及设计分解的不断细化的活动,最终完成飞机产品和服务的详细设计的过程。具体可以分为初步设计阶段和详细设计阶段两个子阶段。

3)制造、取证阶段

位于"V"字形研制阶段的右边,主要是逐级进行产品的制造、集成、实现验证和产品确认的飞机产品实现过程,最终形成飞机产品并完成首架或者首批飞机的交付。具体可以分为全面试制阶段和试飞取证阶段两个子阶段。

4)产业化阶段

完成产品研制后,根据运营情况,进行产品和服务的改进,完成产品和服务的确认,最终验收项目。同时,产品转入批生产阶段,根据市场订单进行生产,根据需要开展使用改进,并进行产品支援和客户服务工作,逐步实现规模化和产业化,并随着时间的推移,根据实际情况进行型号的退役过程。

商用飞机全生命周期的工作都是围绕商用飞机产品这一对象的特点,在上述不同阶段开展相关活动,实现产品从概念到实物,从图纸到产品,从构思到研制再到运营以及最终退役的全过程。

8.3.3　基于需求的全生命周期系统工程管理

1）需求工程的核心作用

商用飞机作为商品,满足市场和客户需求是其重要的属性,商用飞机的客户和市场的需求受到整个全球而不仅仅是区域性经济形势的影响,同时还受到国际形势、油价变化、重大事件等方面的影响。一款飞机从策划到上市至少需要十到十五年,十到十五年后的市场究竟如何很难把握,因此对市场的预估的准确性,随着航空产品研发的长周期变得越发困难,这使得最初产品策划到最终产品推出的市场需要,可能存在很大差异,因此存在市场变化和产品定位的风险。而市场预测的失误和客户需求理解的错误,会导致整个研制工作目的方向性错误,使得项目的定位和前提基础被破坏,一款技术成功的产品可能变得市场失败,进而引起巨大的浪费并且给企业带来的颠覆性的影响。

"顾客之声"往往很难准确、完整地捕获,但对利益攸关方理解的不足,会导致某些与产品有关的需求没有得到捕获和重视,对客户需求捕获得不完整,比如对产品维护维修方便与否,飞行感受如何,对各种方便乘客使用的设计需求捕获和设计细节的把握是否充分等,会在项目最终客户确认过程中暴露,产生非常大的修复成本。对产品运营等场景的分析不够彻底,对某些重要的客户需求没有重视,没有捕获到,形成的产品需求不够完整和正确,有些甚至由于对某些影响安全的关键需求捕获不完整、分析不透彻,导致出现安全事故甚至造成机毁人亡的后果。

商用飞机项目产品的实现是一个自上而下的设计分解和自下而上的产品集成过程,在这个过程中,通过严格控制过程,确保不多不少地落实项目前期定义的产品顶层需求。项目一开始,顾客要求转换成技术要求、设计特征、特征指标等技术语言过程,即从客户和市场的需要转换成产品的需求规格的过程,再进行层层的分解。这里存在产品实现的过程风险,由于产品的高度复杂,导致逐级分层后的整体需求条目数量庞大,设计方案逐步细化后非常复杂,使得对于顶层的在研制过程中捕获到的产品需求,存在技术难度和管控风险,难以有效层层分解落实到系统、设备和软硬件中,可能存在某些需求在实现过程中遗漏,也可能存在某些顶层需求在分解到飞机不同系统和组件过程中性能指标"打折扣",并通过产品规范传递给供应商。同时,在飞机研制架构的每一层的需求可能没有逐条仔细地进行确认与分析,确保完整、准确,除此之外,对实现的产品没有进行充分试验、分析和仿真等验证工作,无法有效地确保设备、系统和飞机产品满足前期定义的需求。

因此,建立基于需求的正向研制过程,是确保早期需要捕获完整,前期需求分析充分、中期需求分解合理、后期需求验证确认完整,从而使得经过整个研制周期形成的最终产品,能够满足最初的客户需要的重要机制。这个机制在产品市场化程度高、对象高度复杂、研制项目历程漫长、参与利益攸关方多人员数量庞大等产品特点和背景下,显得尤为重要。

2）需求工程的运用

由于商用飞机产品具有利益攸关方众多、全生命周期场景多、功能集成度高、技术领先、界面复杂等特点,其研制模式逐步采用基于需求工程、满足系统工程要求的工作方式,开展商用飞机的研制,需求逐渐变成了飞机系统研制的基础,商用飞机的研制要综合权衡所有利益攸关方的需求,进而实现产品最优。

目前,需求相关的工作成了复杂商用飞机系统项目的主要工程活动之一。这些工作分成两类,一方面,围绕需求如何进一步做到客户声音的捕获、不同需要的协调分析、产品的分析、需求文件的形式化,以及如何进行需求的分配、实现,需求与产品和方案对象之间的验证和确认如何开展,主要从工程技术的角度出发,开展了**需求工程**的工作。需求工程的范围已延伸为围绕需求的完整的项目工程活动,即所谓的需求、功能、验证与确认工作,已俨然上升为针对复杂系统研制规律体现的系统工程中技术活动的主体部分,这在各航空制造企业均达成共识。

另一方面,从需求对象和过程的管控角度出发,为了更好更有效地开展需求工程活动,通过对需求一致性的保持,通过可追溯的管理方式,管控需求的形成、分配、验证等活动,并做好需求对象和持续追溯,来确保解决方案满足相关方的需求和期望,即同步开展了**需求管理**的工作。

为了保证自顶向下的需要、需求、架构和实现是完整的、正确的和彼此一致的,需求工作不仅要瞄准需求对象本身,还包括通过一个有效的数据和流程管理机制,以需求为核心,串联客户的需要、产品方案、实现以及产品的试验、分析等验证和确认各类工程数据,确保产品能最终实现充分满足客户的需要。

针对需求工作,中国商飞公司提出了“吃透需求”的要求,包括:**需求捕获完整**、**场景分析全面**、**功能定义准确**、**层层分配合理**、**确认验证到位**,指导整体研制工作。

如图 8-6 所示,目前各个飞机型号均按照需求工程的整体思路,形成了一系列的不同层级的需求文件,并基于需求,一方面串联起了飞机各专业及其对供应商等各个专业管控过程,另一方面集成了产品的实施方案、试验验证、分析确认等成果,实现了基于需求的研制过程管理。

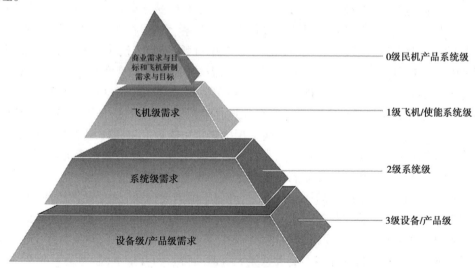

图 8-6　“金字塔形”的飞机产品需求架构图

以 CR929 项目为例,围绕建立“以需求驱动的正向设计”的目标,构建了一套在飞机全生命周期内,通过规范需求识别、确认、验证等活动的行为,实现统一的需求管理流程,来确保解决最终飞机产品满足相关方的需求和期望。

在此需求管理的基础上,目前形成了利益攸关方清单 389 个,利益攸关方需要 6 920

条,并建立了涵盖共4大类581项飞机级和796项系统级场景库,完成正常运行、夜航、抢救、PBN运行等42项场景建模,并基于场景的功能建模方法,飞机级和系统级开展功能建模和需求捕获,形成了飞机级各类需求文件44份,系统级需求33份,需求条目超过4万条,基于需求的对象条目(包括需求、接口、功能、条款等)32万条。

围绕研制过程V模型左边的工作,中国商飞总结多型号的基础上,形成了基于需求的N-F-R-P(Need-Function-Requirement-Physics)正向设计过程模型,采用了基于利益攸关方需要捕获、功能分析、需求分析和设计综合四个相互关联的活动构成的正向设计实现机制,用于系统化的民机产品研制,具体如图8-7所示。

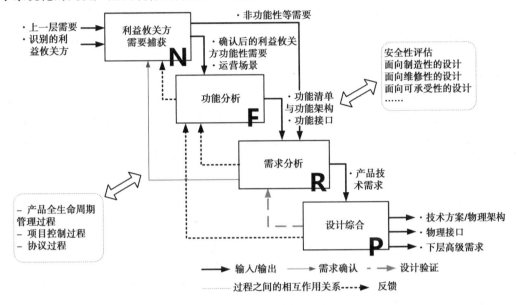

图8-7 N-F-R-P系统工程正向设计模型

"N"指代"客户需要(Customer needs)",描述了客户希望预期产品能够帮助他们达到某种目的或解决的问题。在系统工程正向设计过程中,形成的"N"的主要过程是利益攸关方需要捕获,包括识别项目的利益攸关方,了解和获取他们的需要,分析产品的使用/运营场景,即用户将来如何使用产品,在哪些场景下使用产品等,结合具体场景准确理解和捕获利益攸关方的需要。

"F"指代"功能(Function)",描述了产品的作用或使用效果。功能抽象的目的在于拓宽设计求解的范围,在利益攸关方需要捕获过程中形成的功能性的需要,为功能分析过程提供了输入,通过基于产品运营场景的分析,将每个场景中的用户需要进行归类、概括和抽象,并采用特定的方式表达出来,是功能分析的重要前提。对于复杂产品而言,建立父、子功能之间的层级关系,形成功能架构,同时,明确功能架构中同层级功能之间的接口关系,是功能分析过程的主要结果。

"R"指代"需求(Requirement)",是对某种产品/系统特性或过程特征特定的、清晰的、独立的和一致性的描述。需求能够被验证,并且能够为用户(利益攸关方)所接受。"需求"是设计师在理解和把握用户意图的基础上,结合自身的知识、经验,在其认知架构中将前者解析成为的一种对产品定性或定量的描述,与"功能"相比,需求包括的范围更广泛,需求的表达往往是定性和定量描述的结合。系统工程正向设计过程中,需求分析是形成需求的主要过程,包括对基于系统的其他利益攸关方的需要、项目目标和约束进行分析,并进行一系列的定义活动,形成产品非功能性需求,最后用标准的语言对需求进行描述,形成一致的、可追溯的、可验证的产品设计需求。

"P"指代"物理实现(Physics)",即根据功能和需求设计形成的产品物理方案。当然,在不同的产品研制阶段,产品方案的详细程度和表现形式不同。在概念设计阶段,产品物理实现主要以原理方案的形式呈现;经初步设计后,产品方案中各部分物理单元组成及其相互之间的接口关系将逐步以逻辑视图的形式表达出来,物理方案逐步清晰;详细设计阶段结束后,产品的物理实现通常以三维数模或图纸的形式表达出来,能够用于生产制造从而形成产品的物理实体。在系统工程产品研制技术过程中,这个根据需求形成方案的过程称为设计综合过程。

针对需求的层层验证和确认(V&V),是确保产品能够满足需求,确保需求的正确性,并最终确保产品满足客户和市场需求的手段,其中验证是确保正确地做事,确保设计方案满足需求(设计验证)和产品满足需求(实现验证),通过对系统的建模仿真、分析和后期的各类试验等手段来确保做正确的事情,确保需求的正确性和完整性(需求确认)以及最终产品满足客户和市场需要(产品确认),主要通过分析、评审、仿真和后期的产品验收、演示、评估等手段。

大量的验证与确认工作包括如下几类:

①专家的评审和确认;

②各类专业的分析工具和方法,包括计算机建模仿真;

③试验验证,通过把实物对象放在仿真或者真实的环境中运行,进而确保与预期定义的功能和需求的一致性,具体方法如实验室试验、地面试验与飞行试验等。

以飞机外形设计为例,为了确保飞机外形的设计能够满足产品的总体气动指标需求(速度、阻力、升力等),需要开展一系列的外形设计验证工作,满足飞机总体气动指标需求,验证的手段则是包括公式计算、CFD仿真计算和风洞试验等,对设计满足需求进行了验证,也是形成设计迭代的重要分析和试验手段。

ARJ21飞机和C919飞机为了完成最终产品的取证和确认工作,针对需求和适航条款,开展了大量的试验验证工作,其中开展了如三鸟联试试验、2.5g极限载荷试验、全机疲劳试验、鸟撞试验、主起舱轮胎爆破试验等大型实验和地面试验,也包括结冰、失速、大侧风、最小离地速度等高风险的试飞科目,这些验证工作也是型号研制后期的主要工作。

在CR929飞机上,在**基于模型的系统工程(MBSE)**的思路指导下,利用仿真平台提前开展关键性能确认和验证,确保设计符合预期,提前发现问题,解决问题,即从需求开始,进行基于模型的定义和设计仿真等工作,实现通过场景模型捕获需求、通过功能模型分析需求、通过仿真模型确认需求、通过架构模型落实需求。目前建立了MBSE的方法论,形成了建模相关的标准规范,开展了基于模型的场景分析、功能分析和需求定义工作,并开展了基于模型的飞机级、系统级和跨系统的仿真工作,验证关键交互信号、关键性能指标、多系统运行逻辑、未预期功能等内容,并针对飞机系统物理特性,开展三维仿真工作,分析飞机系统的物理特性,达到了减少机上试验,节约成本,缩短周期等目的。

【本章小结】

中国商飞公司是实施国家大型飞机重大专项中大型客机项目的主体,目前有 ARJ21、C919 和 CR929 等产品,覆盖中短程新支线、干线单通道、远程双通道的商用飞机产品谱系。大型商用飞机属于典型的高度复杂、技术高端的系统,属于民用航空运输系统的有机组成部分,由于产品复杂分成了整机—系统—子系统—设备—软硬件等多层级形态,整个产品全生命周期漫长,研制过程呈现出 V 形的自上而下的设计分解和自下而上的集成过程的形态。

系统工程在商用飞机系统研制工作中则起到关键重要作用,建立基于需求的正向研制过程以及需求管理过程,确保需要捕获完整,需求分析充分、设计权衡到位、验证确认完整,进而有效地指导和组织项目内外部人员和各类资源开展研制工作,确保历经整个研制周期形成的最终产品,能够满足最初的客户需要。

【习题与思考题】

1. 商用飞机产品具有什么样的特点?

2. 商用飞机全生命周期分成几个阶段,各自主要有什么活动?

3. 请思考,理解外部环境系统(Context System)的运行模式,对于自身产品对象有什么价值?

4. 请思考,通过对比商用飞机和相对简单系统(比如桌子)的产品组成,如何理解分解层级数量和复杂性的对应关系?

5. 请思考,为什么需求工程在大型复杂高端产品系统的研制中起到关键核心作用?

第 **9** 章

系统工程案例2

——系统工程助力神华集团上湾煤矿采掘产能提升

教学内容:煤炭采掘业是一项复杂的系统工程,涉及地质、力学、设备、人力资源、运输、通风、通信、安全等领域,如何在安全的前提下,面对复杂的地质力学环境,有效地开采,是采掘领域面临的工程管理难题。本案例从工程管理的角度介绍我国煤炭采掘的标杆企业——神华集团上湾煤矿,是如何利用系统工程思想、理论和方法提升产能的。重点从煤矿产能问题提出、煤矿采掘系统分析、采掘产能提升方案与解决方案实施效果等方面进行论述。难点是系统工程思想、理论和方法在煤炭采掘业的应用。

教学重点:采掘系统工程、煤矿产能、设备综合利用效率、系统分析流程、精益生产。

教学难点:煤炭系统工程、采掘产能系统分析、设备综合利用率、MES系统、产能提升体系。

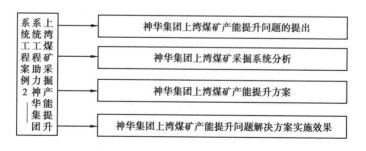

本案例从一个煤矿产能提升的工程问题出发,利用系统分析原理给出分析问题的技术

路线,通过阐明问题进行初步系统分析对问题的性质和条件或要求进行分析确认,对如何解决问题的方案进行谋划、评价进而选择合适的方案进行实施。案例中应用了系统分析模型、解释结构模型、层次分析评价方法等,最终取得了预期效果。

9.1 神华集团上湾煤矿产能提升问题的提出

神华集团是我国煤炭行业央企,是我国煤炭行业执牛耳者,其产量占全国煤炭产量的四分之一。上湾煤矿是神华集团下属神东集团主力矿井,地处内蒙古鄂尔多斯伊金霍洛旗,是神华集团标杆矿井,曾经创造了包括单日采掘进度等7项世界第一,其提出的本质安全体系直接上升为国家标准。"站潮头,争第一"是该煤矿的理念。为建设高产、高效、安全的世界级矿井,对标世界级采掘业标杆企业,神华集团聘请国际知名咨询公司麦肯锡为其进行了诊断,得到结论是:该矿在生产效率如综采设备综合利用效率方面与世界顶级矿井还有10%的差距。为此,神华集团利用系统工程的思想和方法,在上湾煤矿开展提升产能,追赶超越世界标杆的工作。如何针对煤矿采掘产能提升进行系统分析?

9.1.1 上湾煤矿简介

上湾煤矿是神华集团神东煤炭集团主力生产矿井之一。其井田面积61.8平方千米,地质储量12.3亿吨,可采储量8.3亿吨。主采1-2、2-2、3-1煤层。煤质具有低灰、低硫、低磷和中高发热量特点,属高挥发分长焰煤和不粘结煤,是优质动力、化工和冶金用煤。矿井采用斜井—平硐联合开拓方式布置,生产布局为一井一面,连续采煤机掘进,装备世界最先进的高阻力液压支架和大功率采煤机,长壁后退式综合机械化开采,实现了主要运输系统皮带化、辅助运输胶轮化、生产系统远程自动化控制和安全监察监控系统自动化。上湾煤矿被神华、神东两级公司树为安全质量标准化样板矿井,创造了人均吨煤产量等多项全国第一、世界领先的经济技术指标。2011年,上湾煤矿各项工作取得了突破性进展。以1 340万吨商品煤安全高效生产为中心,严格标准化作业,提高单产水平,成本管理继续保持神华煤矿板块最好水平。安全生产无事故,积累了过断层、跳采、并采工艺,丰富了7米大采高生产流程工艺及配套科技与五小技术革新项目。安全、生产、经营等各项指标达到公司精益管理试点阶段水平,为公司推广精益管理做出了模式性贡献。生产安全无事故,保持全国安全文化建设示范企业荣誉及成果;政治、经济管理稳定,为全公司维稳保持了良好秩序。上湾矿连续9年被评为煤炭工业特级安全(高产)高效矿井,荣获全国"安康杯"竞赛优胜企业称号,被评为全国煤炭系统文明煤矿、全国科技创新型矿井,荣获全国煤炭工业双十佳煤矿、全国企业文化建设优秀单位奖,该矿是全国首批煤矿本质安全管理体系试点矿井。

9.1.2 上湾煤矿产能提升问题提出

在上湾煤矿高速发展的今天,神东煤炭集团对旗下的上湾煤矿提出了更高的要求。2011年3月,神东原董事长翟桂武到上湾矿调研,要求上湾煤矿以MES系统为基础,全面推行"精益化管理",提升矿井综合运营效率。按照原神东董事长翟桂武关于全面推行"精益化管理"的指示精神,上湾煤矿邀请了著名咨询公司麦肯锡对上湾煤矿进行了诊断。麦肯锡的诊断报告指出了上湾煤矿的设备综合利用率等与国际顶尖水平相比,还有一定提升空间。结合麦肯锡的分析结果,上湾煤矿提出了"产量提高10%,有效控制成本"的口号,并且制定了一系列有针对性的、切合实际的全面推行"精益化管理"措施。在初期的精益化工作中,上湾煤矿进行了全面推行"精益化管理"初步阶段性的探索,并在实践中尝试全面推行"精益化管理",取得了阶段性的丰硕成功。但是从总体来看,与"产量提高10%"的目标还有一定距离,尤其在系统的综合设备利用率方面还有待提升。所以当前上湾煤矿主要针对综合设备利用率进行展开讨论,具体分析现状、原因、相应改进措施和成效。上湾煤矿计划邀请国内外知名咨询公司对该矿井产能提升进行系统分析与改善,并拟将成果在全神华集团13分公司,60多个矿井推广。

9.2　神华集团上湾煤矿采掘系统分析

9.2.1　上湾煤矿矿井采掘系统

上湾煤矿的生产队伍主要包括综采、连采、主运、机电等几个区队。经过几年的发展,上湾煤矿的生产系统已经由原来的一综两连发展到现在的两综三连。"综采"指总采煤机往返割煤。"连采"指沿煤层纵深方向首先开采出一个通道,以便于综采设备进入割煤的作业。其整个生产流程大致如下:在生产与调度中心调度员的指令下,采煤机司机操作采煤机在两个综采面以调度员指定的速度同时掘进。采煤机割下来的煤通过三机的转载处理,被输送到顺槽皮带上。顺槽皮带末端连接主运系统的主运皮带,通过这些皮带的传送可以将所采的煤逐级运输至原煤仓中,待火车拉走。上湾煤矿生产系统示意如图9-1所示。

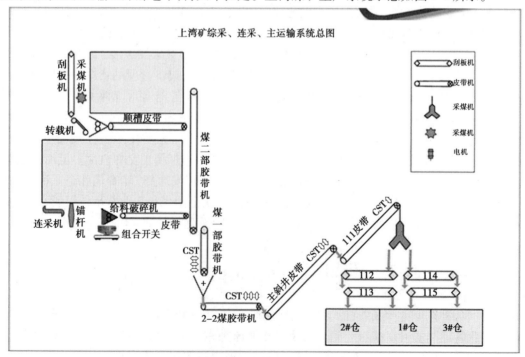

图9-1　上湾煤矿生产系统示意图

系统的关键路径是指系统中直接影响产能的设备组合。关键路径上的设备一旦出现问题或者停机,日产煤量就会直接受到影响而下降。在上述的生产系统中,系统的关键路径设备就是综与连采的采煤机—三机—顺槽皮带—主运皮带—煤仓,其路径如图9-2所示。

图 9-2　上湾煤矿生产系统关键路径

9.2.2　提升煤矿产能系统分析方法

针对神华集团上湾煤矿产能提升问题,如何进行系统分析,采取什么样的技术路线是解决问题的关键。要解决上述问题,需要用到系统工程中的系统分析。系统分析是运用建模及预测、优化、仿真、评价等技术对系统的各有关方面进行定性与定量想结合的分析,为选择最优或者满意的系统方案提供决策依据的分析研究过程。系统分析有六大基本要素,分别是问题、目标、方案、模型、评价和决策。系统分析的基本原理如图9-3所示。

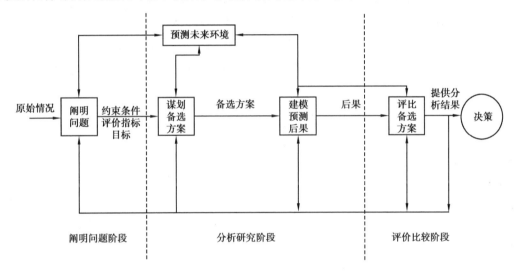

图 9-3　系统分析原理图

阐明问题也就是界定系统,从问题的性质和问题的条件维度对问题进行初步系统分析。通过调查研究,分析问题来源,了解决策者意图,明确目标并进行评价指标分解,弄清约束条件如人、财、物、时间等,进而对问题进行初步分析。本案例目标是在不进行产能扩大的情况下,要求通过内部挖掘管理潜力实现产能扩大10%的目标。

针对上述目标,首先要解决的问题是由谁来负责完成此任务 A。神华集团提出的备选方案如下:C_1完全外包给咨询公司解决;C_2自主开发设计解决方案;C_3由煤矿与咨询公司合作解决。为针对方案做出最优选择,神华集团拟使用系统工程中的系统评价方法对方案进行评估。通过权威人士以及内部专门工作小组讨论,得出对上述方案评价的指标分别为:B_1 成本;B_2 效果;B_3 风险;B_4 人才培养。完全外包给咨询公司解决的优点在于煤矿省心并且不需要太大的人力成本,缺点是咨询费用昂贵而且对于企业内部精益人才培养不利,且完全外包给外部咨询公司会面临较高的风险,主要是外部咨询公司对煤矿了解有限,协同问题多；自主开发解决方案的优点在于成本较低、风险较小，有利于内部人才挖掘培养，但缺点是效果可能较差，煤矿管理人员视野有限，管理工具专业性不足，不如请专业人士解决的效果好；由煤矿与咨询公司合作解决的方案由于既有专业人士指导又有煤矿的员工参与，优点是可能会带来三个方案中最好的效果，但是在成本、人才培养以及风险等方面不会是三个方案中的最优方案。为选择由谁来完成此任务，煤矿工作小组采用系统评价中层次分析法对上述备选方案进行分析评价。层次分析法能够建立多要素、多层次的评价系统，并采用定性与定量有机结合的方法或通过定性信息定量化的途径，使得复杂的问题明朗化。

首先，该项目的层次分析法模型如图 9-4 所示。

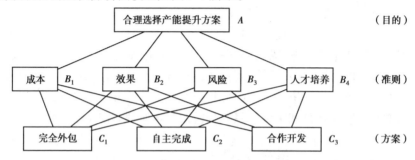

图 9-4　产能提升方案评价的层次分析法模型

根据层次分析法的原理，邀请专家构造判断矩阵及重要度计算和一致性检验的过程与结果见表 9-1—表 9-5。

表 9-1　判断矩阵及重要度计算和一致性检验的过程与结果 1

A	B_1	B_2	B_3	B_4	W_i	W_i^0	λ_{mi}	
B_1	1	$\frac{1}{3}$	$\frac{1}{3}$	$\frac{1}{2}$	0.427	0.081	4.221	$\lambda_{max} \approx \frac{1}{4}(4.221+4.278+$
B_2	5	1	3	4	2.783	0.526	4.278	$4.186+4.210) = 4.224$
B_3	3	$\frac{1}{2}$	1	2	1.316	0.249	4.186	C.I. $= 0.075 < 0.1$
B_4	2	$\frac{1}{3}$	$\frac{1}{2}$	1	0.760	0.144	4.210	

表 9-2　判断矩阵及重要度计算和一致性检验的过程与结果 2

B_1	C_1	C_2	C_3	W_i	W_i^0	λ_{mi}	
C_1	1	$\frac{1}{4}$	$\frac{1}{3}$	0.437	0.122	3.018	$\lambda_{max} \approx \frac{1}{3}(3.018+3.019+$
C_2	4	1	3	2	0.558	3.019	$3.018) = 3.018$
C_3	3	$\frac{1}{2}$	1	1.145	0.319	3.018	C.I. $= 0.009 < 0.1$

表9-3　判断矩阵及重要度计算和一致性检验的过程与结果3

B_2	C_1	C_2	C_3	W_i	W_i^0	λ_{mi}	
C_1	1	2	$\frac{1}{3}$	0.874	0.230	3.002	$\lambda_{max} \approx \frac{1}{3}(3.002+3.004+$
C_2	$\frac{1}{2}$	1	$\frac{1}{5}$	0.464	0.122	3.004	$3.004)=3.003$ C.I.$=0.0015<0.1$
C_3	3	5	1	2.466	0.648	3.004	

表9-4　判断矩阵及重要度计算和一致性检验的过程与结果4

B_3	C_1	C_2	C_3	W_i	W_i^0	λ_{mi}	
C_1	1	$\frac{1}{5}$	$\frac{1}{3}$	0.405	0.109	3.006	$\lambda_{max} \approx \frac{1}{3}(3.006+3.003+$
C_2	5	1	2	2.154	0.582	3.003	$3.002)=3.004$ C.I.$=0.002<0.1$
C_3	3	$\frac{1}{2}$	1	1.145	0.309	3.002	

表9-5　判断矩阵及重要度计算和一致性检验的过程与结果5

B_4	C_1	C_2	C_3	W_i	W_i^0	λ_{mi}	
C_1	1	$\frac{1}{5}$	$\frac{1}{4}$	0.368	0.099	3.005	$\lambda_{max} \approx \frac{1}{3}(3.005+3.003+$
C_2	5	1	$\frac{3}{2}$	1.957	0.527	3.003	$3.002)=3.003$ C.I.$=0.0015<0.1$
C_3	4	$\frac{2}{3}$	1	1.387	0.373	3.002	

各方案的总重要度计算过程和结果见表9-6。

表9-6　方案总重要度计算例表

C_j^i ＼ B_i ＼ b_i ＼ C_j	B_1	B_2	B_3	B_4	$C_j = \sum_{i=1}^{4} b_i C_j^i$
	0.081	0.526	0.249	0.144	
C_1	0.122	0.230	0.109	0.099	0.172
C_2	0.558	0.122	0.582	0.527	0.330

续表

C_j^i / C_j	B_i / b_i	B_1	B_2	B_3	B_4	$C_j = \sum_{i=1}^{4} b_i C_j^i$
	b_i	0.081	0.526	0.249	0.144	
C_3		0.319	0.648	0.309	0.373	0.497

因此根据 $C_J = \sum_{i=1}^{4} b_i C_j i$ 计算可得,$C_1 = 0.172$,$C_2 = 0.330$,$C_3 = 0.497$。结果表明,三个方案的优劣顺序为:C_3,C_2,C_1,且方案 C_3 明显优于方案 C_2 和 C_1。煤矿最终决定由煤矿与咨询公司合作解决此次任务。

9.2.3 煤矿生产系统设备综合利用率现状

设备的综合利用率指标(Overall Equipment Effectiveness,OEE)是国际通用的对设备的整体利用情况的一个测度指标。国际标准的 OEE 计算方法为:
$$OEE = 系统开机率 × 系统性能开动率 × 产品质量乘数 \qquad (9.1)$$
其中,开机率测度的是设备运行时间的比例;性能开动率测度的是设备在运行时的生产效率;质量乘数测度的是所生产产品的合格情况。这里,由于火车直接从煤仓拉原煤出去,所以质量乘数一项在上湾煤矿的 OEE 计算中可以不考虑。所以上湾煤矿的 OEE 计算公式为:
$$OEE = 系统开机率 × 系统性能开动率 \qquad (9.2)$$

1)系统开机率

系统开机率用来考虑停机带来的损失,主要包括例行维护、定期维护、非计划维护、待机加工、延迟操作等导致停工的任何事件。其具体计算公式为:
$$系统开机率 = 开机时间 / 日历时间$$
这里需要说明的是,例行维护与定期维护合起来就是计划检修时间,非计划维护与待机加工里的所有如因三机、主运等设备出现问题造成停机合起来为非计划停机。延迟操作主要包括辅助生产、矿外影响、领导视察等。

2)系统性能开动率

系统性能开动率是指系统实际产量与产能的比例。其计算公式如下:
$$系统性能开动率 = 系统生产能力 / 系统瓶颈产能$$
$$= (系统日产量 / 系统日开机时间) / 系统瓶颈产$$

3)生产系统设备综合利用率(OEE)现状

上湾煤矿精益管理的主要思路之一在于提高设备的 OEE 指标,所以在上述维修体制现状如下。

（1）开机率现状

在日历时间中减去计划维护与非计划维护时间，再减去待机加工与辅助生产时间，即可算出目前系统的有效使用时间，如图 9-5 所示。

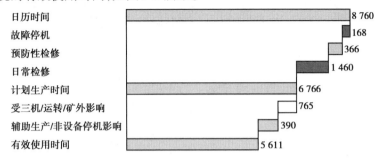

图 9-5　开机率现状计算

系统的开机率＝有效使用时间／日历时间＝5 611／8 760＝64.05%

（2）性能开动率现状

国际标准算法中 OEE 的计算公式为：

$$OEE = 系统开机率 \times 系统性能开动率 \tag{9.3}$$

麦肯锡报告中 OEE 指标的计算与国际标准的计算方式略有差异，麦肯锡诊断结果如图 9-6 所示。报告中没有性能开动率相关指标，但多出周转损失及预估损失指标。通过讨论我们认为性能开动率指标已经转化为周转损失与预估损失指标体现在 OEE 中。

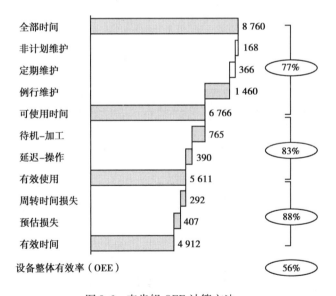

图 9-6　麦肯锡 OEE 计算方法

为了方便日后与其他煤矿企业的交流，这里我们与国际上统一，使用性能开动率的算法来估计上湾煤矿的 OEE 值。根据 2010 年的数据，2010 年系统的性能开动率为：（37 000／18）／3 150＝65.26% 。

9.2.4 设备综合利用率(OEE)改进目标及其分解

综合上述计算,2010 年上湾煤矿的设备运行效率指标为:OEE = 开机率×性能开动率 = 64.05% ×65.26% =41.80% 。在此基础上,上湾煤矿精益化项目提出总体改进目标是提高系统 OEE 10% 。根据 OEE 的计算公式,可以对其进行如图 9-7 所示分解。

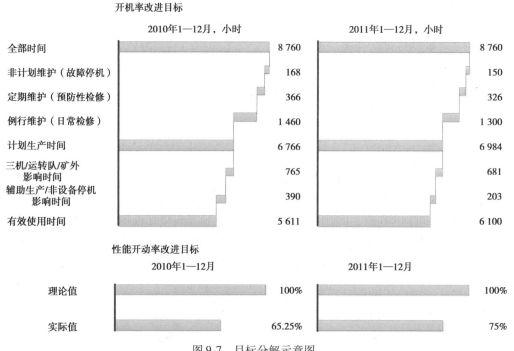

图 9-7 目标分解示意图

根据上述分解图,从计划维修时间优化、非计划维修时间优化、性能开动率提高等几个角度来进行改进。其中,计划维修时间中的例行检修要求从日均 4 小时缩短到 3.6 小时;定期维护每次维修工作流程要大幅缩短,从月均时间来看,要从 30.5 小时降低到 27.2 小时;而非计划维修时间要求年总时间从 933 小时降低到 831 小时;延迟操作的时间主要包括矿外影响、领导视察等因素,所以这一块暂时不能缩短时间;性能开动率之前情况为 65.25% ,我们要求提高到 75% 。如果以上目标都能达成,则最终的 OEE 指标能达到 70% ×75% = 52.5% ,这样就能达到 OEE 提高 10% (甚至更多)的目标。

9.3 神华集团上湾煤矿产能提升方案

9.3.1 初步系统分析

现场调研工作主要通过访谈调研、专家研讨、问卷调研等多种方法,全面、深入把握煤矿精益化管理现状,为整个项目的深入推进奠定坚实基础,如图 9-8 所示。

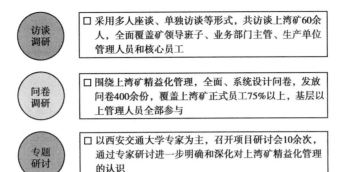

图 9-8　现场调研方法

在系统诊断基础上,围绕关键路径设备全方位地对各个管理环节加以改善和提高,高层次、高目标、系统化实现全矿产能提升生产管理。

9.3.2　高产高效安全煤炭生产管理体系结构模型

煤炭矿井产能提升是一项系统工程,究竟应该怎样抓住重点,同时系统考虑? 该项系统工程影响因素众多,其结构和层次又是怎样的?

根据系统工程中系统模型化技术中的解释结构模型(ISM)方法,对煤炭矿井产能提升这一项目进行建模,建模步骤包括:建立意识模型—建立可达矩阵—得到骨架矩阵—绘制多级递阶有向图—建立解释结构模型。ISM 的工作原理如图 9-9 所示。

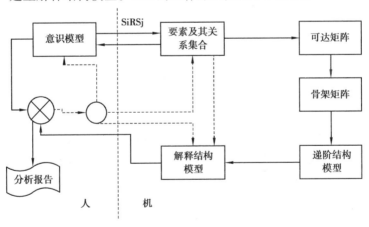

图 9-9　ISM 工作原理图

首先根据提出的问题,组建了 ISM 实施小组,采用集体创造型技术,搜集和初步整理问题的构成要素。接着经过小组成员与他人讨论,形成对问题初步认识的意识模型,并且进一步实现模型的具体化、规范化、系统化和结构模型化,进一步判断各要素之间的二元关系。该项目中,二元关系的判断如图 9-10 所示。

(V)	(V)	(V)		V		V		A		A	A	P_1 人本化
(V)	(V)	(V)	V	V	V	A	A	A	A	A	A	P_2 规范化
(V)	(V)	(V)	V	V	V	A			A			P_3 信息化
(V)	(V)	(V)	(V)	(V)	(V)	V						P_4 企业文化
(V)	(V)	(V)	(V)	(V)	(V)							P_5 6S 管理
(V)	(V)	(V)	(V)	(V)	(V)	V						P_6 科学方法
(V)	(V)	(V)	(V)	(V)	(V)	V						P_7 班组建设
(V)	(V)	(V)	(V)	(V)	(V)	V						P_8 执行力
(V)	(V)	(V)	(V)	(V)	(V)	V						P_9 领导力
(V)	(V)	(V)	(V)	(V)	(V)	V						P_{10} 员工素质及技能
(V)	(V)	(V)	V	V								P_{11} 科技与管理创新
(V)	V	V										P_{12} 生产组织与协调
(V)	V											P_{13} 成本控制
(V)	V	V										P_{14} 设备管理
V	A											P_{15} 环境
V												P_{16} 安全
V												P_{17} 成本
V												P_{18} 系统效能
(V)												P_{19} 环境资源

P_{20} 安全、高产、高效

图 9-10　影响产能的因素间的关系

进一步地,根据要素间关系的传递性,通过对邻接矩阵的计算或逻辑推断,得到可达矩阵。将可达矩阵进行分解、缩约和简化处理,得到反应系统递阶结构的骨架矩阵。根据此骨架矩阵绘制出的要素间的多级递阶有向图如图 9-11 所示,这就得到了递阶结构模型。

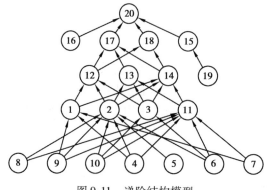

图 9-11　递阶结构模型

　　因此根据上述系统工程中的解释结构模型(ISM)方法,建立了神东集团精益生产体系,如图9-12所示。

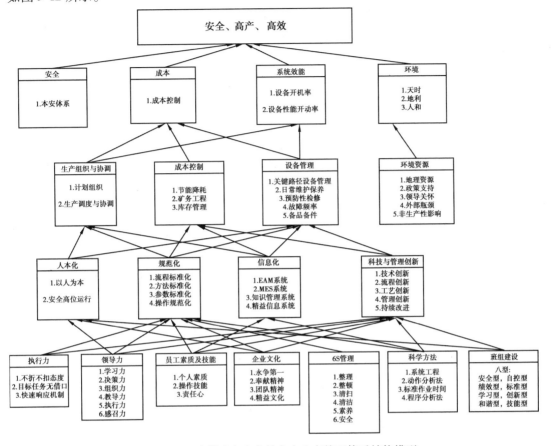

图9-12　上湾煤矿高产高效安全生产管理体系结构模型

　　上湾煤矿终极目标是高产、高效和安全生产。产能提升应该围绕这个总体目标。煤矿安全生产非常重要,该煤矿有很好的基础,其"本安体系"直接上升为国家标准,有很成熟的管理体系,因此剩下的是如何实现高产和高效生产。高效是在高产的基础上考虑成本因素。另外,环境也是直接影响因素,包括地质环境和政策环境。因此,直接因素包括安全、成本、系统效能和环境。从系统效能来说,对采掘系统而言,是由主要影响它的主要设备的OEE(设备综合利用效率)决定的,直接因素包括系统性能开动率和系统开机时间。前者主要是设备负荷,后者是设备开机时间。如何提升设备性能开动率和开机时间决定了系统效能。而系统效能的直接影响因素是设备管理和生产组织协调。设备管理主要包括整个采掘系统关键路径的综合利用率、日常维修、预防性维修、故障频率与备品备件。这些因素都是后续需要重点研究的领域。而解决设备管理问题需要考虑下一个层次的诸多因素:信息化、人本化、规范化和科技与管理创新。其中信息化则是上湾煤矿多年来的重点,该矿开发了MES系统(生产管理执行系统)和EAM系统(设备管理系统)。此外,信息系统还需要知识管理系统和精益管理系统。规范化则除了操作规范化外,还包括流程标准化、方法标准化和参数标准化。人本化主要是以人为本,尤其在高产高效高位运行的矿井。这也是高效生产的核心。科技创新重在生产中利用技术创新、流程创新、方法创新、管理创新、方法创新和持续改善。要做好上述指标或要素的工作,最底层的是员工的执行力、领导的领导力、员工素质和能力、企业文化、6S 管理、班组建设和科学的方法。其中科学的方法就包括系统工程方法、动作研究、标准作业时间和程序分析方法。间接因素(深层次因素)治本。如果要解决当下的问题,采用治标的方法。如果要彻底解决问题则需治本。有了这个模型,就很容易跟企业解释清楚如何对高效高产目标下产能提升工作进行系统化管理。指标就要解决系统效能和采掘成本问题。但是要解决系统效能就需要 MES、EAM 等系统和相应的管理方法。但是要真的从本质上解决问题,还得从深层次的人的问题、员工执行力、干部的领导力等和科学的方法解决问题。

9.3.3 采掘系统综合设备利用率提升方案

依据上述系统效能的设备综合利用率的目标分解情况,上湾煤矿主要从计划维修时间、非计划维修时间和性能开动率来推行产能提升工作。

1)上湾煤矿计划维修时间优化方案

计划维修时间是指提前做出安排的检修维修时间。在日常的生产活动中,对生产时间影响最大的就是计划维修时间,目前每年花在计划维修上的时间是例行维护 1 460 小时和定期维护 366 小时,这些时间占总日历时间 8 760 小时的 20.84%。所以要提高开机率,如何优化计划维修时间就是关键。在例行维护和定期维护上省下的时间就能直接增加每日的生产时间,也就能直接带来产量上的上升。

(1)计划时间与维修时间匹配

基于麦肯锡诊断结果,结合实际的生产情况,为了改善计划时间与维修时间不匹配的问题,创造性地提出了"3357"计划维修制度。从优化检修组织,提高检修效率以延长生产时间的角度出发,从内容和时间上对检修内容进行细化,重组,提出了"3357"动态和静态相结合的检修方式。根据"3357"检修计划,一般情况下,综采每天按照 3 小时检修安排,主运按照 2.5 小时检修安排,以 3 天为一个小周期,每个小周期内安排一次 5 小时检修;每 10 天为一个大周期,每个大周期内安排一次 7 小时检修;每个月根据情况安排一次 10 ~ 16 小时的预防性检修,见表9-7。

表 9-7 3357 日常检修计划安排示意表

××月份检修时间安排示意图															
日期	1	2	3	4	5	6	7	8	9	10	11	12	13	14	15	16
时间	3	5	3	3	7	3	3	5	3	3	5	3	3	7	3	3
日期	17	18	19	20	21	22	23	24	25	26	27	28	29	30	31	
时间	14	3	3	5	3	3	3	3	7	3	3	5	3		

(2)计划维修作业并行安排

由于日常检修工作非常多,工作挤压导致维修时间过长。因此上湾矿坚持"精益瘦身"的理念,对日常的检修工作进行分类,然后尽量缩减日常检修的项目。

并行作业是一种快速检修组织方法,实行上下左右、前后内外、多工种多工序相互穿插、紧密衔接,同时进行检修作业,充分利用空间和时间,尽量减少以至完全消除检修中的停歇现象,从而加快检修进度,缩短日常检修时间。其主要包括两个方面:

①计划检修时间内区队内部不同检修项目的并行作业。

②检修项目移到生产期间,检修与生产并行作业。

(3)适当合并日常检修项目

上湾煤矿在对日常检修项目分析分类的基础上,对于一些可以每日都干,但是不是十分必要的活动,进行了合并,比如对采煤机的维护工作。这样将原先每日都需要减去的时间依据合并的天数进行了缩短。

上湾煤矿综采、主运系统共整理出队内检修并行作业7项,其中最长节约时间可达40分钟,最短节约时间约8分钟。综采队梳理出的日常检修中拉移变开始前,拉移变人员与煤机检修工、三机检修工、支架检修工、电工的并行协调作业效果较好,有效避免了因拉移变停电,造成其他人员的检修动作停歇,影响检修整体进度的问题。

(4)日常检修活动与生产并行

除了以上说到的合并方法,上湾煤矿进一步细化了日常检修的内容,然后对于一些比较细小的,可以融于生产过程的工作,比如点检、注油等,进行转移,利用生产的间隙进行处理。这样的方法也能从一定程度上缩短计划维修的时间。比如,对主运系统执行运行中注油,缩短维修时间。由于综采三机、主运滚筒轴承注油嘴距转动部位较近,运转中接近转动部位,存在一定的安全隐患,为了保障安全,要求严禁在设备运行期间注油。实施精益化后,上湾煤矿用注油软管引出到安全可靠的地方,可以实现运行期间并行注油工作。运行中注油不仅可缩短停机维修时间,而且运行中注油能使设备润滑更充分、更到位。

(5)设快速维修方法提高计划维修效率

定期维护时间优化方案。定期维护是指每月根据情况安排的超过7小时,一般在10～16小时的检修任务。每次定期维护需要根据实际情况确定维护的内容,但是一般常常包括一些大型或者复杂设备的维修等。

对于这些设备的维修,由于耗时较长,并且频次较低,因此从思路上来说,我们主要采取流程优化的手段,从各个角度节省时间。

流程优化的主要步骤主要有以下这些:

流程确定:将整个大型复杂设备的维修换装流程分阶段用文字描述出来,并利用相关软件绘制流程图。

流程优化重组:将上述所有流程中的每一部分进行细分,利用工业工程中的程序分析法,结合"取消、合并、简化、重排"(ECRS)策略,对现有的流程进行优化压缩,减少流程所需时间。

设定标准工作时间:流程优化之后,再针对每一个操作步骤,确定其操作的标准工作时间。方法是选取所有不同的员工,利用秒表法记录他们对同一操作的耗时(不被员工观察到为前提)。然后选取中偏上水平的员工耗时作为标准耗时,也即操作的标准时间。

标准化:为了使所有员工的操作都能达到标准时间,首先就要对操作标准时间所对应的员工的动作结合拍照等方法进行分解。然后将其每一步动作的技巧、力度、参数等固定下来,作为标准,达到流程标准化、方法标准化和参数标准化。

操作规范化:在标准化的基础上,可以依据标准化的文件,对操作时间高于标准时间的员工进行培训,规范其操作,使其操作时间达到标准时间。

当以上步骤都实现之后,流程中每一步的操作时间都低于标准工作时间。这时,定期维护的时间就能大幅减少。

2)上湾煤矿非计划维修时间控制方案

非计划维修时间是指除去计划维修时间之外,在生产过程中发生的设备故障,从而需要停机维修而消耗的时间。在日常的生产活动中,经常会出现不同的非计划性设备故障,大约每天1~2小时,如果能减少这一部分的时间消耗,就能直接增加实际生产时间,从而提高产量。

(1)规范操作,避免造成故障

流程、参数标准化。操作规范化的实施要素一是要制定科学合理的岗位操作标准,通过列举细则,标准量化等告诉作业人员怎样的操作才是规范化操作;二是要培养和强化操作者的岗位技能、岗位责任,使其在工作时空内不折不扣地按照本岗位操作标准执行。

操作规范化。制度、要求贵在执行,如果不按照标准执行,在执行中大打折扣,流于形式,那么再好的制度和标准都是一张白纸。为了将标准作业规程不折不扣地执行下去,上湾煤矿从技能培训和绩效考核两方面入手,确保有效执行。

(2)加强点检管理,状态受控

点检的目的就是利用人的感官和简单的仪表工具,按照预先制定的技术标准,定人、定点、定期地对设备进行检查,找出设备的隐患和潜在缺陷,掌握故障的初期信息及时采取对策将故障消灭于萌芽状态的一种设备检查方法。点检是预防故障发生的最有效的手段。点检的精华在于通过对设备的检查诊断,从中发现劣化倾向性的问题,来预测设备零部件的寿命周期,确定检修项目及备件、资料等需求计划,提出改善措施,以便对症下药,消除劣化,使设备始终处于稳定状态。如何来判断劣化?点检标准是判断倾向性的依据,所以将点检标准细化,使得每个点检项目都有量化的标准可依,才能真正地发挥点检的作用和意义。对各类点检标准进行了细化和量化,为减少故障发生起到了关键作用。

3)上湾煤矿系统性能开动率提升方案

系统的性能开动率是指在生产时间内的产量与系统瓶颈之间的比例,它体现了生产的效率。性能开动率的计算公式是:

$$性能开动率 = 系统目前生产能力/系统中瓶颈产量$$
$$系统生产能力 = 系统平均日产量/系统日均生产时间$$

由于性能开动率是OEE的一个乘子,所以提高性能开动率就能直接体现在OEE的提高上。

(1)性能开动率的现状

由于系统的瓶颈是主运系统的1-2煤皮带,所以瓶颈产量就是1-2煤皮带的理论运输量3 150吨/小时。要计算系统目前的性能开动率现状,就要先测得目前皮带的实际每小时运煤量。

日产煤量计算:

该方案采用日总产量除以日总开机时间来计算每小时过煤量。其中,日总产量利用关键路径尽头的煤仓来计算,日总开机时间通过生产日报表得出。采用多次测量取平均值的方法,对以下操作进行 10 次:以 4 月 16 日 16 时的煤仓仓储 K_1 为起始点,统计 16 日 16 时至 17 日 16 时之间火车从煤仓运走的煤量 A(火车节数 M×每节额定运量),然后再统计 17 日 16 时煤仓的仓储位置 K_2,则每日产煤量 F 计算公式为:

$$F = K_2 - K_1 + A$$

采用多次测量取平均值后,最后测得的日产煤量为

$$F_总 = \frac{F_1 + F_2 + \cdots + F_{10}}{10}$$

实际开机时间计算:

实际开机时间的计算采用从日历时间中除去所有未开机的时间,这里主要有计划维修时间、非计划故障维修时间及因原煤仓仓满而限制停机时间等。仍然采用多次测量取平均值,所采取的时间段与上面保持一致,计算公式为:

$$T = \frac{T_1 + T_2 + \cdots + T_{10}}{10}$$

经测试实际开机时间是 18.7 小时。

根据上述计算,2010 的每小时产量为:

$$\frac{F}{T} = \frac{37\,000}{18} = 2\,055.6(吨／小时)$$

1-2 煤设备的额定运煤量为 3 150(吨/小时),所以目前的性能开动率为:2 055.6÷3 150 = 65.25%

根据上述计算,性能开动率现值65.25%与理论值100%之间还有34.74%的差距,这差距在实际生产中的体现如何? 在一般情况下,调度员会下令工作面采煤机速度控制为 4 米/分钟,工作面采煤机速度控制为 7 米/分钟,在这种情况下,一般 1-2 煤皮带上的过煤量在 2 500～2 600(吨/小时)。然而,有的时候,工作面可能因为铲煤板断裂等原因,进行临时停机维修,整个维修过程一直持续几个小时。在这个过程中,只有一个工作面采煤,即使采煤机速度开到最大,主运皮带上的煤量也不满,一般水平在 1 300～1 500(吨/小时)。与此同时,在生产过程中还存在着如人员换班、采煤机换刀等情况。这些情况发生耗时不长,3～5 分钟,但是发生的频率较高,平均每天有十多次。发生这些状况时,采煤机都会停机,然而由于这些时间往往较短,所以主运皮带不会停下。此时,1-2 煤皮带就处于空载的状况。另外,生产过程中还有滚筒扫地这类过程,这些情况下虽然采煤机处于运转状态,但是属于空转,也是不会出煤的。所以主运的皮带系统也会存在空载情况。

(2)性能开动率影响因素

根据观察,影响上湾矿性开动率的因素主要有以下几条:

原煤仓限制:由于原煤仓的储量有限,因此一旦公司没有安排火车来拉煤,等到原煤仓满,就必然要求采煤机停止工作,从而影响性能开动率。这一部分的影响比较大,平均每日接近有 1～2 个小时的时间。

关键路径设备故障:采煤机、三机、支架等设备一旦发生故障,就必须要停机维修,但是由于连采队或者另一支综采队还在进行采煤,因此主运皮带不停机,这样就导致了皮带运基本只有半满,性能开动率不高。这类故障发生概率不大,但是一旦发生,就会占用 8 小时甚至更多的时间,它们对运量的影响在 1 000 吨/小时左右。

切换时间：因人员换班、采煤机换刀、滚筒扫地等过程导致的皮带空载每次人员换班、采煤机换刀或者摇臂滚筒扫地的过程中，采煤机总是有 3~5 分钟的停机时间，但是考虑到经济效益，主运皮带不停，所以经常因此产生皮带空载现象。虽然这些情况导致空载的情况影响时间不是很长，但是每日发生的次数较多，所以从每天来看，有近 40 分钟的影响。

地理环境因素：由于地质条件的限制，煤层各个部分的硬度不一致。煤层硬就会导致采煤机割不动，速度不够快，产煤量下降。另外，煤层的厚度、硬度等都是不可预知的因素。很难通过调度来实现均衡开采。这方面对运量的每天影响时间近 1 小时，运煤量损失近 500 吨/小时。

沟通协调问题：因为井下作业环境嘈杂，所以调度员在与井下工人访问过程中，几乎听不清楚井下工人说话。这可能直接导致故障不能及时上报，皮带开机时间过长。另外，调度员在得到通知可以开机或者需要停机的时候，进行调度又需要时间，这个时间差皮带基本上处于空载状况。这情况比较容易发生，但是可以通过及时的沟通解决，从每天的情况来看，影响时间接近 5 分钟，运煤量损失 800 吨/小时。

以上所述 5 条主要原因中，原煤仓限制和煤层不均是外部影响因素不可控，所以性能开动率的措施主要从采煤机故障、调度员沟通协调、换班、换刀、扫地等这些方面尝试改进。

（3）性能开动率的提升措施

针对以上这些原因，上湾煤矿主要提出了以下一些改进的方案：

在 1~2 部机头之前增加缓冲煤仓。因为煤层不均等原因，采煤机速度不能得到完美控制，导致主运皮带上的煤量波动较大，严重影响性能开动率。所以上湾煤矿提出在 1~2 部机头增加一个小煤仓。这样一来，当采煤机速度较快的时候可以暂时储存在煤仓中；当采煤机速度较慢的时候可以从煤仓中输出煤；这样就保证了主运皮带的煤量平稳，进而保证了皮带在接近额定运输量的时候不会因为煤量波动而压死皮带或者洒煤的情况。

调整皮带开机顺序。原来的主运皮带开机顺序是逆煤流方向逐步开启，这样，从主运皮带开机到采煤机开机之间的时间差就有 30 分钟左右，这就意味着主运皮带会空载这么长时间。这对于性能开动率的影响是巨大的。为了改变这一现状，上湾煤矿采用头脑风暴的方法，创造性地提出了从中间皮带先开机，然后往两头开启皮带的方法。采用这样的方法，可以缩短皮带空载的时间，从而提高性能开动率。

9.4　神华集团上湾煤矿产能提升问题解决方案实施效果

上湾煤矿推行精益化管理以来，始终将提高设备开机率作为重点。通过安排柔性检修、并行作业、标准化流程作业，加强备件管理，强化员工岗位技能等方式在缩短计划检修时间和降低设备故障上形成一套科学、完备的管理体系，OEE 提升了 8.51%，其中开机率提升了 4.86%，性能开动率提升了 7.76%。分块来看：

①实行柔性检修组织，并行作业、提高工作效率，计划维修时间（例行维护时间和预防性检修时间）月均节约 28.03 小时，其中因"3357"改进每月节省了 10 小时，因并行作业每月节省了 542 分钟，因定期维护流程优化每月节省了 4 小时，因例行维护实行快速维修方法每月节省了 300 分钟。

②通过加强规范操作、设备点检，做到设备状态提前预知，降低故障发生次数，实施标准

作业流程,快速响应故障,积极协调,超前准备,有效降低了故障处理时间。其中采煤机故障月均缩短2.2小时,三机及运转队故障月均缩短4.74小时。矿外影响主要是煤仓仓满或洗煤厂预防性检修等影响,影响时间月均1小时,该部分时间矿内无法改进。

③生产期间通过调度有效控制,合理组织割三角煤、拆皮带架等辅助生产时间,降低因大块煤、片帮煤压死运输机的概率,减少皮带过载影响。辅助生产时间和非设备故障影响时间月均节约0.5小时,如图9-13所示。

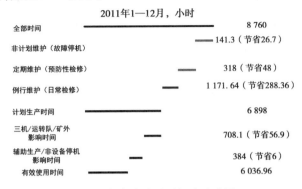

图9-13　方案实施后开机率改进图

系统开机率=6 036.96/8 760×100%=68.91%

而改进后的性能开动率为73.01%,所以当前的OEE指标为:

OEE=68.91%×73.01%=50.31%

上湾煤矿精益化实施的效果显著,以下通过前后对比详细说明:

方案实施之前:

开机率=5 611÷8 760=64.05%,如图9-14所示。

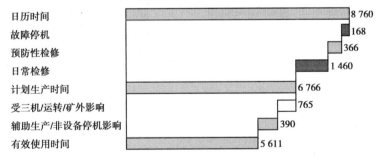

图9-14　方案实施之前开机率示意图

性能开动率=2 055÷3 150=65.25%

OEE=64.05%×65.25%=41.80%

方案实施之后:

开机率=6 036.96÷8 760=68.91%,如图9-15所示。

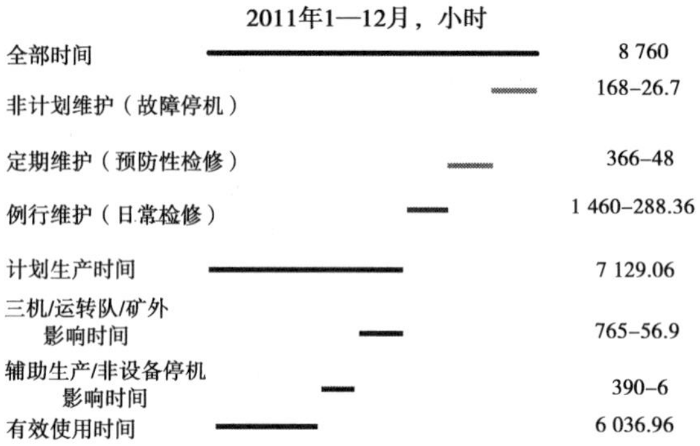

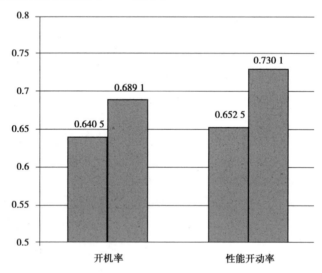

图 9-15　精益化之后开机率示意图

性能开动率＝2 300÷3 150＝73.01%

OEE＝68.91%×73.01%＝50.31%

方案实施前后的指标对比如图 9-16 所示。

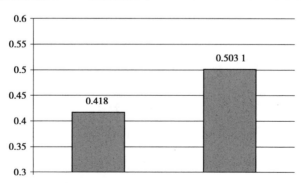

图 9-16　方案实施前后指标对比图
（蓝色为方案实施前,黄色为方案实施后）

实施产能提升方案之后,OEE 指标提升了 50.31%－41.80%＝8.51%,如图 9-17 所示。

图 9-17　产能提升方案实施前后 OEE 指标提升对比图
（蓝色为方案实施前,黄色为方案实施后）

【本章小结】

系统工程是指导工程管理的方法论,其作用必须通过系统工程实践得以发挥。本章提供的系统工程案例是系统工程思想、方法在煤炭采掘系统工程中的应用。本章以神华集团上湾煤矿高产、高效、安全为目标的"世界级一流矿井建设"中产能提升为背景,介绍系统工程在采掘系统中的应用。

本章主要包括:神华集团上湾煤矿产能提升问题的提出;神华集团上湾煤矿采掘系统分析;神华集团上湾煤矿产能提升方案;神华集团上湾煤矿产能提升解决方案实施效果。遵循系统工程认识问题、分析问题和解决问题的系统思维,通过确定目标、界定系统、分析系统要素相互影响关系、提出解决方案、方案实施、效果测度,针对煤炭采掘业产能主要依靠采掘系统尤其是关键路径设备综合利用率(OEE)特征开展工作。通过开机时间、性能开动率的分析改善提升系统采掘系统产能。

结果显示,系统工程方法在解决采掘业中生产效率等工程问题方面非常有效。本案例全方位展示了系统工程在煤炭系统工程中的应用。

【习题与思考题】

1. 请描述一下本案例神华集团上湾煤矿开展产能提升的背景。

2. 从系统角度出发,影响煤矿采掘系统产能包括哪些系统?

3. 设备综合利用效率(OEE)含义是什么? 如何利用这一指标进行产能提升活动?

4. 上海煤矿认为其已经是世界一流矿井了,为什么麦肯锡在诊断中可以给出上湾煤矿与世界级矿井标杆还有10%的差距?

5. 建设"高产、高效、安全"矿井,提升矿井产能的机理是怎样的? 请用递阶结构模型说明。

6. 认识问题、分析问题与解决问题是系统工程解决问题的三部曲,请问是如何发现问题的? 有哪些思路可以帮助提出问题?

7. 针对高产、高效和安全矿井建设目标,初始阶段,怎样分析才算具有系统思维? 如何进行系统分析?

参考文献

[1] 周德群,贺峥光. 系统工程概论[M]. 3 版. 北京:科学出版社,2017.

[2] 薛弘晔. 系统工程[M]. 西安:西安电子科技大学出版社,2017.

[3] 汪应洛. 系统工程[M]. 5 版. 北京:机械工业出版社,2016.

[4] 王众托. 知识系统工程[M]. 2 版. 北京:科学出版社,2016.

[5] 周德群. 系统工程方法与应用[M]. 北京:电子工业出版社,2015.

[6] 刘军,张方风,朱杰. 系统工程[M]. 北京:机械工业出版社,2014.

[7] 吴广谋. 系统原理与方法[M]. 北京:北京师范大学出版社,2013.

[8] 顾基发. 物理事理人理系统方法论的实践[J]. 管理学报,2011,8(3):317-322.

[9] 张晓冬. 系统工程[M]. 北京:科学出版社,2010.

[10] 李永奎. 向历史学习|重大工程经典案例回顾:京沪高铁建设管理[EB\OL]. (2017-11-03)[2022-01-01]. 复杂工程视点微信公众号.

[11] 万百五,韩崇昭,蔡远利. 控制论:概念、方法与应用[M]. 2 版. 北京:清华大学出版社,2014.

[12] 孙东川,林福永,孙凯,等. 系统工程引论[M]. 3 版. 北京:清华大学出版社,2014.

[13] 王众托. 系统工程引论[M]. 4 版. 北京:电子工业出版社,2012.

[14] 苗东升. 系统科学精要[M]. 4 版. 北京:中国人民大学出版社,2016.

[15] 彭永东. 控制论的发生与传播研究[D]. 北京:中国科学院自然科学史研究所,2006.

[16] 于景元. 控制论和系统学[J]. 系统工程理论与实践,1987,7(3):52-55.

[17] 侯媛彬,嵇启春,张建军,等. 现代控制理论基础[M]. 北京:北京大学出版社,2006.

[18] 刘豹,唐万生. 现代控制理论[M]. 3 版. 北京:机械工业出版社,2006.

[19] 张嗣瀛,高立群. 现代控制理论[M]. 北京:清华大学出版社,2006.

[20] 胡寿松. 自动控制原理[M]. 5 版. 北京:科学出版社,2007.

[21] 谢克明. 现代控制理论[M]. 北京:清华大学出版社,2007.

[22] 汪小帆,李翔,陈关荣. 复杂网络理论及其应用[M]. 北京:清华大学出版社,2006.

[23] 郑波尽. 复杂网络的结构与演化[M]. 北京:科学出版社,2018.

[24] 贾世楼. 信息论理论基础[M]. 3 版. 哈尔滨:哈尔滨工业大学出版社,2007.

[25] 陈宏民. 系统工程导论[M]. 北京:高等教育出版社,2006.

[26] 朱雪龙. 应用信息论基础[M]. 北京:清华大学出版社,2001.

[27] 吕永波,胡天军,雷黎. 系统工程[M]. 北京:北方交通大学出版社,2003.

[28] 邹珊刚,黄麟雏,李继宗,等. 系统科学[M]. 上海:上海人民出版社,1987.

[29] 贝塔朗菲. 一般系统论:基础、发展和应用[M]. 林康义,魏宏森,译. 北京:清华大学出版社,1987.

[30] 苗东升. 系统科学辩证法[M]. 济南:山东教育出版社,1998.

[31] 希金斯. 系统工程:21 世纪的系统方法论[M]. 朱一凡,王涛,杨峰,译. 北京:电子工业出版社,2017.

[32] 樊丽娟. 中国绿色照明工程节电方案研究[D]. 北京:北京交通大学,2007.

[33] ILEVBARE I M, PROBERT D, PHAAL R. A review of TRIZ, and its benefits and challenges in practice[J]. Technovation,2013,2-3(33): 30-37.

[34] 郭宝柱,王国新,郑新华,等. 系统工程:基于国际标准过程的研究与实践[M]. 北京:机械工业出版社,2020.

[35] 郭潇濛,王崑声. 面向对象系统工程方法改进探索[J]. 科学决策,2016 (6): 73-94.

[36] Mo Jamshidi,等. 系统系工程原理和应用[M]. 曾繁雄,洪益群,等译. 北京:机械工业出版社,2013.

[37] 王众托. 系统工程[M]. 2 版. 北京:北京大学出版社,2015.

[38] 谭跃进,陈英武,罗鹏程,等. 系统工程原理[M]. 2 版. 北京:科学出版社,2017.

[39] 白思俊,等. 系统工程[M]. 3 版. 北京:电子工业出版社,2013.

[40] 汪应洛. 系统工程简明教程[M]. 4 版. 北京:高等教育出版社,2017.

[41] 陈磊,李晓松,姚伟召. 系统工程基本理论[M]. 北京:北京邮电大学出版社,2013.

[42] 贾俊平. 统计学[M]. 2 版. 北京:清华大学出版社,2006.

[43] 耿素云,屈婉玲,张立昂. 离散数学题解[M]. 5 版. 北京:清华大学出版社,2013.

[44] 孟小峰,慈祥. 大数据管理:概念、技术与挑战[J]. 计算机研究与发展,2013,50(1): 146-169.

[45] 王星,等. 大数据分析:方法与应用[M]. 北京:清华大学出版社,2013.

[46] 宋健,于景元. 人口控制论[M]. 北京:科学出版社,1985.

[47] 钱学森,等. 论系统工程:新世纪版[M]. 上海:上海交通大学出版社,2007.

[48] 吴祈宗. 系统工程[M]. 北京:北京理工大学出版社,2011.

[49] 郭亚军. 综合评价理论、方法及应用[M]. 北京:科学出版社,2007.

[50] 魏权龄,卢刚. DEA 方法与模型的应用——数据包络分析(三)[J]. 系统工程理论与实践,1989,9(3):67-75.

[51] 杨林泉. 系统工程方法与应用[M]. 北京:冶金工业出版社,2018.

[52] 许素睿. 安全系统工程[M]. 上海:上海交通大学出版社,2015.

[53] 林齐宁. 决策分析[M]. 北京:北京邮电大学出版社,2003.

[54] 陶长琪,盛积良. 决策理论与方法[M]. 北京:高等教育出版社,2016.

[55] 梁迪,单麟婷. 系统工程基础与应用[M]. 北京:清华大学出版社,2018.

[56] 汪应洛. 系统工程[M]. 4 版. 北京:机械工业出版社,2008.

[57] 汪应洛. 系统工程理论、方法与应用[M]. 2 版. 北京:高等教育出版社,1998.

[58] 杨灿军,陈鹰. 人机一体化智能系统综合感知体系建模方法研究[J]. 控制理论与应用,2000,17(2):220-224.

[59] 姜涛,朱金福,朱星辉. 不确定决策的鲁棒优化方法[J]. 统计与决策,2007(17):47-48.

[60] 于洪,何德牛,王国胤,等. 大数据智能决策[J]. 自动化学报,2020,46(5):878-896.

[61] 陈国青,曾大军,卫强,等. 大数据环境下的决策范式转变与使能创新[J]. 管理世界,2020,36(2):95-105.

[62] 崔美姬,李莉. 大数据环境下的管理决策研究[J]. 控制工程,2019,26(10):1882-1891.

［63］ WANG H，XU Z，FUJITA H，et al. Towards felicitous decision making：An overview on challenges and trends of Big Data［J］. Information Sciences，2016，367-368：747-765.

［64］郎艳怀. 博弈论及其应用［M］. 上海：上海财经大学出版社，2015.

［65］范如国，韩民春. 博弈论［M］. 武汉：武汉大学出版社，2006.

［66］钱学森. 工程控制论［M］. 戴汝为，等译. 北京：科学出版社，1958.

［67］钱学森. 关于思维科学［M］. 上海：上海人民出版社，1986.

［68］钱学森. 物理力学讲义：英文版［M］. 上海：上海交通大学出版社，2015.

［69］钱学森，吴义生. 社会主义现代化建设的科学和系统工程［M］. 北京：中共中央党校出版社，1987.

［70］钱学森，等. 论人体科学［M］. 成都：四川教育出版社，1989.

［71］钱学森. 一个科学新领域——开放的复杂巨系统及其方法论［J］. 上海理工大学学报，2011，33（6）：526-532.

［72］钱学森，等. 论地理科学［M］. 杭州：浙江教育出版社，1994.

［73］钱学森. 科学的艺术与艺术的科学［M］. 北京：人民文学出版社，1994.

［74］钱学森. 论人体科学与现代科技［M］. 上海：上海交通大学出版社，1998.

［75］钱学森. 创建系统学：典藏版［M］. 上海：上海交通大学出版社，2023.

［76］涂元季. 钱学森书信（1—10卷）［M］. 北京：国防工业出版社，2007.

［77］钱学森，戴汝为. 论信息空间的大成智慧：思维科学、文学艺术与信息网络的交融［M］. 上海：上海交通大学出版社，2007.

［78］贺东风，赵越让，郭博智，等. 中国商用飞机有限责任公司系统工程手册［M］. 6版. 上海：上海交通大学出版社，2020.

［79］阿尔特菲尔德. 商用飞机项目：复杂高端产品的研发管理［M］. 唐长红，等译. 北京：航空工业出版社，2013.

［80］杰克逊. 商用飞机系统工程：特定领域应用［M］. 2版. 钱钟焱，赵越让，等译. 上海：上海交通大学出版社，2016.

［81］迪克，赫尔，杰克逊. 需求工程［M］. 李浩敏，郭博智，等译. 上海：上海交通大学出版社，2019.